La desaparición de las mariposas

DRAKONTOS

Director:
JOSÉ MANUEL SÁNCHEZ RON

La desaparición de las mariposas

Y sus consecuencias para el mundo en que vivimos

Josef H. Reichholf

Traducción castellana de
María José Viejo

CRÍTICA
BARCELONA

The translation of this work was supported by a grant from the Goethe-Institut.

Primera edición: noviembre de 2021

La desaparición de las mariposas
y sus consecuencias para el mundo en que vivimos
Josef H. Reichholf

Título original: *Schmetterlinge. Warum sie verschwinden und was das für uns bedeutet*

Av. Diagonal, 662-664, 08034 Barcelona (España)
Crítica es un sello editorial de Editorial Planeta, S. A.

editorial@ed-critica.es
www.ed-critica.es

ISBN: 978-84-9199-231-8
Depósito legal: B. 9.815-2020
2021. Impreso y encuadernado en España por Huertas Industrias Gráficas, S. A.

El papel utilizado para la impresión de este libro está calificado como papel ecológico y procede de bosques gestionados de manera sostenible.

Prólogo

En los últimos cincuenta años han desaparecido más del 80 % de nuestras mariposas. Puede que ya solo las personas mayores recuerden los días en que las praderas estaban alfombradas de flores multicolor e infinidad de mariposas revoloteaban por encima de ellas. Nadie pensó nunca en contarlas. ¿¡Para qué iban a hacerlo!? Las mariposas eran tan propias del verano como las abejas y las flores silvestres. Las alondras cantaban desde principios de la primavera hasta el comienzo de la canícula. Estaban en el aire desde el amanecer, volando jubilosas sobre los campos. A lo largo del año teníamos perdices, liebres, escribanos cerillos... Las ranas vivían en las charcas y las acequias. En los años setenta, las ranitas de San Antonio croaban tan fuerte en un pequeño estanque cercano a mi casa que se las pudo oír perfectamente, a través de la puerta abierta de mi balcón, mientras me hacían una entrevista telefónica para la Radio Bávara. Asunto: una denuncia presentada en el Juzgado de Primera Instancia de Baviera sobre la contaminación acústica de los conciertos de ranas.

Empecé a conocer las mariposas siendo un crío. Las primeras que vi eran macaones (*Papilio machaon*), unos lepidópteros con alas de tonos ocre y retículas negras. Venían muchísimos a nuestro huerto para poner sus huevos entre las hojas de las zanahorias. Aún recuerdo lo contento que me puse unas semanas después, cuando descubrí las verdes orugas moteadas de rojo. Cada vez que intentaba tocarles la cabeza, hacían salir súbitamente de la parte posterior una extraña horquilla de color anaranjado. Este órgano despide un extraño olor que, según supe más tarde, tiene efecto disuasorio.

Licénidos de diversas especies, que no era todavía capaz de distinguir, volaban sobre los prados que se extendían desde nuestra pequeña casita, situada en el límite del pueblo, hasta el bosque ribereño. Las brillantes mariposas azules eran tan abundantes que, al echar la vista atrás, no me atrevo a hacer siquiera una estimación aproximada de la cantidad que debía de haber en aquellos días. A las mariposas de la col apenas se les prestaba atención. Formaban parte de la naturaleza de nuestros alrededores, igual que el canto de los grillos en mayo y junio y el chirriar de los saltamontes en verano. Me gustaba hacerles cosquillas metiendo en las madrigueras una brizna de hierba. Su cabeza, grande, informe y compacta, me causaba risa. No parecía haber mucha inteligencia ahí dentro, se les engañaba tan fácilmente...

Las abubillas anidaban en los sauces plantados a lo largo del arroyo que serpentea por los prados detrás de nuestra casa. Se las veía por los pastos, con el penacho levantado, cabeceando de cuando en cuando y hurgando entre las boñigas que habían dejado las vacas. Desde verano hasta bien avanzado el otoño, el ganado se pasaba el día entero en las zonas de forraje. Había también montones de estorninos. Siempre parecían demasiado entusiasmados, por así decirlo, mientras seguían a las vacas. A veces se les posaban en el lomo. En todo jardín había por lo menos una caja nido para estos pájaros pegada a un poste. Cuando maduraban las cerezas se comían una buena parte de ellas, revoloteando alborotados entre las ramas. Alejar a los estorninos de los árboles era una de las grandes diversiones de los chicos mayores, porque se les permitía trepar hasta las ramas altas, donde tenían la fruta madura justo delante de la boca. En nuestra casa había una colonia de gorriones alojada debajo del techo; eran alrededor de una docena, quizá más. Siempre estuvieron allí. A nuestro gato le traían sin cuidado los gorriones. Se dedicaba a perseguir ratones y lo hacía muy bien. ¿Tierra idílica? ¿O recuerdos embellecidos de mi infancia y juventud en la Baja Baviera?

Quizá no sean más que espejismos, imágenes engañosas que han cambiado en el recuerdo la realidad anterior. Es algo que debemos tener en cuenta cada vez que se intenta reconstruir el «pasado» como base del «presente». La memoria nos da lo que queremos tener. Y tiende a la nostalgia, a la añoranza del pasado. Si pese a ello comienzo este libro describiendo la belleza y diversidad de la naturaleza de aquellos tiempos es para que se entienda por qué me conmueve tanto la desaparición de las mariposas. La primera parte del libro sienta las bases para evaluar la pérdida de especies. He elegido con cuidado los ejemplos de especies descritas para que cualquier persona pueda observar y seguir especímenes similares sin necesidad de ser un experto en la materia.

Para decirlo en pocas palabras, esta primera sección trata de mostrar que, aunque la frecuencia de aparición de las mariposas fluctúa mucho de vez en cuando por razones que todavía se pueden explicar, desde hace medio siglo se observa un descenso generalizado. En la segunda parte del libro se analizan sus causas. Debemos por tanto distinguir las fluctuaciones habituales de la tendencia general. No solo para entender los procesos, sino también para tomar las medidas correctas que permitan contrarrestarlos. La simple reducción del uso de sustancias tóxicas, por ejemplo, por muy deseable que sea, no bastará para frenarlos. Y lo mismo sucede con todo lo que a menudo asociamos a lo «verde» y «ecológico», que también causa problemas en la conservación de las especies. De ahí que la segunda parte del libro trate, inevitablemente, de política medioambiental. La ecología ha perdido su inocencia científica desde el momento en que los grupos con influencia política la han convertido en una religión de la naturaleza. Por eso es muy posible que mis posturas susciten críticas. Estoy acostumbrado a ello, y además es algo inherente al discurso científico. Lo que distingue a este discurso del inmovilismo general es que acepta los mejores hallazgos. Eso hace que las ciencias de la naturaleza sean fuertes, pero también cada vez más impopulares. No en vano son relativas y flexibles, cuando hoy en día se imponen principios opuestos convertidos ya en dogmas. Para un científico, ser escéptico no es algo malo sino en todo caso un elogio, porque no se somete a los dogmas, aun cuando estén tan en boga.

Lo mismo se aplica a la restricción de la libertad de expresión bajo el imperativo de la «corrección política»: no cambia nada en la situación general el hecho de que hablemos de «productos fitosanitarios», como algunos exigen, en lugar de llamarlos «venenos». Después de todo, eso es lo que se supone que son: sustancias que matan lo que debe ser destruido. Además, es inevitable que continúen haciéndose referencias generales a la «agricultura», las «medidas de mantenimiento» o la «conservación de la naturaleza». Los campesinos, a diferencia de otros trabajadores, pueden faenar las tierras respetando a los insectos; los equipos de mantenimiento que desbrozan los arcenes de las carreteras pueden hacerlo sin cortar todas las hierbas y flores; y en los jardines se puede ser muy respetuoso con las mariposas. Pero si términos como «agricultura», «conservación del paisaje», «mantenimiento de jardines» o, mismamente, «conservación de la naturaleza», en tanto actividad desempeñada por organismos estatales, siguen siendo apropiados para el análisis de la situación es porque nos permiten extraer consecuencias. Y así es como se utilizan en este libro, como conceptos generales. Por otra parte, el efecto que causen mis observaciones también dependerá de la actitud con que se lea este libro. Si lo he escrito ha sido por la responsabilidad que todos tenemos para con las generaciones futuras. Son muchas, muchísimas, las personas que, desde hace decenios, se han pronunciado sobre el asunto de la agricultura industrial. Pero son muy pocas las que pueden ejercer la presión política necesaria para lograr un cambio para mejor.

Parte I

La diversidad biológica de las mariposas

Mirada retrospectiva a cincuenta años de investigación

Mis anotaciones personales me sirven de protección frente a la idealización del recuerdo. Empecé a redactarlas el 15 de diciembre de 1958. Gracias a ellas tengo la certeza de que, hace sesenta años, no disfrutamos de unas «navidades blancas» en el valle del Eno, sino que en realidad tuvimos un tiempo bastante suave, con dos grados sobre cero y algo de lluvia. El 2 de enero de 1959 dejé escrito que había contado todas las aves acuáticas que volaban por aquella zona, justo por encima del embalse, donde no había ni pizca de hielo: apunté 800 ánades reales, 50 porrones moñudos, 69 gansos de campo y 200 fochas comunes. La mayoría de las cifras estaban redondeadas porque mis pequeños prismáticos solo tenían un alcance de quinientos metros. No me hice con un potente telescopio hasta varios años después. Cuando estaba preparando este ensayo, busqué mis viejos apuntes y, al revisarlos, me topé con una hoja en la que había dibujado cuatro mariposas. Sorprendido, las contemplé atentamente y leí lo que había anotado sobre las imágenes de todas aquellas mariposas «pertenecientes a mi colección». Junto a una macaón y un par de niñas celestes había dibujado una mariposa grande y llamativa de color blanco y negro: era una rey mozo,* que yo había registrado con el nombre científico que recibía en aquella época: *Satyrus circe.* El hallazgo de aquel ejemplar en mis antiguos apuntes me alegró muchísimo, pues la hermosa y delicada *circe* hace tiempo que ha desaparecido de mi pueblo natal. Está casi extinguida, al igual que muchas otras especies de mariposas que observé en los primeros años de mi juventud.

* *Papilio machaon, Polyommatus bellargus* y *Brintesia circe,* respectivamente. (*N. de la t.*)

Algunas de las especies clasificadas entonces como comunes todavía existen, pero ahora son raras o muy raras. En mis apuntes encontré también un ejemplo importante de estas últimas. El 12 de septiembre de 1962 observé algo muy notable desde el punto de vista actual. Durante el viaje de la mañana a la escuela, una mariposa del tamaño de la palma de mi mano había volado en el tren regional y, al llegar a nuestra estación, aterrizó en la camisa roja de un condiscípulo. Era una catocala nupcial (*Catocala nupta*). Sus alas delanteras, de un gris parduzco, como la corteza de los árboles, cubren en posición de reposo las alas traseras, las cuales son de un intenso color carmín y están enmarcadas por una banda angular negra que corre pareja al borde exterior. Sin saber aún que las mariposas, como todos los insectos, no perciben el rojo, escribí: «La catocala nupcial se ha visto atraída por el rojo de la camisa». En realidad, la camisa se veía más oscura. En su luminosidad incolora, en lo que se conoce como «escala de grises», podría haberse identificado con la corteza de un árbol o con el tono grisáceo de las grandes alas delanteras de aquella misma mariposa. En la naturaleza, habría sido un lugar de descanso diurno perfecto para estos noctuidos que se activan después del crepúsculo. Hace cincuenta años, las catocalas eran tan comunes que una de ellas se perdió en el tren, quizá porque había salido huyendo del sitio donde antes reposaba.

Las anotaciones de mi época estudiantil solo registran hechos anecdóticos del momento, no tendrían ya nada que ofrecernos. Registran, es cierto, todo lo que a mí me parecía entonces inusual, pero no prestan atención a lo común o lo frecuente. De todas formas, siempre se pueden descubrir observaciones interesantes en unos apuntes no sistemáticos. En mis diarios encuentro un montón de ejemplos en lo que hace a las especies observadas. Como la *Syntomis phegea,* que aparece registrada en la entrada correspondiente al 1 de agosto de 1960 y que hace tiempo que ya no existe en la región; o las larvas de una especie como la *Parasemia plantaginis,* de la que tomé nota el 28 de julio de ese mismo año y que hoy aparece en contadas ocasiones. Estas anotaciones y algunas más solo nos indican que en épocas pasadas había especies de mariposas que ya no existen en la zona. No pueden extraerse conclusiones sobre la verdadera magnitud de la disminución de las mariposas y de otros insectos tomando únicamente como referencia la desaparición de ciertas especies. Es posible que durante este tiempo se hayan incorporado al lugar especies que antes no existían. La naturaleza es dinámica: siempre pueden y podrán ocurrir cambios. Decíamos al comienzo que en el último medio siglo hemos perdido más del 80 % de las mariposas, pero hemos de tener presente que esto hace referencia a la aparición global y, para justificar tal apreciación, es preciso contar con una base mucho más sólida.

Yo había establecido esa base con los pájaros, con mis censos de las aves acuáticas en los embalses del curso bajo del Eno, que actualicé cada dos o tres días por espacio de seis años y que en 1966 dieron lugar a mi primera publicación en el campo de la ornitología. Sin embargo, un estudio cuantitativo de las mariposas constituía un desafío muy diferente a la contabilización de aves que descansan en la orilla o nadan en la superficie del agua. Mientras estudiaba Zoología en la Universidad de Múnich fui adquiriendo poco a poco conocimientos relativos a la materia. Cuando me puse a trabajar en mi tesis sobre las mariposas acuáticas, tuve que adoptar un enfoque científico. Me estudié rápidamente las cinco especies de mariposas que integran la familia de los pirálidos y al poco tiempo ya era capaz de diferenciarlas por su modo de volar.

Sin embargo, para abordar la inmensa cantidad de especies de lepidópteros, es preciso disponer de unos conocimientos mucho más amplios si uno quiere estudiarlas en su totalidad. Aprender las características de cada una de ellas requiere más tiempo y esfuerzo que el conocimiento de nuestra avifauna. Solo en el sureste de Baviera hay más de mil cien especies de mariposas; en la región bávara se han registrado 3.243 especies distintas (censo de 2016). Muchas de ellas son muy pequeñas y solo pueden reconocerse con ayuda de libros técnicos especializados. Para identificar los pájaros, en cambio, contábamos ya desde los años sesenta con excelentes guías de campo que además no eran demasiado caras. Al principio me había dedicado mucho más intensamente a los pájaros que a las mariposas. La razón estaba en su propia cercanía. Se hallaban en los embalses y los bosques de ribera del tramo bajo del Eno, a los que podía llegar a pie o en bicicleta. Aquellos parajes eran (y siguen siendo) grandes reservas ornitológicas. Hoy en día son uno de los humedales con mayor diversidad biológica de toda Europa central. Cuando empecé a estudiar Zoología en Múnich en 1965, ya era un ornitólogo reconocido gracias a este entorno. Y estaba familiarizado con los diversos enfoques utilizados en la investigación de campo.

Los insectos adoran la luz ultravioleta

Durante mis estudios aprendí a aplicar un método que parecía el más adecuado para establecer la frecuencia de las mariposas. Se trata de atraer a las especies nocturnas utilizando luz ultravioleta. En aquel entonces ya no se hacía por medio de lámparas de luz mezclada de mil vatios que irradiaban su luz sobre unas sábanas extendidas, sino que en su lugar se empleaba un ingenioso dispositivo hecho con fluorescentes ultravioletas de solo quince vatios de potencia. Esta luz ultravioleta atrae a las mariposas y a otros insectos. Al acercarse, caen en un embudo situado en la parte inferior del tubo y, de ahí, a la bolsa colocada justo debajo. Aquí van a parar los insectos. Para ofrecerles algún refugio hasta la mañana siguiente, se colocan cartones de huevos en su interior. Las mariposas no sufren ningún daño en esta captura. Dentro de la bolsa no tardan en calmarse porque no las afecta la luz. A la mañana siguiente se identifican y cuentan las especies de mariposas y del resto de los insectos, en la medida en que sea posible dicha identificación. Todos los insectos son liberados *ipso facto*. De esta manera se obtienen resultados cuantitativos evaluables y manejables estadísticamente, que además pueden compararse muy bien en cualquiera de las cuestiones que se pretenda analizar. Por ejemplo, cuando se quiere determinar la frecuencia y diversidad de especies de mariposas nocturnas presentes en distintos tipos de hábitat. Eso es lo que yo empecé a hacer en 1969, cuando el doctor Hermann Petersen perfeccionó el método de captura. Gracias a él y a Elsbeth Werner tuve la oportunidad de abordar mi estudio en una granja sin pesticidas.

Por desgracia, a las mariposas diurnas no se las puede atraer con luz. Para poder analizar sus cambios de frecuencia, en los años setenta empecé a contarlas en recorridos o transectos que se han mantenido inalterados a lo largo de los años. En caminos forestales o senderos que atraviesan los campos, por ejemplo. Y en los taludes que ya estaban establecidos como «rutas» habituales. Con las señales kilométricas de los ríos, que se colocan a intervalos de doscientos metros exactos, tenemos una marca perfecta para realizar los conteos por transecto. En la década de 1980 utilicé los resultados obtenidos de esta manera para mis clases en la universidad, tanto las de Ecología y Conservación de la Naturaleza en la Universidad Técnica de Múnich como las relativas a Zoogeografía Ecológica que impartía en la Universidad Ludwig Maximilian, también en Múnich. Con el paso de los años se hizo evidente que los vuelos hacia la luz y los conteos por transectos mostraban cada vez menos mariposas. De las «capturas fortuitas», que es como yo llamaba a los demás insectos atraídos por la luz, desaparecieron hasta los escarabajos de mayo, muy frecuentes en aquel entonces. Su afluencia masiva había provocado varias veces que la bolsa se separase del embudo y cayese al suelo porque entraban a millares en cuanto se ocultaba el sol. Dado que hay muy pocas mariposas, por no decir casi ninguna, durante la temporada de vuelo de los escarabajos de mayo, este tipo de accidentes no afectaba a los resultados anuales. Pero la abrupta captura de estos coleópteros me irritaba, pues era una primera e inequívoca señal de que mis investigaciones arrojaban datos importantes sobre los cambios que estaba sufriendo nuestra naturaleza. De todas formas, en aquella época no sabía hasta qué punto iban a disminuir las poblaciones de mariposas y de otros insectos. Ni que mis hallazgos proporcionarían la base ecológica y nutricional que permite explicar el declive de las aves en los campos y los prados.

Mariposas en la ciudad: mucho más frecuentes de lo que creemos

A comienzos de los años ochenta me puse a investigar la frecuencia de aparición de las mariposas en las grandes ciudades. Trabajaba desde 1974 en la Colección Zoológica Estatal de Múnich, y en esta ciudad se daban unas condiciones ideales para analizar dicha frecuencia. Había varios sitios en los que podía hacerse una especie de sección transversal desde el centro urbano hasta las afueras de la ciudad y analizar la aparición y frecuencia de los insectos activos por la noche. Para identificarlos con exactitud, podía recurrir a las grandes colecciones de este museo estatal y a mis propios compañeros, especialistas en la materia. En cuanto empecé a recolectar insectos en la ciudad comprendí que iba a necesitar la ayuda de mis colegas. Mis capturas albergaban una diversidad de especies mucho mayor de lo esperado, así que me resultaría imposible analizarlas yo solo. Además, en cada una de ellas había una cantidad extraordinariamente elevada de ejemplares. Mis hallazgos no solo ponían en cuestión la idea de que en las ciudades solo había una cantidad mínima de la gran riqueza de especies del campo; también revelaban que esta creencia tan generalizada era en realidad un prejuicio.

A lo largo de los años y décadas siguientes se fueron produciendo los amplios resultados de los que doy cuenta en este libro. Son el balance de medio siglo de investigación cuantitativa en el campo de la entomología.

En estos cincuenta años, nuestra naturaleza ha cambiado en un grado y a un ritmo nunca vistos en tan breve espacio de tiempo. Los hallazgos son asombrosos y las perspectivas para el futuro, en extremo desfavorables, porque no cabe esperar ningún cambio sustancial en la agricultura, que es la causa principal de la disminución de biodiversidad. Si se examina con detenimiento el «problema de la agricultura», se verá que no afecta a los pequeños agricultores. En el último medio siglo no ha mejorado un ápice su situación, pese a lo que nos hace creer la clase política para justificar los miles de millones de euros gastados en subsidios. En realidad, se ha reducido el número de agricultores en una décima parte. La más beneficiada ha sido la industria agraria internacional, sobre todo los grandes productores de pesticidas, pero esto ha quedado bien oculto en el panorama general, donde el ocaso de los pequeños agricultores se ha producido al mismo tiempo que el espantoso declive de las mariposas y las aves.

Hace tiempo que la vida en la ciudad, siempre tan criticada, se ha vuelto mucho mejor que en el campo, donde la pestilencia de la bosta llega hasta el cielo y las sustancias tóxicas se propagan en una medida insospechada, donde los pájaros han enmudecido y las aguas subterráneas ya no son aptas para el consumo. ¿Hasta dónde va a llegar esta situación? ¿No hay manera de poner freno a las concepciones e idealizaciones que en su momento pretendían facilitar el trabajo de los agricultores y mejorar su vida? ¿Cabe pensar en un «efecto mariposa» en el cambio de política agraria? Al final del libro expongo mi opinión al respecto, que puede sorprender a más de uno por el moderado optimismo que trasluce. Aunque tal vez esta confianza no sea más que una ilusión, una quimera. Porque las generaciones futuras ya no podrán apreciar lo que nosotros hemos conocido: la biodiversidad de nuestra naturaleza, de nuestras mariposas.

La esfinge de la calavera: un ejemplo de huésped que ya casi no puede vivir entre nosotros

Hoy en día están desapareciendo especies que podrían haber tenido un profundo impacto en la formación de los niños. Aún recuerdo mi sensación de estupefacción cuando una tarde de principios de octubre vi salir una esfinge de la calavera (*Acherontia atropos*) de la pupa dentro del tarro que tenía en el alféizar de mi ventana. La había encontrado mientras recogía patatas. A principios de los setenta, los campos de patatas de la Baja Baviera seguían siendo en su mayor parte tierras aradas, como solía decirse entonces. Se ataba una yegua al arado, disponiendo la reja de manera que hiciese surcos profundos, de unos dos palmos de alto, sobre los cuales caían los nuevos brotes. Al crecer, algunas patatas quedaban sobre el suelo. Son las que se usaban como guía para encontrar el resto de las que todavía estaban bajo tierra. Y se sacaban con las manos. Así es como se recogían antes las patatas en la Baja Baviera. Pero, en verano, las larvas de la esfinge de la calavera se comen las plántulas de la patata, pues es una especie que se ha adaptado a las solanáceas, familia venenosa de plantas a la que pertenece la patata, originaria de América.

Su lejano lugar de procedencia no supone ningún problema para la esfinge de la calavera; al contrario, más bien les resulta beneficioso. Por su naturaleza, las hembras de estas enormes mariposas no serían capaces de hallar solanáceas en tal abundancia y con un crecimiento tan favorable en campo abierto. Por eso, la planta de la patata americana se convirtió en una de las alternativas preferidas por estos esfíngidos africanos poco después de su introducción en Europa, a comienzos del siglo XVII. Es muy probable que no vinieran antes del África tropical porque aquí no había plantas adecuadas para su alimentación. La agridulce dulcamara (*Solanum dulcamara*) no ofrecía gran cosa, y encima está tan dispersa que ni siquiera hoy día se encuentran en ella larvas de este esfíngido.

Cuando estas larvas han crecido, construyen justo debajo de la tierra una cámara alargada, en la cual se produce la pupación. Tras unas semanas de reposo, las pupas se transforman en mariposas adultas. Y estas han de volar hacia el sur, pasando por los Alpes, porque en el norte no superan el invierno. El ejemplar de mi tarro era una larva bien crecida. La había metido en un frasco con algo de turba y la había dejado ahí dentro sin cerrar del todo el bote. De vez en cuando humedecía un poco la tierra para que la pupa no estuviese demasiado seca. Y salió bien. La esfinge de la calavera que acababa de salir, con las alas aún sin desplegar y dejando al descubierto su grueso abdomen de franjas negras y amarillas, me pareció enorme. Una sensación que se confirmó cuando dejé que se deslizase por el dedo índice para poder colgarla de la cortina. En esa posición, las alas pueden ya extenderse por completo e iniciar el vuelo. Mi objetivo era dejarla libre cuando se hubiese ocultado el sol, para que pudiese regresar a África. Solo pensar que podía conseguirlo y que yo mismo habría contribuido a ello me hacía tocar el cielo. El dibujo de color amarillo claro que lucía en el dorso y que supuestamente recuerda a una calavera no me impresionó lo más mínimo. Por más que lo miraba, no le encontraba la menor semejanza con un cráneo humano. O quizá es que me faltaba imaginación para ver algo así. Aun ahora, mientras escribo estas líneas, no acabo de entender cómo se pudo llegar a pensar en un símil tan erróneo. Pero quien vea un hígado en la hoja de la *Anemone hepatica* solo porque está formada por tres «lóbulos» (que no se parecen en nada al hígado) y de ahí deduzca que debe de ser buena para cualquier enfermedad hepática, también será capaz de percibir una pequeña calavera en el dorso de este esfíngido.

No recuerdo si estaba aún dándole vueltas al nombre de este lepidóptero, pero de pronto sucedió algo que despertó en mí el biólogo que llevaba dentro. Nuestro gato, que se hallaba tumbado en el sofá, fingiendo estar profundamente dormido, como hacen todos los mininos, se acercó de repente a la cortina y metió la nariz hasta casi tocar la mariposa. Al rozarla con una de las vibrisas del hocico, mi esfinge levantó el abdomen negrigualdo de entre las alas y emitió un sonido estridente. El gato, aterrorizado, se retiró al instante, volvió a su sofá y se escondió debajo.

El efecto causado por este lepidóptero semejante a una avispa, combinado con el tono de su pitido, que llega a la escala de los ultrasonidos y que no puede ser percibido por los humanos, fue una lección en sí misma: no hay libro ni explicación en el mundo que pudiera haberme transmitido mejor lo que significa la «coloración intimidatoria» y cómo actúa. Aún más me impresionó que yo mismo hubiera sido capaz de conseguir que aquella mariposa se me subiera a la yema del dedo para dejarla luego colgada de la cortina. Cuando años más tarde tuve ocasión de acariciar algún abejorro para tratar de que emitiese un leve zumbido, me acordé de aquella experiencia. Aquella primera esfinge de la calavera, a la cual siguieron decenas y decenas tiempo después —hasta que la recolección de patatas se mecanizó y no aparecieron ya más pupas porque ninguna se salvaba de la guillotina de la cosechadora—, aquella mariposa nacida gracias a mis cuidados me había conmovido profundamente.

La fascinante vida de las mariposas acuáticas

De momento, toda mi atención se concentraba en las aves acuáticas. Al poco de empezar a estudiar Zoología, una revista científica publicó los datos de la investigación que yo había estado realizando durante seis años sobre la aparición y frecuencia de tales aves en los embalses del curso bajo del Eno. La obra fue reconocida por el Instituto de Zoología como documento pertinente para el examen de Estado, una especie de prueba de fin de carrera que permite obtener la licenciatura. Por eso pude ponerme a buscar tema para mi tesis de doctorado solo unos semestres después del comienzo de mis estudios. Sería, por supuesto, una investigación de campo. A mí me hubiera gustado ampliar mi investigación sobre las aves acuáticas, pero cuando le pregunté a un profesor, este me dijo que era mejor reservar un trabajo tan amplio como ese para el posgrado y estudiar mientras tanto algún tema que también estuviese relacionado con la fisiología. De los tres temas que me sugirió, el que más me atrajo fue el de las mariposas acuáticas. Su extraña forma de vida depende, efectivamente, de su particular fisiología, en concreto de la forma como respiran bajo el agua y de las estructuras cutáneas de las larvas.

Como especie característica escogí la *Nymphula nymphaeata.* A este delicado lepidóptero le debo mi título de doctor en Ciencias de la Naturaleza por la Universidad Ludwig Maximilian de Múnich, que obtuve en 1969. Existen tesis doctorales acerca de temas de lo más dispares, a veces incluso sobre materias bastante oscuras que no están al alcance de cualquiera. Puede que mi propio trabajo de fin de carrera —*Estudios sobre la biología de la mariposa acuática «Nymphula nymphaeata»*— entre dentro de esta categoría. Se publicó en 1970 en la *Internationale Revue der gesamten Hydrobiologie* (vol. 55, pp. 687-728). Tal como indica su título, este trabajo versa sobre una mariposa acuática cuyo nombre científico podría traducirse como «nínfula de los nenúfares». Pero para ahondar en su «biología» tenemos que describirla con más detalle.

Esta delicada mariposa y sus parientes cercanos me conmueven tanto que cada vez que veo una o que descubro algo nuevo sobre su forma de vida se me dispara el corazón. De hecho, sigo encandilado con ellas mucho después de haber presentado la tesis. Cada vez que siento ese entusiasmo pienso en la suerte que tuve con la elección del tema de mi doctorado. Las nínfulas de los nenúfares me han hecho biólogo de campo, esto es, un profesional de la biología que prefiere investigar en la naturaleza antes que en el laboratorio. Fueron ellas las que mantuvieron mis aspiraciones científicas plenamente abiertas a la belleza, al prodigio de lo vivo. Nunca he tratado o contemplado a estas pequeñas mariposas como «objetos», como simple material de investigación académica. A mí me tenía cautivado su vivacidad.

Aún recuerdo lo feliz que me hacía ver a mis pequeños lepidópteros beber una gota de agua algo azucarada de la yema de mi dedo. Los tenía guardados en casa, dentro de una jaula para mariposas, para observarlos mejor. Su reacción posterior me provocaba una cierta confusión, pues no paraban de tantear con la trompa. Por lo visto, no les gustaba nada el ambiente que yo les ofrecía en la jaula, donde había colocado un platillo lleno de agua y algunas plantas extraídas de su hábitat natural, en la ribera de los estanques. A partir de ahí, su comportamiento cambió de una manera notable. Las larvas de las mariposas acuáticas se pueden conservar sin dificultad en pequeños acuarios. Su vida está por completo centrada en la alimentación... y en la muda continuada, que necesitan para seguir creciendo. En la etapa de nutrición no requieren de nada especial, solo obtener el alimento adecuado en las hojas de plantas acuáticas flotantes. Aunque en realidad no dependen tanto de ello como ha dado a entender la literatura especializada. En mi puesto de trabajo en el Instituto de Zoología, adscrito a la Universidad de Múnich, podría haber seguido el desarrollo de las larvas desde que salen del huevo hasta que pupan y se transforman en imago, pero no la vida de las mariposas adultas.

La verdad es que tuve suerte. Descubrí los secretos de su vida por una vía distinta y bastante más práctica: encontré a «mi» mariposa acuática en el Jardín Botánico de Múnich, donde muchas de sus larvas roían las hojas de los pequeños (y ya muy escasos) nenúfares. De ahí que los jardineros no les tuvieran mucha estima. Cuando empecé mis investigaciones, ellos confiaban en verse librados algún día de aquella plaga que devoraba las hojas flotantes. Pero no fue eso lo que ocurrió, ni mucho menos, pues al poco tiempo encontré más larvas en los alrededores de mi pueblo, en concreto, en el valle del Eno. Las *Elophila nymphaeata,* tal como se denomina a mis nínfulas en el lenguaje científico de Linneo, aparecieron en unas pequeñas graveras que eran utilizadas como vertedero y en algunos meandros abandonados del río Eno. Desde mi casa podía llegar hasta allí, tanto a pie como en bicicleta. Cuando empecé a observar las ninfas en las hermosas tardes de los albores del verano, sentí una sensación maravillosa. Al atardecer, los machos iniciaron sus vuelos de reconocimiento: una primera mariposa de color marfil, bien reconocible a la luz del crepúsculo, salió de la orilla del cañaveral y voló un tanto errática unos dos o tres palmos por encima del agua; al poco la siguieron varias docenas más. Bailaban una coreografía incomprensible en medio de la ascendente neblina, que se fue condensando poco a poco hasta formar una densa niebla. «*Nymphula,* nínfulas. Qué nombre tan adecuado», pensé en ese momento, sin saber que todavía me aguardaban cosas mucho más emocionantes.

Tardes en la charca

Las ranas comunes del género *Pelophylax* dejaron de croar. Terminaron su concierto a la caída de la tarde, como un coro polifónico que alcanzó un último y definitivo clímax e hizo temblar la superficie del agua de la charca, justo en medio de la gravera. Ahora era el turno de las ranitas de San Antonio. Pero solo una dejó escapar un breve «croac, croac» y acto seguido enmudeció. Era demasiado tarde para ellas. La estación estaba ya demasiado avanzada. Sus conciertos empezaban en abril o en los primeros días de mayo. Había ratas inspeccionando los montones de basura acumulada en el terraplén. Se deslizaban con rapidez entre los escombros y los residuos domésticos, registrándolos a conciencia en busca de algo comestible. Por un instante desviaron mi atención de las mariposas acuáticas. Al mirar por los prismáticos, vi que no eran más que ratas comunes, aunque no pequeñas, precisamente. Algunas parecían auténticos gigantes. Para los gatos habrían sido enemigos letales. Pero también había roedores pequeños que rebuscaban en la basura acompañados de sus madres y que no se despegaban de ellas. Una sombra temblorosa pasó de pronto por el campo de visión de los prismáticos, y entonces me di cuenta de que estaba rodeado de murciélagos. Atrapaban insectos acuáticos sobre la charca. El crepúsculo de la tarde es el momento propicio para los tricópteros y los efemerópteros. Salieron volando por todas partes cuando los enfoqué con el haz de la linterna. Los últimos rayos del atardecer se estaban desvaneciendo en la oscuridad. Si llevaba una linterna era porque quería ver cuánto tiempo volaban las mariposas acuáticas. Por lo visto, su vuelo no se mantenía durante la noche, pues a la pálida luz del ocaso había muchos menos ejemplares de los que había podido atisbar sobre las aguas.

Las mariposas volvieron entonces a la orilla. Tras un breve vuelo en suspensión aterrizaron en el tallo de las plantas y no se movieron más. «Puede que haga demasiado frío para ellas», pensé, y yo mismo sentí el húmedo frescor de aquella noche de principios de verano. Para confirmar esta impresión, tenía que medir la disminución de la luminosidad y la temperatura. Con ayuda de mi exposímetro, un dispositivo que aún era imprescindible en la década de 1960 para ajustar bien el diafragma de la cámara, pude registrar sin dificultad el descenso de la luminosidad. Pero la medición de la temperatura no iba a resultar tan fácil, pues cuando intenté registrarla por medio de un termómetro de laboratorio, este mostraba temperaturas diferentes dependiendo de cuán cerca estuviera yo de las aguas o del cañaveral, y de si había mantenido el termómetro lo bastante alejado de mi cuerpo. Hace medio siglo, el trabajo de campo aún estaba lejos de conseguir las precisas mediciones de las temperaturas que se obtienen hoy en día. Contar las mariposas también fue, por decirlo de manera suave, problemático. Porque revoloteaban erráticas por encima del agua y a lo largo del cañaveral. A medida que la luz de la tarde se desvanecía, crecían más y más, y luego eran cada vez menos abundantes. Traté de contarlas varias veces, pero cada conteo arrojaba cifras harto diferentes. Mi euforia por obtener datos para una interesante tesis doctoral sobre estas encantadoras mariposas dio paso en las siguientes tardes que pasé en aquella charca a una preocupación manifiesta, porque empecé a pensar que quizá no obtendría suficientes datos buenos para poder escribir una tesis. Sin duda, era necesario mantener a las larvas en acuarios junto con las plantas acuáticas de las que se alimentaban y mejorar también las jaulas donde alojaba a los imagos, y diseñarlas de una forma más semejante a la naturaleza, porque no todas las tardes eran perfectas para la observación de mis ejemplares.

Enseguida se hizo evidente que incluso en unas condiciones tan favorables, teniendo la charca con las mariposas acuáticas casi a la puerta de casa, la investigación en el campo tiene que habérselas con el clima y con acontecimientos imprevistos. Por ejemplo, una de las graveras se convirtió en un estanque de carpas unas semanas después del inicio de mi investigación, y, como consecuencia, todas las plantas acuáticas que había en él desaparecieron en un pispás. En esa época apenas llegaban a las graveras o a los meandros abandonados los fertilizantes y venenos utilizados en la agricultura. No sospechaba entonces que las graveras acabarían destruidas casi una década después de haber concluido mi investigación: fueron rellenadas, niveladas y reconvertidas en plantaciones de árboles o en tierras de labranza. Curiosamente, los conservacionistas las habían presentado como «heridas en el paisaje» que debían ser cerradas, y ya no se permitió que se produjeran nuevas heridas de ese tipo, porque el paisaje debía seguir «sano». Todavía siento una punzada de dolor cuando paso por los lugares en que realicé el trabajo de campo para mi tesis doctoral: algunos están cubiertos de maizales y en otra zona hay árboles que han formado un pequeño bosquecillo. No queda ya ni una gravera. Con pérdidas tan pequeñas como estas empieza la erosión del sentimiento de pertenencia a la tierra. Pero ahora vamos a dejar a un lado este tema para concentrarnos en el ciclo vital de las nínfulas de los nenúfares, quizá así se pueda entender por qué estaba tan fascinado por estas pequeñas criaturas que habrían de seguir impresionándome a lo largo de toda mi carrera como zoólogo. Y que sustituyeron a todas las demás mariposas.

La vida secreta de las nínfulas de los nenúfares

Empezaremos con el exitoso desenlace de un vuelo de reconocimiento de principios del verano. Los machos revolotean al atardecer de un lado para otro buscando hembras, hembras recién eclosionadas y que no se hayan apareado todavía. Para observar lo que sucedía después, me valí de un experimento fantástico ideado por mí mismo. Cogí una hembra que acababa de eclosionar en el pequeño acuario de mi casa y la metí en una de esas jaulas minúsculas que se utilizan en apicultura para el alojamiento temporal de las abejas reina. Ahí dentro, las feromonas secretadas por la hembra pueden pasar a través del lado enrejado y extenderse por el aire. Luego coloqué la jaula sobre una balsa de corcho y dejé a aquella hembra virgen flotando sobre las aguas de la charca en cuanto los machos iniciaron sus vuelos de búsqueda. A los pocos minutos su errático desplazamiento se trocó en una trayectoria precisa, dirigida hacia un objetivo concreto. Docenas de machos aterrizaron entonces en la jaula y trataron de alcanzar a la hembra estirando el abdomen por entre las rejillas. Yo tenía la balsa atada con una cuerda, así que en ese mismo instante la moví hasta la orilla. Los machos la siguieron, como si estuvieran pegados a ella. Ni siquiera se asustaron cuando saqué la hembra del agua y la dejé sobre las hojas flotantes de una *Polygonum amphibium.* Tan pronto como la liberé, se aproximó uno de los machos dispuesto para la cópula, y ya no la soltó. Los demás machos no tenían ninguna oportunidad, así que abandonaron a la pareja y continuaron su búsqueda. Noté que por aquí y por allá había machos que aterrizaban sobre las hojas y se apareaban con las hembras que allí reposaban. Las hembras, de color más apagado, no eran nada fáciles de detectar en la luz crepuscular cuando estaban posadas sobre las hojas.

A la mañana siguiente, la hembra recién apareada inicia su propio vuelo de búsqueda. Se mueve insistente sobre el agua hasta que encuentra hojas flotantes que no tengan muescas en el borde, lo cual es una pista clarísima de que no han servido de alimento a las larvas. Existen diferentes tipos de plantas acuáticas con hojas extendidas sobre la superficie del agua. La hembra las palpa bien con las patas en cuanto aterriza. Puede haber espigas de agua (*Potamogeton natans*), *Polygonum amphibium* y gencianas acuáticas (*Nymphoides peltata*), amén de las hojas jóvenes y finas de los nenúfares (*Nymphaea sp.*). Las hojas de la *Nymphoides peltata,* que destaca por sus vistosas flores amarillas, son especialmente adecuadas para el crecimiento y desarrollo de las larvas, pero apenas se encuentran ejemplares. Son muchas las plantas acuáticas que hemos mencionado aquí, lo cual demuestra que las nínfulas de los nenúfares no están especializadas en plantas nutricias. Sus larvas se podrían alimentar hasta con hojas de lechuga, como yo mismo comprobé, aunque esta nutrición provocó efectos inesperados y muy reveladores.

Cuando la hembra ha encontrado la hoja adecuada, se arrastra hasta el borde y dobla el extremo del abdomen de manera que llegue hasta el envés de la hoja. Esto no es nada fácil, pues tiene que superar la tensión superficial del agua. Ahí mismo, en la parte inferior de la hoja, la hembra desova en cada puesta entre 100 y 180 huevos, que están siempre en contacto con el agua. Las larvas se desarrollan con rapidez. Su ritmo de crecimiento está directamente relacionado con la temperatura que alcance el agua a principios del verano. Al eclosionar, se abren paso a través de la membrana del huevo y roen el tejido de la hoja. Si es grueso, como en el caso de los nenúfares, siguen comiendo el resto de la hoja. Por eso se dice que son orugas «minadoras». En las hojas más finas cortan un trocito y se cubren con él. Para sostenerlo se valen de sus delicados hilos de seda.

En esta etapa y en la siguiente, después de la primera muda, la larva está humedecida dentro del capullo. Respira a través de la piel. En los primeros estadios de desarrollo todavía tiene cerrados los orificios y conductos de respiración (tráqueas) que permiten que el aire entre en el cuerpo y salga el dióxido de carbono al exterior. Después de la primera muda, la larva se hace un capullo perfecto, cubierto arriba y abajo. Esta nueva cápsula también contiene agua, así que la larva sigue respirando a través de la piel, pero cuando llega al tercer estadio de desarrollo, todo cambia: la larva surgida de la antigua piel, ya demasiado apretada, brilla como la seda; el agua resbala por su cuerpo y, al estirar la cabeza por encima del agua, queda envuelta al instante por una refulgente capa de aire. Entonces, teje un nuevo capullo que pueda albergarla por completo, y esta nueva cápsula está llena de aire. En la pupación, el cuerpo de la larva es impermeable al agua. Se han abierto ya orificios respiratorios. Ahora el intercambio de gases tiene lugar de manera normal, pero con una particularidad importante: cuando aumenta el contenido de dióxido de carbono en la burbuja de aire que la contiene, una parte de este pasa directamente al agua. Esto se produce porque, como les gusta decir en tono coloquial a los químicos, el dióxido de carbono se disuelve «ansiosamente» en el agua. Se genera entonces una presión negativa, que a su vez es compensada con el oxígeno que entra en la burbuja de la larva. Así es que, en esta etapa, las larvas respiran parcialmente a través de una especie de pulmón. No es algo que necesiten todavía, porque a partir del tercer estadio se comen las hojas flotantes por la parte superior y, al engullirlas, absorben sus ceras. Estas sustancias son las que mantienen las hojas a flote. Sin la capa de cera, hasta una lluvia ligera podría hacer que se hundiesen.

Cómo respiran las larvas debajo del agua

La evolución de las larvas hacia un estado repelente al agua está relacionada con la cera de sus plantas nutricias. La excretan por toda la superficie del cuerpo sirviéndose de unos bastoncillos con múltiples canales a los lados y cargados de cera. Por eso la larva brilla tanto cuando se halla en estado impermeable. Solo la cabeza y su punto de fijación al cuerpo quedan desprovistos de esta capa cerosa. Para la larva es muy importante, porque si no pudiera repeler el agua, no podría comer. La tensión superficial la empujaría continuamente, alejándola de la hoja mojada. El cambio de la respiración cutánea a la respiración a través del sistema de conductos propio de los insectos (las tráqueas) es algo muy característico de la etapa larvaria de esta clase de mariposas. Lo más emocionante se produce cuando la larva está ya desarrollada y lista para pupar. En lugar de arrastrarse lentamente hacia la orilla, que es lo que nosotros esperaríamos, la larva lucha con su capullo, que está repleto de aire, contra el empuje mismo del tallo de la planta. Sumergida a diez, veinte o treinta centímetros de profundidad, hace unos pequeños orificios en el tallo de las espigas de agua (*Potamogeton natans*) o de los nenúfares (*Nymphaea sp.*) en cuyas hojas había comido, asegura el capullo en ese mismo sitio e inicia la pupación. La crisálida escapa de la última piel de la larva moviendo el abdomen, cuando todavía está dentro de la burbuja de aire. Luego permanece en reposo hasta que se ha completado la metamorfosis.

Como este proceso en apariencia tranquilo requiere mucha energía —la pupa tiene que respirar—, esto provocaría una falta de aire en el capullo si no fuera porque la larva ha interceptado el oxígeno que pasa por los conductos de la planta. De ahí recibe la pupa su oxígeno. Como el dióxido de carbono producido durante la metamorfosis se disuelve en el agua que rodea al capullo, se crea una presión negativa. La pupa, dentro del capullo, aspira aire del tallo de la planta. A diferencia de la larva, que o bien flota sobre el agua con su capullo lleno de aire, o bien renueva ella misma el aire del interior, la pupa depende del suministro de la planta. También es posible que los trozos arrancados de la hoja sigan estando verdes y que realicen la fotosíntesis el tiempo suficiente para soltar el oxígeno en la burbuja de aire de la larva. Por lo tanto, el complicadísimo problema de la respiración en el agua de un animal aéreo se soluciona de diversas maneras, lo cual no deja de ser una sorprendente adaptación.

Ascenso en globo

Cuando la mariposa se desliza fuera de la pupa sucede algo impresionante: la crisálida está bien sumergida en el agua, encerrada dentro de su cápsula. Una vez concluido el proceso, empuja el capullo por el lado que apunta hacia arriba. Entonces sale una burbuja de aire que arrastra a la mariposa adulta como un globo con la carga adherida a la superficie del agua. Ahí, la burbuja se rompe y la *Nymphula* se eleva sobre el estanque. A continuación, se extiende una capa de largas escamas alrededor de la mariposa. Llevada por la tensión superficial del agua, busca a tientas con las patas la hoja más próxima, se desliza sobre ella y levanta las alas hasta desplegarlas por completo. La eclosión suele tener lugar por la mañana, aunque también puede ocurrir por la tarde o al caer la noche. Estas mariposas recién nacidas, en cuanto son capaces de volar, se dirigen a la orilla, a la espesura de las plantas.

Allí aterrizan en una posición muy característica, con la cabeza hacia abajo. Tanto desde el agua como desde el aire, desde la perspectiva de las aves que buscan insectos en los juncos, esa postura mantiene oculta la forma del cuerpo. Solo se puede reconocer a estas mariposas examinándolas a su misma altura, esto es, cuando se hayan posado en el cañaveral, y aun así, el delicado dibujo de trazos amarillos y manchas oscuras no hace nada fácil el reconocimiento óptico. En días calurosos, el borde del cañaveral conserva la suficiente humedad para que estas frágiles criaturas no se queden secas. Es algo que tiene mayor importancia para los machos que para las hembras, porque estas mueren justo después de haber puesto los huevos, mientras que los machos pasan aún varios días, cuando no una semana entera, volando en busca de otra hembra recién nacida y preparada para el apareamiento.

Solo una vez pude presenciar la eclosión en el acuario de mi casa. Sabía que la mariposa adulta podría salir del capullo sumergido bajo el agua, pero cuando lo contemplé con mis propios ojos fue como asistir a un milagro.

Cuando salen las pupas, ya es pleno verano. Dependiendo del clima de la primavera, la segunda generación de nínfulas aparece en julio o agosto, a veces incluso a principios de septiembre. ¿Y qué pasa entonces? Pues que tienen que superar el invierno. Para solventar esta dificultad se ha introducido un período adicional en el segundo ciclo biológico. Las larvas no pasan en otoño al tercer estadio, repelente al agua, sino que se arrastran sin capullo por el tallo de la planta hasta unos treinta centímetros de profundidad; hacen un orificio lo bastante ancho, perforan una cavidad estrecha en forma de saco y, una vez dentro, vuelven a adoptar la posición encorvada. Así pasan los meses invernales y no salen hasta abril o comienzos de mayo, cuando las plantas acuáticas vuelven a brotar. Mientras tanto, en la superficie del agua mueren las hojas flotantes que hubieran quedado. Las larvas invernan en los tallos, aunque haya hielo en la parte superior de la planta.

El calentamiento de los estanques en primavera hace que las plantas acuáticas broten de nuevo. El incipiente crecimiento es, en apariencia, lo que indica a las larvas que es hora de ponerse en marcha. Abandonan entonces su cavidad, se arrastran hasta arriba y devoran las hojas nuevas. De este modo obtienen la cera necesaria para pasar al estadio impermeable. En mayo aún se encuentran orugas que cargan con su capullo lleno de aire y se comen las nuevas hojas flotantes hasta que están completamente desarrolladas y listas para pupar. Las mariposas que salen de estas crisálidas forman la primera generación. Su descendencia sigue desarrollándose directamente, sin ningún período de descanso. Nuestra pequeña nínfula tiene, por tanto, dos ciclos reproductivos en el curso del año.

La ventaja de vivir en el agua

Mi tesis doctoral abordaba también los rasgos que presenta la piel de esta especie y los cambios que se producen cuando la respiración cutánea es sustituida por el sistema traqueal típico de los insectos. Esto requería imágenes de microscopio electrónico, que la Universidad de Múnich me pudo proporcionar. Pero a mí lo que me atraía, y me sigue atrayendo hoy en día, es cómo viven estas mariposas que se han adaptado a las plantas acuáticas y a su entorno. ¿Por qué se instalaron en este hábitat? ¿Qué ventajas tiene para ellas?

Al principio me pasó inadvertido el hallazgo más importante que permitía explicar estas cuestiones, porque casi todas las crianzas de larvas tuvieron éxito y produjeron mariposas. Es verdad que en mis pequeños acuarios no podían resultar dañadas, salvo por alguna distracción mía. Y el caso es que salieron todas las pupas que yo mismo me había llevado del estanque para observar el proceso de eclosión. Sin pensarlo, di por hecho que todas las larvas de los diversos estadios que había recogido para mis investigaciones crecían sin dificultad, pupaban y acababan convirtiéndose en mariposas adultas. Solo caí del guindo, como suele decirse, unos años más tarde, cuando estaba analizando unos lepidópteros muy distintos: los arañuelos de los cerezos de racimo. A ellos les consagro más adelante un capítulo entero. Al analizarlos entendí cuál es la ventaja de vivir en el agua: si no había tenido bajas en los especímenes criados por mí era porque las larvas y pupas de mis mariposas acuáticas no estaban infestadas de parásitos. Sin embargo, en la inmensa mayoría de las mariposas terrestres, los parásitos son uno de los factores esenciales que determinan su frecuencia y el desarrollo de su población. De las 694 larvas que había criado en mi acuario se habían desarrollado entre el 96 y el 98 %, es decir, que la eclosión de mis mariposas había sido todo un éxito. Solo registré pérdidas notables en la oviposición. No descubrí quién o qué causó tales bajas en la naturaleza, aunque a mi entender debía de ser obra de los ácaros del agua, que se comían los huevos, o bien del lodo pútrido que se formaba en charcas o estanques muy encenagados. Como hay más de cien huevos por puesta y hembra, tales pérdidas evitan a buen seguro que las orugas consuman las hojas flotantes disponibles con demasiada rapidez, cosa que ocurre con bastante frecuencia en esta especie de mariposas.

Eso es lo que pasaba de hecho en el Jardín Botánico de Múnich, donde investigué por primera vez a mis pequeñas nínfulas e hice confiar a los jardineros en mis estudios sobre las mariposas de agua. A lo largo de los años y las décadas he ido comprobando que las hembras de las nínfulas de los nenúfares abandonan la charca en la que se originan cuando las hojas flotantes de las plantas están demasiado roídas. Por eso, antes de poner los huevos palpan bien el borde de las hojas. Si están demasiado comidas, se marchan y buscan otras aguas con condiciones más favorables. Cabe esperar una tendencia a la migración, ya que las charcas y los pequeños estanques no son permanentes. En condiciones naturales surgen de la anegación de terrenos inundables. Los nuevos estanques duran unos pocos años o varias décadas, dependiendo de lo pequeños o grandes que sean, y desaparecen gradualmente por la acumulación de sedimentos. Las especies que colonizan un hábitat volátil por naturaleza deben buscar alternativas antes de que sea demasiado tarde.

La tendencia a la dispersión está por lo tanto muy marcada en las mariposas de agua. Como insectos pertenecen al grupo de especies pioneras, como las que conocemos por ejemplo en las plantas embriofitas, que colonizan a gran velocidad hábitats recién creados. Están además especializadas en un área de la naturaleza que existe durante largo tiempo: la zona de las plantas flotantes en la ribera de los estanques de mayor tamaño. Más adentro también hay especies vegetales acuáticas, pero solo crecen debajo del agua, y por eso se las denomina «plantas sumergidas». En el lado de la tierra, encontramos las plantas ribereñas que están en el agua, pero sobresalen por encima de ella. En términos ecológicos, son «plantas emergentes». Para entender a mi mariposa de agua y poder clasificarla en su familia correspondiente, tenía que hacerme una idea mucho más exacta del hábitat de los estanques y de las zonas ribereñas. ¿Era una especie oportunista o una especialista en un hábitat concreto de las aguas estancadas?

LUGARES PARA VIVIR O «NICHOS ECOLÓGICOS»

Las graveras presentaban en su pequeña área las mismas condiciones naturales que las aguas estancadas. Por eso encontré en la mayoría de ellas las otras especies de mariposas de agua que existen en Europa central. Forman una «serie ecológica» ejemplar, que empieza en la vegetación ribereña y se extiende sobre la zona de hojas flotantes hasta las plantas acuáticas sumergidas. Es una serie adaptativa que puede observarse en las propias mariposas. Las larvas de *Nymphula stagnata** se alimentan de plantas del género *Sparganium sp.* y de otras especies vegetales que crecen en las riberas. Aguas adentro, en la franja de las plantas de hojas flotantes, se halla «mi» *Nymphula nymphaeata.* Bajo el agua tenemos la *Parapoynx stratiotata* y la más extraordinaria de todas, la pequeña *Acentropus niveus*. En los estanques cubiertos de lentejas de agua, aparece también la *Cataclysta lemnata*. Todas estas especies viven literalmente una al lado de la otra, en nichos ecológicos propios. Y todas tienen adaptaciones específicas, que en el caso extremo del *Acentropus niveus* han provocado que una de sus morfologías femeninas viva en el agua de manera permanente. Lo explicaremos con detalle un poco más adelante. Lo primero que hay que tener en cuenta es el patrón general. Estas mariposas pertenecientes a la familia de los pirálidos y conocidas por su extraordinaria capacidad de adaptación van incrementando su presencia desde la orilla hasta el interior del agua. ¡Cuanto más adentro, más abundantes son!

La frecuencia de aparición puede tomarse como una medida aproximada del éxito biológico de una especie. Las larvas de *Nymphula stagnata* viven en plantas ribereñas que crecen por encima del nivel del agua. Son las especies más raras de nuestra serie. La *Cataclysta lemnata,* cuyas larvas utilizan las hojitas de las lentejas de agua para construirse sus capullos y para alimentarse, suele ser bastante común, pero solo aparece en los estanques que están llenos de tales especies vegetales. Mi pequeña ninfa, la *Nymphula nymphaeata*, es mucho más frecuente. Para construir los capullos en donde se desarrollan, estas larvas recortan trocitos de hojas de hasta tres centímetros de longitud. Desde la orilla se las puede reconocer con facilidad.

Mucho más difícil de detectar es la *Parapoynx stratiotata*. Sus larvas viven debajo del agua. No pasan por ningún estadio en el que tengan aire, pero tampoco es necesario, porque tienen en el cuerpo unos apéndices filiformes, a través de los cuales se produce el intercambio de gases como en las branquias de los peces. De ahí que se llamen «branquias traqueales». Son algo especial en las mariposas, pero normal en un grupo de insectos acuáticos formado por muchas especies: las larvas de los tricópteros. Estas nos plantean una cuestión de suma importancia para comprender la evolu-

* En las páginas 149-150 se explican los cambios en la denominación del género y la forma válida en la actualidad, que esperemos se mantenga.

ción de las mariposas, pues no sabemos si las branquias traqueales son la reinvención de un nuevo género de mariposas acuáticas o una herencia ancestral que conecta a las mariposas con los tricópteros. En otras palabras: ¿las mariposas proceden de unos insectos acuáticos primigenios o de unas formas primitivas que habitan en la Tierra desde hace tiempo? Son muchos los indicios que apuntan al estrecho parentesco con los tricópteros. Al final, todos habrían «surgido del agua», como mi pequeña *Nymphula.*

Con movimientos serpenteantes, las larvas de *Parapoynx stratiotata* bombean agua a través de la hilaza que han tejido sobre las plantas sumergidas, sobre todo en especies del género *Myriophyllum.* Por lo tanto, toleran las aguas calientes y con poco oxígeno. En los trópicos existen muchas especies emparentadas con estas mariposas de agua que desarrollan branquias traqueales en el estadio larvario. Sin embargo, la más sobresaliente de nuestras mariposas acuáticas vive en estadio larvario en el fondo de las aguas, donde hay un sinfín de plantas sumergidas que tan solo salen a la superficie para florecer, si es que lo hacen. Se trata de la pequeña *Acentropus niveus,* una mariposa que según los entomólogos del siglo XIX no era propiamente un lepidóptero, sino más bien una especie inusual de insecto tricóptero.

Comparadas con otras, sus larvas son normales. Tienen el cuerpo humedecido por el agua y respiran a través de la piel. Aunque sean pequeñas, no necesitan un método más eficiente de intercambio de gases: la respiración cutánea es más que suficiente para ellas, sobre todo en las frescas y oxigenadas lagunas donde suelen encontrarse. Pupan bajo el agua, pero lo que sale de algunas de estas crisálidas puede parecer en verdad increíble: unas hembras con las alas recortadas como una paleta de canoa. Así es como «vuelan» bajo el agua. No demasiado rápido, pero sí con la suficiente destreza como para no acabar propulsadas hacia arriba. Las patas traseras, rodeadas de una densa hilera de ceras o espinas, son las que les permiten bogar. Gracias a la estabilización de las alas y las patas como remos, estas hembras pueden moverse bajo el agua con bastante precisión. La razón por la que necesitan de una locomoción tan bien dirigida se hace evidente en cuanto emergen de la pupa. Al salir tratan de llegar a la superficie del agua, pero se quedan justo debajo y solo dejan asomar el extremo del abdomen. Las glándulas que tienen en esta parte del cuerpo producen una secreción olorosa que atrae a los machos, todos ellos provistos de fuertes alas.

Estos revolotean como locos sobre el nivel del agua hasta que encuentran la punta de un abdomen dispuesto para la reproducción. Durante el apareamiento son empujados hacia dentro por las grandes hembras, pero no se ven arrastrados a las profundidades gracias a sus fuertes alas. Una vez completada la inseminación, el macho abre la pinza que había usado para agarrar la punta del abdomen de la hembra. Entonces esta se mueve, rema y se sumerge más en el agua; busca a su alrededor, valiéndose de sus «vuelos» y «bogas», hasta que encuentra una planta acuática adecuada para la oviposición. He hallado larvas de esta mariposa en los rizos de agua (*Potamogeton crispus*), en las milenramas de agua (*Myriophyllum*) y, sobre todo, en la *Elodea canadensis,* una planta que en las décadas de 1960 y 1970 era bastante común en los lagos, lagunas y embalses del tramo bajo del Eno.

En nuestro país, sin embargo, a diferencia de lo que ocurre por ejemplo en Dinamarca y en el sur de Escandinavia, estas hembras con alas transformadas en remos no son nada fáciles de encontrar. Las hembras de alas normales se desarrollan sobre todo en el sur de Europa central. Son bastante más grandes que los machos... y sin duda imprescindibles: solo ellas pueden encontrar masas de agua con las plantas sumergidas más propicias, aun cuando sean impulsadas y arrastradas por las corrientes de aire. Las lagunas y los embalses tienen períodos demasiado cortos para que pueda producirse vegetación realmente permanente. En cambio, las lagunas costeras mucho más estables que pueden encontrarse en torno al mar Báltico surgieron al término de la última glaciación, es decir, hace más de diez mil años. Si solo se desarrollaran hembras con alas remeras y por lo tanto incapaces de volar, la especie, no sobreviviría a largo plazo. Sin embargo, los machos sí necesitan ser hábiles en el vuelo porque, si no, no encontrarían hembras.

Llegados a este punto, tenemos que referirnos a una característica genética que puede parecer un tanto extraña. El caso es que, en las mariposas, el sexo femenino porta los cromosomas XY y el masculino, los XX; es decir, justo a la inversa que en los seres humanos. Por lo tanto, las hembras pueden generar dos morfologías diferentes con mayor facilidad que los machos. Esta peculiaridad se manifiesta con especial claridad en las diversas formas de mimetismo de estas especies, cuando ejemplares no tóxicos o desprovistos de la protección que proporciona un sabor desagradable imitan a otros que son venenosos o dejan mal gusto. Para decirlo en pocas palabras: en el reino de las mariposas vale la pena que las hembras sean diferentes. En nuestras limoneras (*Gonepteryx rhamni*), las hembras son muy parecidas a las venenosas mariposas de la col. Como en su interior llevan el preciado cargamento de los huevos, los ejemplares de sexo femenino tienen una buena razón para mantenerse ocultos. Por eso en la naturaleza vemos siempre muchos más machos que hembras.

Volvamos ahora a las diversas especies de mariposas acuáticas. Al estar establecidas en la orilla de los estanques y vivir en y dentro de las masas de agua de menor tamaño, nos proporcionan un ejemplo excelente de cómo se distribuyen específicamente en sus hábitats respectivos («nichos»), pero también nos permiten entender los motivos por los cuales la evolución de sus capullos y de su forma de vida ha valido la pena. Las riberas de los cursos de agua son áreas de vegetación abundante y muy vigorosa que están menos afectadas por las inclemencias meteorológicas. Tener mucho alimento siempre es atractivo, y las plantas buenas, es decir, no protegidas por sustancias tóxicas, son aún más atrayentes. A ello se añade la utilidad misma de las plantas acuáticas, ya que los principales enemigos de todas estas mariposas, los insectos parásitos, no puedan seguirlas a las especies vegetales que crecen en y debajo del agua. La vida y la supervivencia de las mariposas adultas depende casi siempre, en términos cuantitativos, del éxito de su etapa larvaria. Si las larvas no encuentran plantas alimenticias suficientes, sufre toda la especie. Si hay suficiente vegetación pero las larvas que de ella se alimentan están infestadas de parásitos, no podrán ser (más) frecuentes. Ejemplo de ello son las mariposas del género *Aglais,* cuyas larvas viven de las ortigas. Como es una especie vegetal muy extendida, las mariposas que de ellas se nutren deberían ser también frecuentes. Y a menudo lo son, pero no en un grado exagerado o semejante de un año para otro. Aportaremos más información sobre esto en un capítulo aparte que da cuenta del sentido y alcance de tales fluctuaciones. Y, siguiendo con los lepidópteros acuáticos, podríamos analizar también qué es lo que nos enseñan sobre la tendencia más generalizada hoy en día, es decir, sobre la propia desaparición de las mariposas.

La destrucción de los hábitats de las pequeñas nínfulas

A juzgar por la detallada exposición que ofrecemos aquí sobre su forma de vida, podría pensarse que las nínfulas de los nenúfares ocupan un espacio tan amplio porque fueron las mariposas con las que inicié mi carrera de investigador. Sin embargo, en realidad, son un ejemplo de la precaria situación en la que se encuentran tantas otras mariposas. Como luego explicaré, hoy en día han desaparecido las graveras y masas de agua que les daban cobijo cuando hice mi trabajo de campo para la tesis de doctorado: han sido cubiertas, rellenadas de tierra; las canteras a cielo abierto fueron reconvertidas en terrenos de cultivo, y con ellas un amplio número de explotaciones de áridos terminaron siendo también eliminadas. Así es como las mariposas acuáticas y muchas otras especies perdieron los biotopos donde habían vivido durante décadas. Cientos de mariposas, incluyendo las muchas especies de microlepidópteros, y cientos de especies de otros insectos convirtieron las graveras en islas de biodiversidad cuando se estaba iniciando la uniformización de las tierras de labranza. Según los conservacionistas y las autoridades responsables de las excavaciones, la extracción de grava tenía que estar regulada y concentrada en unas zonas específicas y lo más amplias posible. Una vez terminada la extracción de piedra, las graveras podían convertirse en lagos para bañistas, o, si el terreno era demasiado seco, en bosques y campos de cultivo. En esa época, todas las empresas estaban sufriendo reformas importantes, tanto las pequeñas y medianas como las grandes corporaciones, pues la reconversión industrial se puso en marcha al mismo tiempo que la revolución agrícola.

Con mis estudios sobre las mariposas de agua, solo había capturado un reducido espectro de los insectos que viven en las graveras y las charcas pequeñas. Noté sus pérdidas de población por la desaparición de libélulas y ranas en unos estanques donde antes vivían bien, así como por la ausencia de lagartos y escarabajos en las zonas secas. Poco a poco, los setos y matorrales del campo también se perdieron. Los bosques ribereños del Eno corrían el mismo riesgo porque el floreciente cultivo del maíz se abrió paso hasta ellos y estos terrenos, que habían perdido valor con el fin de la tala de leña, se convirtieron en algo muy jugoso para los agricultores. Cuando se prohibió roturarlos ya era demasiado tarde. Buena parte de los bosques ribereños ya estaban destruidos, y fueron talados aún más porque las autoridades no hicieron nada al respecto. Si se conservaron los sotos más húmedos del Eno fue quizá por el clima, pues en aquella época hubo una serie de veranos bastante lluviosos, pero nada compensó la roturación de terrenos.

Cuando pienso en aquella época tengo sentimientos encontrados. Eran los años setenta cuando tratábamos de salvar los bosques ribereños y los conservacionistas nos veíamos obligados a contemplar impotentes cómo eran cortados pieza por pieza y convertidos en campos de maíz. A los medios de comunicación y el público en general apenas les interesaba el asunto. Muchas zonas particularmente ricas en especies se consideraban desde los estamentos «terrenos yermos» o «improductivos»; unas palabras que ya nos lo dicen todo sobre la apreciación de que gozan los animales y plantas que no tienen una utilidad inmediata. A veces dudo de que haya cambiado de verdad la actitud, aunque ya no se hable de terrenos baldíos: podemos variar los términos, pero cambiar el contenido semántico es mucho más difícil. Y, además, siempre surgen contratiempos. Se ha intentado que palabras como «ave de rapiña» y «animal depredador» sean reemplazadas por «ave de presa» y «animal rapaz», porque ese supuesto «robo» solo tiene lugar desde la perspectiva del cazador, pero no ha habido forma. Hoy en día, hasta los periodistas más jóvenes utilizan despreocupadamente el término «ave de rapiña», aunque hace tiempo que desapareció de los libros de ornitología. De la misma manera, se habla también de «plagas», al margen de los daños (reales o supuestos) que hayan provocado.

Mis mariposas de agua no causaron ningún daño en la naturaleza mientras estaban en las charcas y en las orillas de los lagos. En cambio, los estanques de nenúfares sí que sufrían su presencia. A veces, las larvas devoraban tanto las hojas más finas de algunos nenúfares que estos perdían todo su encanto. En los estanques de jardín en donde hay nenúfares con flores rosadas, la gente quería tener unas hojas flotantes perfectas y, a ser posible, flores que no estuvieran infestadas de pulgón. Para ellos, lo malo es lo que perjudica a la vista. Es mejor que las pequeñas mariposas no aparezcan en absoluto. Las que viven en los trópicos provocan pérdidas notables en la cosecha de los arrozales. La FAO me brindó la oportunidad de proseguir mis investigaciones sobre estas otras mariposas de agua, pero al final decliné su oferta: las especies de nuestro país ya eran bastante interesantes. En la década de 1970 no se sabía gran cosa de las mariposas nocturnas, salvo de las que eran una verdadera plaga. Sin embargo, son ellas, y no las mariposas diurnas, las que reúnen la mayor parte de las especies de lepidópteros. Aquí será la luz misma la que ilumine la oscuridad sobre nuestro tema.

Ventajas de la atracción a la luz

A estas criaturas aladas que vuelan sin rumbo aparente y a no demasiada altura, que se dejan llevar por la brisa del verano y buscan refugio tan pronto como aparece una nube porque no soportan estar bajo su sombra, se las conocía antes como «hijas del sol». Es muy posible que esta romántica visión de las mariposas solo pueda aplicarse a las que están activas durante el día. Sin embargo, la vida de las mariposas se despliega en su mayor abundancia y diversidad después del atardecer. Nosotros somos criaturas diurnas, así que no somos en buena medida conscientes de que las especies de mariposas nocturnas superan con mucho a las que están activas durante el día. De hecho, hay diez veces más de las primeras que de las segundas. Solo lo intuimos en las noches de verano, cuando las «polillas» revolotean como fantasmas alrededor del alumbrado público.

Muchas larvas también prefieren alimentarse al amparo de la oscuridad. Así se protegen de los pájaros que tratan de capturarlas durante el día. De los murciélagos resulta mucho más difícil escapar. Aunque también es verdad que su caza mediante ultrasonidos no funciona demasiado bien en los matorrales cargados de hojas y ramas: durante las noches hay muchas mariposas revoloteando por la naturaleza. Algunas especies son capaces de sentir el impulso de los ultrasonidos generados por los murciélagos —sin haberlos «oído», claro está— y, en cuanto lo reciben, se dejan caer a toda velocidad sobre la hierba o sobre los arbustos. A los humanos nos cuesta mucho entender esto. Si tuviéramos esa capacidad notaríamos los radares de control de velocidad, por recurrir a una comparación comprensible, y pisaríamos el freno sin darnos cuenta. A las mariposas nocturnas, lo que más les interesa es no chocar con ningún obstáculo y encontrar una ruta a través de la oscuridad cuando una hembra recién salida de la pupa emite sus feromonas. Los machos que se aproximan no están dañados ni mucho menos, a pesar de que vuelan casi a ciegas y de que solo usan los sensores olfativos de sus antenas para arribar a su destino. Siempre me ha parecido impresionante que sean capaces de hacer algo así, porque es la luz la que los desvía de su trayectoria y provoca que choquen con algún obstáculo. Es decir, a mayor luz, peor visibilidad, cosa que a los humanos, centrados por naturaleza en el sentido de la visión, nos resulta incomprensible.

Las mariposas nocturnas evitan el día, se pasan las horas de claridad descansando, resguardadas en algún sitio, y solo empiezan a cobrar vida bajo la luz residual del crepúsculo, que a nosotros nos obliga a usar iluminación artificial o a retirarnos para el descanso nocturno. Y estas luces nuestras son las que atraen a las mariposas nocturnas como por arte de magia. La luz tiene diversas longitudes de onda, algunas de las cuales tienen efectos particulares, en especial la luz ultravioleta «suave» (UVA), que es invisible para nosotros. Las mariposas, como tantos otros insectos y como la mayoría de las aves, son capaces de percibirla porque tienen unos pigmentos visuales que son sensibles a la longitud de onda de la luz ultravioleta. Las aves que cazan de noche, como los búhos, no utilizan la radiación ultravioleta, sino la luz residual del espectro visible (también perceptible para nosotros). Si estrígidos como la lechuza común pueden percibir tan bien el agudo chillido de los ratones, en el rango de los ultrasonidos, y atraparlos al vuelo es porque hay también algo de luz residual. En la oscuridad no vuelan. Las mariposas nocturnas, en apariencia, también necesitan ese resto de luz. Y sabemos bastante bien cómo procesan dicha luz y cómo hacen frente a sus vuelos, a menudo muy rápidos, porque en su estructura y en la forma en que funcionan, sus ojos no difieren mucho de los de las mariposas que vuelan durante el día.

Por qué vuelan las polillas alrededor de la luz

Las noches en que mejor se capta la luz son aquellas en las que no brilla la luna, el cielo está encapotado y cae una ligera (y cálida) llovizna. Si hay luna no se capta nada bien. Se supone, entonces, que las mariposas nocturnas se orientan mediante la luna, y que, al mantener la dirección con respecto a ella, son capaces de desplazarse casi en línea recta. Aunque esto puede ser útil para mantener la dirección en vuelos migratorios como los que realizan algunas mariposas nocturnas (por ejemplo, la esfinge de la calavera y algunos otros esfíngidos), no sirve de gran cosa en los bosques y jardines, pues ahí chocan con hojas y ramas. El hecho de que se vean atraídas por la luz artificial se explica en parte por su orientación con respecto a la luna, pero solo en parte. En realidad, las mariposas que vemos volar hacia la luz rara vez mantienen una trayectoria recta y bien definida. También se dice que muchas veces hacen movimientos en espiral para acercarse a la fuente de luz, pero son más bien algo excepcional, si es que los hacen de verdad. Y, además, ¿cuándo es realmente bueno ver la luna?

Es sabido que la luz atrae a muchas mariposas nocturnas, aunque todavía no sabemos por qué. Lo que sí sabemos es qué luces tienen un efecto particular sobre ellas. En el alumbrado público hay que utilizar frecuencias de luz que sean poco o nada atrayentes, como la luz «amarilla», y nada de luz «azul» ni de luces del rango ultravioleta. Tendríamos que prestar mucha más atención a la contaminación lumínica que por desgracia sufrimos en la noche. No deberíamos utilizar redes de alumbrado que hagan uso del espectro de la luz solar para cuestiones prácticas y de verdad necesarias, por ejemplo, para iluminar las calles de manera que peatones y conductores puedan ver bien. Y lo mismo vale para los focos que iluminan los edificios y monumentos históricos, así como los escaparates de las tiendas. Si se empleasen luminarias con un espectro de luz más adecuado, nosotros también saldríamos beneficiados. Sabemos, por ejemplo, que la luz azul resulta bastante molesta (y por eso se usa en los vehículos de la policía, los bomberos y los hospitales). La luz azul perturba también a las mariposas nocturnas, y muchas veces hasta las hace desviarse de su trayectoria cuando van en busca de congéneres o de las plantas adecuadas donde poner los huevos. Es algo que puede observarse en las noches más húmedas y bochornosas del verano, cuando «las polillas pululan alrededor de la luz».

La ceguera al rojo de las mariposas

La radiación ultravioleta es, quizá, el factor principal que explica todo esto, incluso durante el día. Como es una radiación de alta energía, interactúa con la visión y con los pigmentos protectores del organismo, como por ejemplo la melanina de nuestra epidermis. El bronceado sería entonces una de las formas biológicas más simples de reacción a la luz. Las células de la piel generan la melanina protectora para bloquear el efecto de los rayos ultravioleta. Por lo tanto, el bronceado regula el grado de exposición del cuerpo a la luz. Es muy probable que la visión de los rayos ultravioleta por parte de los insectos y de otros organismos sea un proceso derivado de la reacción de las células vivas a la luz. Y, por cierto, si los humanos no somos capaces de verlos es porque hemos perdido habilidades primigenias de nuestra especie.

Esta limitación, junto con nuestra muy reducida capacidad de visión durante la noche, es el precio que hemos pagado por nuestra habilidad para percibir el rojo como un color separado y bien diferenciado del verde. Las mariposas no ven el rojo. No se sienten atraídas por la luz roja. No solo ven de forma diferente por la noche, sino que su visión del mundo, lo que les llega a través de sus órganos sensoriales, difiere considerablemente de la nuestra. Por eso a los humanos nos resulta mucho más difícil adaptarnos emocionalmente a las condiciones vitales de las mariposas y otros insectos que a las de las aves. Con su visión del color, las aves están más cerca de nosotros que la mayoría de los mamíferos, de cuyo mundo hemos surgido. Los perros y los gatos no perciben nada bien el rojo que a nosotros tanto nos impresiona. Combinado con el verde forma un color mixto de calidad mínima, sobre el cual pueden informarnos bastante bien quienes sufren de dicromacia verdirroja, aun cuando sean incapaces de percibir el rojo. Para las mariposas la radiación ultravioleta es tan atractiva como para nosotros el color rojo.

Gracias a este rasgo hemos obtenido datos magníficos sobre la aparición y frecuencia de los muchos insectos que están activos por la noche, ya que vuelan siempre hacia las luces del espectro ultravioleta. La belleza y encanto de las mariposas está en el ojo del espectador. Ellas no se ven como las vemos nosotros, y los pájaros también las perciben de una manera diferente a la nuestra. Durante sus vuelos de caza, los murciélagos pueden detectarlas con su sónar, el cual les proporciona una imagen muy distinta. Las mariposas, sin embargo, tuvieron que defenderse de la visión de los pájaros y la ecolocalización de los murciélagos durante los millones de años de su existencia. Lo que es nuevo para ellas es el Antropoceno y sus muchos desafíos. Hay quien dice que cien años con noches iluminadas por medio de luz eléctrica no basta para eliminarlas. O eso queremos creer.

De todas formas, no hay que dejarse llevar por el pesimismo. La ciudad inundada de luz es el hogar de una amplia variedad de mariposas nocturnas. Por lo tanto, la contaminación lumínica no puede ser el factor principal que determine su aparición y frecuencia. En los datos relativos a su acercamiento a la luz en las grandes ciudades, influyen muchos otros elementos. Y si la composición espectral de las luces artificiales es más favorable a los insectos, mejorarán las condiciones de vida de las mariposas en las grandes urbes. No solo tendremos «pequeñas polillas», sino también esfíngidos y pavones nocturnos que podrían ser confundidos con murciélagos diminutos, y que volarán como fantasmas por los jardines y los parques de nuestras ciudades. Hace tiempo que a los murciélagos les va mucho mejor en las ciudades que en el campo, donde ya no se oye revolotear a casi ninguno. Las diferencias en los números son enormes; las tendencias, aterradoras. Analizando su comportamiento ante la luz, podemos conocer la situación en que se encuentran las mariposas y muchos otros insectos en la campiña. Por eso ocupa un lugar central en la segunda parte del libro. Aquí me gustaría continuar con otra atracción que se puede experimentar en el bosque sin ninguna ayuda técnica.

El extraño comportamiento de las tornasoladas

Las mariposas tornasoladas, que con sus iridiscentes destellos parecen casi tropicales, son sin duda unos de los lepidópteros más impresionantes que viven en nuestro país. Hay dos especies: la tornasolada (*Apatura iris*) y la tornasolada chica (*Apatura ilia*), que pese a su nombre no es mucho más pequeña que la anterior. Los machos de ambas especies tienen un brillante color azul, como si tuvieran la parte superior de las alas repujada en plata. En las hembras, el destello es menos intenso o queda casi difuminado. En las chicas existe una forma llamada *clytie,* cuyas alas tienen un delicado brillo rosa palo. Pero no resulta nada fácil acercarse a estos espléndidos especímenes para poder admirarlos en su vívida belleza, ya que vuelan rápido y, por regla general, bastante alto. A la tornasolada se la conoce en Gran Bretaña como «emperador púrpura» (*purple emperor*). Para los muchos amantes de las mariposas de las islas británicas, su observación es el acontecimiento más importante de la temporada. Son capaces de recorrer largas distancias para llegar hasta alguno de los pocos lugares en que puede encontrarse este preciado espécimen en tierras inglesas.

Aquí todavía se encuentran ejemplares de las dos tornasoladas en los primeros días del verano, desde finales de junio hasta la primera quincena de julio. La chica aparece un poco antes que su hermana, por lo general hacia mediados de junio. En los estíos particularmente calurosos, como el del año 2018, se la puede encontrar incluso a comienzos de junio. El calor siempre surte efecto. De hecho, las tornasoladas grandes suelen presentarse entre finales de junio y principios de julio. Las chicas prefieren los sotos más húmedos y cálidos de la región, mientras que las grandes vuelan por los bosques más fríos. En el suroeste de Baviera se las puede encontrar hasta en un área forestal cubierta de abetos rojos. Cierto que quienes no las conocen bien no esperarían nunca encontrárselas en un lugar que parece más una plantación que un bosque natural. Pero están, y también las chicas, así que cada vez que me pongo a contar las mariposas a lo largo de los caminos del bosque tengo que examinar con cuidado la zona. A menudo reconozco a los machos de la grande por la forma en que se distribuyen en el sendero: se posan justo en el medio, a intervalos regulares de unos veinte o treinta metros, o cada quinientos metros, dependiendo de lo raros o frecuentes que sean en el año en cuestión. De vez en cuando alzan el vuelo y hacen un largo bucle sobre el compañero de un lado, y luego de vuelta sobre otro, con lo cual se entablan batallas aéreas. Después de eso, el patrón de distribución regular de los machos se mantiene durante algún tiempo. Reclaman, por ejemplo, una parte del camino como dominio particular y lo defienden frente a sus propios congéneres, pero también frente a los machos de las chicas, aunque menos enérgicamente. Al principio, parece que les resulta tan difícil distinguir a sus iguales como a nosotros cuando no estamos lo bastante cerca. La larga banda blanca de manchas semidentadas que las grandes tienen en la parte inferior de las alas solo puede verse a corta distancia. La chica tiene además dos pequeños ocelos en el extremo de las alas delanteras, y no solo en las alas posteriores como la grande.

Solo me acercaba a estos maravillosos especímenes que desaparecían entre leves aleteos cuando tenía la impresión, al mirar a través del visor de la cámara, de que al fin estaba lo bastante cerca, que había elegido el detalle correcto y que había enfocado el brillo azulado en el ángulo correcto. Molesto y medio avergonzado por mi lentitud, comprobaba después que en algunas de las imágenes en que debían aparecer las tornasoladas solo se veía la superficie vacía del camino forestal. Si quieres fotografiar bien estas evanescentes criaturas, debes tener mucha paciencia. Además, es preciso conocer bien el comportamiento de estas mariposas y la influencia que en ellas ejerce la temperatura ambiental o el juego de luces y sombras en el bosque. Se considera que las primeras horas de la mañana son el mejor momento para fotografiarlas, justo cuando acaba de salir el sol y las tornasoladas conservan aún el frescor y la humedad de la noche. Sin embargo, a esas horas tan tempranas, nuestras mariposas suelen estar posadas en la copa de los árboles, a una altura inaccesible. A veces fotografiarlas es solo cuestión de suerte. O de que haya unas condiciones particulares, como aquella vez que me las encontré a principios de julio en un día de pleno verano.

Mariposas drogadas

Aquella mañana, mi mujer y yo habíamos salido a dar un paseo por el bosque acompañados de nuestro perro. Todavía no hacía demasiado calor para él. Como de costumbre, corrió unos metros por delante de nosotros y se puso a olfatear los márgenes del camino. De pronto, unas mariposas le pasaron volando por delante del hocico, así que se paró en seco y olisqueó el lugar. No debió de detectar nada interesante, pues enseguida se volvió a los árboles en donde los otros perros solían dejar sus marcas de olor. Estábamos todavía bastante cerca del aparcamiento situado a la entrada del bosque, es decir, en la zona más marcada por los canes que correteaban por allí. Si las mariposas no hubieran vuelto de inmediato a este mismo lugar, yo no habría prestado atención a lo que allí estaba sucediendo. Entonces caí en la cuenta de que quizá nuestro perro las había rozado con la nariz. Pero todo eso era muy extraño. Ante nosotros teníamos diferentes especies de mariposas: dos atalantas (*Vanessa atalanta*), una tornasolada y dos tornasoladas chicas; es decir, mariposas por lo común muy volátiles. Hacía veinticinco grados a la sombra, así que era un día bastante cálido para ellas. Lo que me llamó la atención fue la peculiar forma en que volaban. Tan pronto salían revoloteando como volvían a posarse en el mismo lugar con las alas cerradas, es decir, plegadas hacia arriba, de modo que cuando las miraba desde lo alto parecían cinco líneas. Sacar fotos de unas simples líneas no es muy atractivo, aun cuando sean líneas de mariposas. Sin embargo, documentar el efecto de camuflaje de las alas plegadas sí que era de mi interés. Al fin y al cabo, ¿cuándo tiene uno esa oportunidad y, encima, con tres especies diferentes?

Para mejorar la identificación, las fotografié también de costado. Pero lo que más me sorprendió es que no tuve que acercarme a ellas arrastrándome por el polvoriento camino como si fuera un indio, porque las mariposas toleraban mi acercamiento. Cuando uno se encuentra con algo tan excepcional no puede dejarlo pasar. Así que me puse a fotografiarlas cada vez más cerca, confiando en que las mariposas me hicieran además el favor de abrir las alas. Pero cada vez que lo hacían, todo sucedía de una manera tan rápida, tan fugaz, que no tuve oportunidad de obtener una buena imagen. De pronto, una de ellas, una tornasolada chica, hizo algo que me dejó perplejo. Se ve que, en mi afán por captar cómo y dónde se desplegaba la espiritrompa, había acercado demasiado el objetivo de la cámara al cuerpo de la mariposa. Al sentir mi presencia, se posó en el aparato y, acto seguido, me saltó a la mano. En ese instante, justo cuando la tenía sobre mí, abrió las alas hasta tenerlas desplegadas y su brillo azulado me relampagueó en los ojos.

Me quedé inmóvil unos segundos, contemplando aquella espléndida mariposa que tenía posada sobre la mano; luego, muy poco a poco, lo más despacio que pude, agarré la cámara con la mano izquierda y se la entregué a mi mujer para que captara aquel momento tan increíble. A la mariposa, sin embargo, no le molestaron mis movimientos. Mantuvo las patas firmemente pegadas a mi piel y se dejó trasladar a un lugar más cómodo para mí y para la toma de fotos. En ese instante se sentó sobre mi mano con las alas extendidas y me palpó los dedos con su trompa amarillo limón; un toque delicado pero muy enérgico que sentí perfectamente. En la foto, la forma en que aparecen las antenas, la trompa y las patas demuestra que la mariposa estaba viva y que no había sido adormilada para una «foto de exposición». Hicimos unas cuantas fotos más, bastante difíciles, por cierto, porque había que poner la cámara en el ángulo correcto con respecto a la luz del sol para poder capturar el brillo especial de la tornasolada, y luego la mariposa se marchó.

Advertí entonces que la gran tornasolada estaba posada justo en medio del camino. También a esta pude fotografiarla a unos centímetros de distancia, pero solo con las alas plegadas y cerradas. La atalanta, que también estaba allí sentada, hizo lo mismo que la tornasolada chica. Al acercarme a ella hasta casi hacer contacto, voló hasta mi mano. No es un comportamiento normal en las mariposas. ¿Qué la habría llevado a actuar así? Yo tenía las manos limpias, sin nada de suciedad ni de sudor. ¿Y por qué la tornasolada se quedó allí quieta, con las alas plegadas? Nunca había visto eso antes. A algunas mariposas les gusta chupar el sudor, cosa que es bastante impresionante pero tampoco tiene nada de especial. Mi mujer y yo lo habíamos visto muchas veces cuando nos bañábamos en los estanques floridos donde los licénidos volaban en gran número. Para ello es preciso haber estado en reposo el tiempo suficiente, por ejemplo tomando el sol en zonas medio sombreadas, y no haberse aplicado ningún protector solar que perturbe el sentido del olfato de las mariposas. De vez en cuando, hacíamos que los licénidos se nos posaran en unas partes concretas del cuerpo. Por ejemplo, en la yema de un dedo sudoroso, que les gustaba mucho, o en el dedo gordo del pie. De todas formas, para atraer a los licénidos, teníamos que aproximarnos muy despacio, con mucha cautela, si no queríamos ahuyentarlos; todo un ejercicio de paciencia en las tardes estivales.

Por otra parte, es bien sabido que la savia fermentada atrae también a algunos lepidópteros. Los coleccionistas de los primeros tiempos utilizaban este líquido en sus propias recetas para atraer mariposas. La mayoría de las veces no eran más que una mezcla de frutas con algo de alcohol a la que a veces se añadían quesos curados, como el limburger, y otros quesos apestosos cuyo hedor resulta insoportable incluso para nosotros. Con esta mezcla se untaban los troncos de los árboles o cualquier otra zona que pudiese resultar atractiva para las mariposas, así que más de uno decía con sorna que los perros marcan el terreno de la misma manera. Los coleccionistas más experimentados lo confirmaron, porque sabían que, en terrenos arcillosos o arenosos, algunas mariposas pueden ser atraídas por medio de los excrementos o la orina de un perro. Las tornasoladas chicas aparecen en ocasiones en torno a las deposiciones caninas, pero salen volando en cuanto uno se acerca. Ni las heces ni el sudor ni el alcohol fueron la causa del extraño comportamiento de mis cinco mariposas en el camino del bosque. Fue un cadáver, lo entendí enseguida, y en concreto uno bastante aplastado y no más grande que la palma de mi mano. Había visto mariposas succionando animales muertos; poco tiempo antes había encontrado una ninfa boscana (*Limenitis camilla*) sobre un cervatillo muerto que yacía en el bosque y que se había convertido en un cadáver apestoso. Al final conseguí fotografiar la mariposa mientras chupaba el cuerpo, pero para hacerlo tuve que contener la respiración un buen rato porque la pestilencia era insoportable. Tuve además que acercarme varias veces porque la ninfa salía volando antes de haber podido aproximarme lo suficiente. La imagen que obtuve no fue nada del otro mundo; pero, como suele decirse (a modo de disculpa), es un documento.

Después de todo, aquel cadáver, que era un sapo aplastado, me proporcionaba un punto de partida para explicar el extraño comportamiento de mis cinco mariposas. Pero el cuerpo estaba muy seco, y jugoso no era, desde luego. Y, aun así, las cinco seguían palpando intensamente con su probóscide, como si estuvieran explorando a conciencia la áspera piel. Las mariposas pueden dejar caer unas gotitas de fluido a través de su probóscide para disolver y absorber los minerales que necesitan en el suelo. Sin duda les habría resultado más fácil succionarlos del polvoriento camino que de la piel del sapo. Sin embargo, este tenía para ellas un atractivo especial. Así que lo cogí y lo puse a un lado del camino para evitar que fueran atropelladas por algún vehículo. Apenas reaccionaron. La atalanta dejó incluso que la trasladara en mi mano hasta el nuevo emplazamiento con las alas medio desplegadas.

A la tornasolada que descansaba junto a ella la agarré con cuidado por las alas, que entonces estaban firmemente plegadas, y la deposité en el lado más seguro del camino. Estaba en perfecto estado, pues al rato desplegó la trompa hacia su blanco, tanteó unos instantes en el vacío y luego volvió a enrollarla. Sus patas se agarraban al suelo y mantenían el cuerpo con las alas en vertical. Todo parecía indicar que se encontraba bien, pero no se dejó asustar ni hizo el menor movimiento para marcharse. Sus alas estaban intactas. Así que no era una mariposa demasiado vieja o demasiado débil para seguir viviendo.

A las otras mariposas tampoco parecía sucederles nada. Sin embargo, se comportaban de una manera que no era normal. Aquello me dejó perplejo; y así seguí durante un tiempo, hasta que al cabo de unos días, después de haber revisado una y otra vez las fotos que había hecho, se me ocurrió una explicación para su peculiar comportamiento. ¡Era el veneno!, ¡las mariposas habían absorbido la bufotoxina del cuerpo del sapo! Estaban anonadadas, embriagadas, colocadas, o como queramos llamar a este estado en que se altera la percepción sensorial. El veneno les había dejado los sentidos en suspenso. No percibían nada de lo que acontecía a su alrededor y tampoco notaban lo que yo les estaba haciendo en esos momentos. Seguían succionando el cadáver como si se hubieran vuelto adictas a él. Es posible que, para entonces, la tornasolada hubiera absorbido ya demasiado y estuviera ahíta. Pero, aun así, volvió a desplegar la trompa. Estaban todas tan inquietas, tan agitadas, que me palpaban la mano por todas partes con el extremo de la trompa. Cambiaban continuamente de sitio porque ahí no había veneno de sapo. La bufotoxina es una sustancia tóxica que el sapo segrega a través de dos glándulas que tiene detrás de los ojos. Es lo que impide que serpientes como la culebra de collar se coman un sapo ya embuchado, a menos que tengan mucha hambre. A finales de la Edad Media y principios de la Edad Moderna, el veneno de sapo fue un componente indispensable de las pócimas que las «brujas» se preparaban «para volar»: sustancias con efectos psicodélicos. La bufotoxina, en la dosis adecuada, causaba este efecto.

Drogas psicodélicas en el reino de los insectos

Hay varios insectos más que contienen sustancias alucinógenas. Uno de ellos es la infausta mosca española (*Lytta vesicatoria*). En realidad, no se trata de una mosca, sino de un coleóptero de la familia de los meloidos. Hoy en día, se sigue vendiendo «mosca española» como afrodisíaco. Se dice que los Médici se enriquecieron con una tintura especial llamada *ac-*

qua tofana, que en la dosis precisa incrementa la potencia viril. El ingrediente activo, llamado cantárida, es hoy bien conocido. Tiene un efecto más fuerte que el cianuro, abrasa las mucosas y destruye los riñones. Las aves no pueden comer estos lentos meloidos por sus toxinas. Aún más eficaz como sustancia protectora es el veneno contenido en las larvas de ciertos escarabajos del África meridional. Los bosquimanos del Kalahari lo usaron para elaborar un veneno mortal para las flechas. Muchas mariposas son «venenosas» o tienen «mal sabor» porque sus larvas comen plantas que contienen sustancias tóxicas o que, no siéndolo al principio, se convierten en venenosas durante la digestión. Las mariposas particularmente ponzoñosas, como la zigena de los seis puntos, que pertenece a la gran subfamilia de los arctinos, son fáciles de atrapar, ya que vuelan muy despacio. Podría decirse que pueden permitirse ese lujo, aunque es probable que sea al revés. Tienen que volar despacio porque si se movieran demasiado rápido, las sustancias tóxicas que albergan en su interior actuarían sobre ellas mismas. De manera que el veneno que ha de servirles de protección constituye asimismo una carga peligrosa. Pero también es una oportunidad para la especie, como puede verse en la mariposa de la col y su elevada frecuencia de aparición. Más adelante dedicaremos un capítulo completo a estos lepidópteros.

Volviendo al veneno de sapo, no tengo idea de qué es lo que hace que las mariposas queden tan adormecidas. Cuando absorben alcohol de frutas dulces en fermentación se produce el mismo efecto y tampoco sabemos a qué obedece. Pero como la descomposición del alcohol en el metabolismo proporciona energía, uno puede al menos imaginar (y hasta creer) que ese es el riesgo de verse atrapado por un pájaro achispado y algo incapacitado para volar. Puede que no queramos admitir que las drogas son buscadas activamente por los animales porque funcionan, no porque tengan alguna utilidad biológica. Pero ¿qué droga hay en los excrementos de perro? Si las mariposas se apiñan sobre ellos, es aún más difícil encontrarle un sentido.

A comienzos de junio de 2018 tuvimos una experiencia con una tornasolada chica que está relacionada con este tema. Acabábamos de analizar el vuelo de aproximación a la luz. El sol de la mañana caía sobre el tejado de la pequeña granja en la que nos encontrábamos y en ese momento estábamos tomando una taza de café tras haber concluido nuestro muy productivo estudio: se habían acercado 168 mariposas de 59 especies diferentes. Y una docena de otras especies de insectos también. De pronto vino del bosque una tornasolada. Si la luz incidía en el ángulo correcto, las alas destellaban como las de las morfos andinas, unas mariposas mucho más grandes y más azules de las selvas tropicales de América Central y del Sur. Así que era un macho, y, en concreto, de tornasolada chica, según pude comprobar cuando descansó un instante en la pared. Volaba dando elegantes curvas sobre las flores parduzcas y amarillo pálido de los helicrisos, como si quisiera comprobar desde el aire su estado físico; acariciaba las petunias, cuyos embudos con flores de diversos colores colgaban de los alféizares de las ventanas y del balcón de la casa como en una de esas postales típicas de la Alta Baviera; y volaba detrás de la casa, para aparecer inmediatamente después otra vez. Su ir y venir de un lado a otro duró casi cinco minutos, luego se deslizó por el balcón y desapareció de nuestra vista. Hasta que descubrimos el objeto de su deseo. No eran unas flores particulares, ni un lugar soleado con la temperatura adecuada. Era la caja de arena del gato. No debió de resultarle fácil localizarla, pues aquella mañana no había viento. Lo encontró con sus vuelos erráticos, con esa forma de planear que a nosotros nos parecía una locura. Y en ese instante se estaba deleitando con las deposiciones del minino, que daba vueltas en torno a nuestra mesa y observaba las mariposas que se alejaban volando mientras evaluábamos la aproximación de la noche.

¿Qué relación tienen las explicaciones anteriores con la desaparición de las mariposas? Las tornasoladas, si me permiten el juego de palabras, son irisaciones de confianza. Todavía existen y, además, son bastante comunes, me gustaría subrayarlo; pero no menos comunes que en las florestas en donde yo realizaba mis investigaciones. Teniendo en cuenta que en los últimos ocho años he ido a los bosques ribereños y a las arboledas del sureste de Baviera mucho más a menudo que en el tiempo anterior, porque junio y julio son el período de clases del semestre de verano en las universidades de Múnich y no podía estar fuera en los días propicios para estudiar las tornasoladas, tiendo a mantener «inalterada» su frecuencia de aparición. Algo que resulta muy útil, porque hay que aclarar primero qué mariposas y de qué tipos de hábitat se han vuelto más raras para encontrar las causas. Ahora vamos a examinar las mariposas del género *Aglais,* todas con una cosa en común: que las ortigas son las principales plantas alimenticias de sus larvas. Por lo tanto, vamos a centrarnos más en las larvas y sus necesidades que en los propios imagos.

Mariposas del género *Aglais*: una población reveladora

Mariposas pavo real, ortigueras, atalantas y mariposas de la col son los lepidópteros diurnos más conocidos en Alemania. Casi todo el mundo es capaz de reconocer las pavo real y las mariposas de la col. Pero ¿por qué son tan conocidas? No puede ser solo por su belleza, aunque no puede negarse que una mariposa que recibe el nombre de «pavo real» es uno de los lepidópteros más espectaculares que existen. A las mariposas de la col, en cambio, no se las clasificaría nunca entre los ejemplares más bonitos. La razón de que estemos tan familiarizados con tales especies es tan sencilla como significativa. Nosotros mismos hemos provocado que sean muy abundantes. Son, por decirlo de un modo positivo, típicas especies sinantrópicas. A las mariposas de la col se las considera una plaga cuando en su fase larval devoran las coles, las berzas y los repollos sembrados en los huertos y en las tierras de labranza. Al cultivar estas verduras se les está suministrando una abundante reserva de alimento, ya que las mariposas de la col se han especializado en la ingesta de plantas pertenecientes a la familia de las brasicáceas. En otros tiempos provocaban el mismo efecto que el que hoy causa el taladro del maíz (*Ostrinia nubilalis*): ni los insecticidas más potentes serían capaces de impedir que las voraces larvas de este insecto devoren verano tras verano los dos millones y medio de hectáreas de maizales que existen en Alemania. En cambio, las mariposas pavo real, las ortigueras y las atalantas se sirven de unas plantas muy diferentes cuyo cultivo hemos promovido los humanos sin darnos cuenta, en especial por la fertilización agrícola: nos referimos a las ortigas. Todas estas mariposas, junto con algunas otras menos conocidas, forman el grupo ecológico de las mariposas del género *Aglais*.

Las ortigas como indicador de sobrefertilización

Si observamos más de cerca la vida de estas mariposas, resulta fácil entender algunos de los cambios que ha experimentado nuestra naturaleza durante las últimas décadas. Aquí la palabra clave es «sobrefertilización» y la planta indicadora, la ortiga; o, mejor dicho, las dos especies de ortiga que crecen en los campos de Alemania: la ortiga mayor (*Urtica dioica*) y la ortiga menor (*Urtica urens*). El nombre científico de la primera expresa una diferencia importante respecto a la segunda: *dioica* significa «dos casas». Así pues, en esta especie de ortiga, las plantas macho y las plantas hembra crecen por separado. A la ortiga menor recibe el nombre científico de *urens,* esto es, «urticante», porque produce más escozor que la mayor. En este caso, una misma planta posee tanto inflorescencias masculinas como femeninas.

No analizaremos la relevancia de esta peculiaridad. Lo que sí tiene importancia es otra de las diferencias entre estas dos especies de ortigas. La mayor dispone de un sistema radicular muy ramificado. En este sistema de raíces almacena tantos nutrientes durante el invierno que puede brotar y crecer rápidamente en la primavera. Como planta, la mayor es «perenne»; la menor, anual. *Urtica urens* debe germinar en primavera y echar flores y simientes a comienzos del verano, porque, si no, no sobrevive. En consecuencia, necesita absorber gran cantidad de nutrientes. Y como no puede desarrollarse con la misma fuerza a partir de sus pequeñas raíces, en verano no llega nunca a crecer tanto como la mayor. Por lo que sabemos, la ortiga menor llegó a Europa central hace siglos; no pertenece a la vegetación originaria, sino a las «viejas nuevas plantas», los arqueófilos. La ortiga mayor se cree que se extendió sin intervención humana tan pronto como el reino vegetal llegó al final de la última glaciación. La anualidad puede significar transitoriedad; la perennidad, permanencia. A veces vale la pena mirar más de cerca las plantas de las que viven las larvas de las mariposas. No todas las ortigas son iguales, aunque el escozor sea igual de desagradable.

En las ortigas viven otras especies de mariposas, entre ellas dos pirálidos bien diferenciados, cuyas larvas son tan verdes como las hojas de la planta. Hacen un rollo con ellas hasta formar los sacos en los que viven. Tales sacos destacan mucho sobre las hojas, así que vamos a utilizar a uno de estos pirálidos, los *Pleuroptya ruralis,* para compararlos luego con las demás mariposas que se alimentan de ortigas en estado larvario. Cuando estas larvas devoran la planta se nota porque se mantienen agrupadas en racimos y además tienen unas hilazas tejidas en el tallo de la planta que están manchadas por sus propios excrementos. Este apiñamiento en una misma planta no sería necesario, pues a fin de cuentas en la naturaleza existen grandes cantidades de ortigas. Llenas de sabia y de vigor, las ortigas crecen unas junto a otras, aunque la mayoría no son comidas. Solo se aprecia la pérdida de existencias allí donde están arracimadas estas larvas, que devoran buena parte de la planta. Si se han concentrado tanto en una única especie de plantas, debe haber alguna razón, aunque no todas lo hagan de la misma forma. Los pirálidos antes mencionados forman una especie de saco enrollando las hojas de la ortiga que queda en horizontal o algo inclinado hacia abajo. A diferencia de las larvas de mariposa pavo real, de ortiguera y de atalanta, que son bastante espinosas, las de estos pirálidos no tienen más que unas pocas cerdas en el cuerpo, así que su aglomeración resulta bastante extraña. Las larvas de *Pleuroptya ruralis* necesitan la protección del rollo de hojas. Las de la mariposa pavo real están protegidas por su envoltura espinosa. ¿O acaso no es así?

En realidad, todas las larvas de estas especies de mariposa deberían estar protegidas por las ortigas. Tales plantas tienen unos pelos urticantes que se rompen al menor contacto e introducen toxinas irritantes en la piel de los afectados. Las más importantes son la acetilcolina y la histamina, así como algunos ácidos fórmicos. Por qué las ortigas queman tanto es una cuestión muy interesante desde el punto de vista biológico. Y la respuesta a esta pregunta, que podemos dar con un alto grado de certeza, se encuentra en la crisis agrícola actual, cuya importancia aún no se ha comprendido lo suficiente.

Las ortigas son plantas ricas en nitrógeno, es decir, plantas muy nutritivas, cuyo abundante crecimiento es producto de la sobrefertilización. Son plantas que, por su propia naturaleza, necesitan una elevada cantidad de sales minerales, en particular de compuestos de nitrógeno. En un principio, prosperaron en suelos donde se había producido una acumulación de tales compuestos: eran los campos donde pastaban bóvidos de gran tamaño como el bisonte y el uro, que cruzaban los bosques y los valles de los ríos. El ganado vacuno, descendiente de esos mismos bóvidos, ramoneaba también en la linde de los bosques protegidos y junto a los manantiales de las praderas alpinas, y los excrementos del ganado, que se acumularon allí, fertilizaron los campos.

Las vacas, como es sabido, digieren el pasto y los demás forrajes por medio de la rumia. Primero engullen todo con bastante rapidez, lo regurgitan desde la pancha y, tras haberlo masticado concienzudamente, se lo vuelven a tragar. El bolo alimenticio desciende entonces por el esófago hasta que llega al estómago, que los bóvidos tienen dividido en varias cavidades. La digestión en los rumiantes es muy eficiente. La hierba y el heno ingeridos acaban transformándose en leche y carne gracias a la intervención de un ejército de microbios. También es bien sabido que se produce una cantidad muy grande de excrementos en forma de boñigas. Si el estiércol se extiende en el establo en forma líquida, se produce un olor muy desagradable. Cuando el ganado pasta al aire libre no aparece abono líquido, sino que la bosta sufre una continua y compleja alteración merced a la intervención de insectos como el escarabajo y la mosca, así como de infinidad de microbios. Así se liberan nutrientes para las plantas sin causar malos olores y el campo queda bien abonado. Las especies vegetales necesitadas de nitrógeno crecen entonces muchísimo, en especial las ortigas y las acederas de hojas grandes, que no son devoradas por las vacas. Los botánicos clasifican a estas plantas con un término que puede parecer extraño, «vegetación nitrófila», y que engloba a todas aquellas especies vegetales que crecen en torno a los lugares donde descansan las reses.

La ganadería, por tanto, ha fomentado el crecimiento de las ortigas desde sus orígenes. Como en las zonas más frías las vacas tenían que permanecer estabuladas durante el invierno y los cerdos estaban casi siempre encerrados, este tipo de vegetación apareció también en las inmediaciones de los establos, sobre todo allí donde salían los purines. Ahí es donde más ortigas crecen, por lo que podría decirse que son plantas estiércol. Es una denominación que está muy justificada, como puede comprobarse con un sencillo experimento. Basta poner en remojo unas cuantas hojas de ortiga y aplastarlas un poco. Al cabo de unos días despiden un olor hediondo, muy parecido al del estiércol líquido. El macerado de ortiga es uno de los fertilizantes más adecuados para las plantas de huertos y jardines que necesitan nutrientes. Si potencian su crecimiento es porque las ortigas liberan el nitrógeno que han absorbido en su desarrollo y lo transforman en compuestos orgánicos. Y algo similar sucede en el caso del maíz. Se trata de un cultivo que crece también muy deprisa, siempre que disponga de nutrientes en abundancia. Luego, en unos pocos meses, las minúsculas semillas se han convertido en unos tallos de hasta tres metros de altitud que tienen unos pedúnculos tan gruesos como el brazo de un chiquillo, y que, al tratarse de maíz en grano, cuentan con unas pesadas vainas que se tiñen de color dorado cuando maduran. Más adelante nos volveremos a ocupar del maíz, ya que desempeña un papel fundamental en la desaparición de las mariposas, los pájaros y las flores silvestres. Aquí nos limitamos a describir la relación biológica que existe entre dos especies vegetales tan diferentes como son el maíz y la ortiga. Ambas necesitan nitrógeno, y de ahí que resulten tan nutritivas para los animales que viven de tales plantas. El maíz se utiliza (además) como pienso para cerdos, mientras que las ortigas se empleaban antes para el consumo humano y, picadas en trocitos, como forraje para gansos, patos y gallinas. La ensalada de ortigas es muy sana, cierto, para prepararla solo hay que «atenuar» el efecto de la acetilcolina y la histamina. No es extraño, pues, que un vegetal tan rico como este haya atraído a larvas de las más diversas especies de mariposas.

No hay defoliación en las ortigas

Tras esta digresión acerca del contexto más o menos general, vamos a examinar con algo más de detenimiento las condiciones específicas de las especies de lepidópteros que se nutren de ortigas. Como ya hemos indicado, estas mariposas deberían ser muy comunes, porque en la naturaleza abundan las ortigas. Sin embargo, cuando buscamos estas plantas en bosques y jardines, vemos que no es nada fácil hallar larvas en ellas. Puede que descubramos algún nido aquí y allá, pero las plantas de ortiga están por lo general intactas: no han sufrido defoliación. ¿Son, entonces, sus pelos urticantes una defensa suficiente contra la voracidad de los animales? Contra vacas, cabras y ovejas, claro que sí: todas ellas evitan las ortigas. Y a corzos y ciervos tampoco les gusta esta clase de vegetación. La razón se halla en las mucosas bucales de los mamíferos herbívoros, que no reaccionan de la misma manera que las mandíbulas de las larvas. Como esta es una especie que ha hecho de las ortigas su único alimento, es capaz de sacarles mucho partido, y por tanto debería reproducirse muchas veces ampliamente y devorar las existencias de ortigas, pero, una vez más, no es esto lo que sucede. Para explicarlo debemos acudir a una mariposa diurna de la que todavía no hemos hablado, una especie nada infrecuente en los bosques y que en su estado larval también vive en plantas de ortiga: la *Araschnia levana.* Lo que caracteriza a este lepidóptero es que se presenta en dos formas distintas: los ejemplares de la primera generación (forma de primavera) presentan manchas parduzcas, mientras que los de la segunda (forma de verano) tienen manchas negras y unas bandas de color blanco. Es lo que se conoce como dimorfismo estacional, si bien en este caso solo cambia la parte superior de las alas. En la zona inferior aparece el dibujo arquetípico de este lepidóptero, un mapa aéreo de caminos, que permanece inalterado en ambas formas. Podríamos entonces concluir que, para la

Araschnia levana, resulta ventajoso ser de color marrón claro en abril y mayo, pero negra en verano.

Vamos a postergar el examen de esta particularidad para abordarla más adelante en un contexto diferente; ahora nos limitaremos a observar que las larvas de la *Araschnia levana* solo se alimentan de ortigas mayores. Tenemos, por tanto, cuatro mariposas diurnas cuyas larvas están parcial o totalmente especializadas en la ingesta de ortigas: la mariposa pavo real, la ortiguera, la atalanta y la *Araschnia levana*. A ellas tenemos que añadir los dos microlepidópteros pertenecientes a la familia de los pirálidos que mencionamos antes, si bien estos pueden alimentarse con otras clases de plantas, como hace también la pavo real. Ya hemos indicado que existen más especies de lepidópteros que viven de ortigas en su fase larvaria. Si no los abordamos en este apartado es porque no queremos complicar más la explicación. De todos modos, tampoco cambian un ápice lo más relevante. Al contrario: refuerzan la idea de que las ortigas no sufren una defoliación significativa. Y vamos a ver cuán importante es esto al analizar el maíz y las plagas de insectos que pueden dañar su cultivo.

Daños excesivos en el maíz

Su rápido crecimiento, su cultivo en millones de hectáreas y su empleo como alimento para las más diversas clases de animales hacen que el maíz sea tan atractivo para los insectos como las mismas ortigas. Pero, a diferencia de ellas, puede verse amenazado por infestaciones masivas, de las cuales se defienden con veneno. ¿Acaso está lleno de acetilcolina e histamina como los pelos urticantes de las ortigas? No, el maíz no está provisto de tales defensas químicas.

Hay otra planta que sí que dispone de tales defensas y que además desempeña un papel fundamental en nuestra alimentación: la patata. Pero ¿por qué tiene esta solanácea que protegerse del escarabajo de la patata, cuando en su parte superior, la que queda expuesta sobre la tierra, alberga toxinas tan efectivas como su característica solanina? (La ingesta de entre 200 y 400 mg de este compuesto por kilo de peso corporal puede causar la muerte; es decir, una persona de 75 kilos de peso podría fallecer si toma de 20 a 30 gr de este venenoso glucoalcaloide.) Pues porque las especies de animales especializadas en esta solanácea tienen la posibilidad de concentrarse en este alimento, bien convirtiendo el veneno en sustancias no dañinas en el momento de la ingesta, bien haciéndose insensibles a tales toxinas. De ahí que los campos de patatas se vean muchas veces infectados por una cantidad ingente de insectos, con las consiguientes pérdidas económicas. Esas especies se consideran plagas y están controladas. Sin embargo, a nadie se le ocurre matar las larvas de las ortigas rociándolas con algún insecticida. Ahora bien, aunque no se vea en las ortigas más que unas malas hierbas, el control biológico hasta sería bien acogido. Como efecto secundario tendríamos cantidades ingentes de mariposas pavo real, de las aterciopeladas atalantas, de las coloridas ortigueras y de las no menos hermosas *Araschnia levana.* Al anochecer, los murciélagos podrían atrapar a los lepidópteros que vuelan despacio, más fáciles de capturar: los pirálidos. Y sin embargo no sucede nada de eso. Son otras especies de mariposas las que se extienden masivamente y provocan defoliación. El hecho de que las ortigas sirvan de alimento a larvas de las más diversas especies de lepidópteros, algunas muy abundantes, no hace que acaben medio diezmadas. Si hoy en día siguiéramos utilizando las plantas de ortiga para la fabricación de fibra vegetal, estas mariposas no serían una plaga. Y, de hecho, no lo han sido nunca.

¿Por qué se producen entonces estas infestaciones? A los antiguos coleccionistas de mariposas no se les escapaba el motivo de tales plagas porque las veían en la mayoría de las especies. Y la razón estriba, de hecho, en que las larvas suelen estar muy parasitadas. Las pérdidas causadas por insectos parásitos como los delgados icneumónidos, los minúsculos bracónidos y los más bien orondos taquínidos no llegan a provocar nunca daños considerables en las poblaciones de mariposas de ortiga; es decir, no llegan a ser una invasión que podamos apreciar. A estos insectos que se instalan en el cuerpo de las larvas se les denomina parasitoides, para diferenciarlos de parásitos como la pulga y el piojo. Para simplificar la explicación, voy a llamar a unos y a otros «parásitos», aun cuando me esté refiriendo a los parasitoides.

Parásitos y protectores de la mariposa de la col

En otros tiempos, las invasiones parasitarias también ponían en jaque a la mariposa de la col. En nuestro huerto teníamos todos los años larvas de *Pieris brassicae* en cualquiera de las coles y repollos que cultivábamos. Sin embargo, el daño que causaban era muy pequeño. Mínimo, porque en los años sesenta no usábamos ningún veneno para proteger las plantas. En las tierras donde se sembraban repollos y lombardas tampoco se empleaban insecticidas. Habíamos tomado en arriendo una pequeña parcela de un campesino del pueblo a cambio de que nos ayudase en la cosecha. Del mantenimiento y cultivo nos ocupábamos nosotros mismos. Es decir, arrancábamos las malas hierbas porque, si no, las coles no crecían bien. Sabíamos que en otoño tendríamos liebres mordisqueando las hojas antes de la cosecha; pero era algo asumido. Entonces había muchas. A finales del otoño se organizaban batidas y los cazadores volvían siempre cargados de liebres y faisanes.

Nadie se quejaba entonces de los daños provocados por las liebres o las orugas en los campos de lombardas y repollos. En nuestro huerto, las larvas de *Pieris brassicae* que estaban listas para pupar se arrastraban hasta la pared de la casa y subían por ella. Dejaban pegados un sinfín de capullos amarillentos que la gente del pueblo llamaba «huevos de oruga». Eran pues bien conocidos, aunque no se trataba de huevos, claro está. En esos capullos habían pupado las larvas de una minúscula avispa parásita especializada en la ingesta de orugas de mariposa de la col. Estas no se encontraban todavía en condiciones de transformarse en crisálida. Las que no obstante trataban de pupar no lo conseguían; y, por tanto, muchas veces no eclosionaban los imagos. Esto es algo que aprendí por mí mismo, cuando intenté «criar» larvas de mariposa. Al cabo de un tiempo, la mayoría de las crisálidas tenían el cuerpo lleno de agujeros, como si les hubiesen disparado con un arma de perdigones minúsculos. Las pequeñas larvas de bracónidos se habían colado en su interior y las habían devorado hasta el extremo de impedir su transformación en mariposa adulta. Lo que salía de aquellos agujeros eran avispas; y lo que quedaba era una envoltura vacía. De muy pocas crisálidas salió una mariposa de la col. Era como una lotería en la que la mayor parte de las larvas y las pupas tenían boletos sin premio.

Esto es lo que pasaba a finales de la década de 1950 y en la década siguiente. Hoy en día ya no sucede lo mismo. Ahora es casi imposible tener plantas de colinabo y de repollo bien crecidas, porque son devoradas por las larvas, aun cuando las mariposas de la col ya no abunden tanto como antes. Más bien al contrario: están desapareciendo, como se verá más adelante, cuando abordemos las migraciones de esta especie. Quizá sus larvas no tienen plantas nutricias suficientes en la naturaleza y por eso buscan con tanto afán las cultivadas en nuestro huerto. Ni siquiera nuestra presencia molesta demasiado a las hembras preparadas para la puesta. Si alguien nos ve agitando los brazos o una larga rama alrededor de los brotes de verduras, puede que tenga la impresión de que intentamos espantar a las mariposas con conjuros mágicos. Sin éxito, claro está.

Los mirlos que escarban junto a las plantas tampoco ayudan a combatir las orugas. A ellos solo les interesan las lombrices que pueda haber en el terreno, y el nuestro tiene muchas porque lo hemos abonado con compost. A los pájaros no les gustan nada las mariposas de la col. Tienen mal sabor porque su cuerpo contiene las sustancias tóxicas producidas por los repollos y las demás brasicáceas como mecanismo de defensa frente a insectos y patógenos. Las larvas las absorben cuando comen de la planta y luego pasan de las pupas a los imagos. Pues bien, estas sustancias son lo que se conoce como glucosinolatos. Gracias a este mecanismo de protección, las mariposas de la col pueden volar con lentitud y tener esa apariencia tan llamativa sin verse amenazadas.

Las mariposas pavo real, las ortigueras, las atalantas y las *Araschnia levana* no disponen de ninguna sustancia parecida. Las ortigas de las que se nutren en su fase larvaria no les aportan nada. Y, sin embargo, no son menos abundantes que las mariposas de la col ni se ven especialmente perseguidas por los pájaros. Si las observamos con detenimiento cuando se posan en las flores veremos que muy pocas veces tienen en las alas marcas triangulares, las conocidas como «marcas de pico» (en inglés, *beak marks*). Al parecer, su errática forma de volar las protege en buena medida de las aves hambrientas. Por eso no hay que temer que la fuerte protección de la que gozan las pequeñas aves cantoras en los jardines pueda resultar negativa para las mariposas; al menos, no para los llamativos y muy apreciados ejemplares del grupo de la pavo real.

Vuelo en masa de la *Araschnia levana*: singularidades del reino de las mariposas

Las digresiones anteriores sobre la mariposa de la col y la *Araschnia levana* no parecen haber aportado nada a la cuestión de por qué las mariposas del género *Aglais* no son mucho más frecuentes de lo que son cuando hay grandes cantidades de ortigas por todas partes. Pero esto es lo que sucede la mayoría de las veces, por no decir casi siempre, cuando tratamos de hallar explicación a algún fenómeno natural. Rara vez se llega a un resultado convincente de una forma rápida y directa. En muchas ocasiones es un comentario marginal o una observación sin importancia lo que nos sirve de ayuda. Como, por ejemplo, las indicaciones que nos brindan los propios aficionados. Los amantes de las mariposas, ya sean coleccionistas o simples observadores, a veces advierten algo que en un principio no parece tener ninguna relación con nada. En el excelente manual editado por Günter Ebert, *Die Schmetterlinge Baden-Württembergs* (Karlsruhe, Museo Estatal de Historia Natural, 1991, vol. 1, p. 405), podemos leer lo siguiente acerca de la *Araschnia levana*:

> La aparición y distribución regional de esta especie se ve afectada, obviamente, por las fuertes fluctuaciones poblacionales que a veces se producen. [...] Schneider (1936) indica que las frecuencias de aparición cambian cada año, y añade: «Durante años fue una especie muy rara en la zona de Stuttgart, pero en los últimos años ha vuelto a ser más frecuente» [...] Por su parte, Lindner (1935) explica el fenómeno como sigue: «Hace décadas que apenas hay ejemplares de *Araschnia levana prorsa* en Wurtemberg. Los coleccionistas de más edad solo recuerdan hallazgos ocasionales en épocas lejanas. Por eso es aún más sorprendente que en 1932 hubiera una propagación masiva por todo el país». Al año siguiente se produjo un aumento importante de los taquínidos, lo que provocó que esta especie de mariposa fuese mucho menos frecuente.

En las informaciones aportadas por los aficionados a las mariposas se encuentra una parte de la explicación: si esta especie abundaba tanto en 1932 es porque no sufría el ataque de los parásitos. Según los datos meteorológicos, ese año hubo un verano normal en lo que hace a la temperatura media. Y lo mismo sucedió con el anterior y el siguiente, durante los cuales se registraron unas temperaturas medias que también estaban en lo normal. Por tanto, los enemigos naturales de estas mariposas, las larvas parásitas, tuvieron que ser diezmados de alguna manera antes de la proliferación masiva de la *Araschnia levana.*

Pues bien, esto es lo que debió de pasar también en el año 2013, cuando yo mismo estaba observando y documentando las migraciones de la *Araschnia levana.* Al principio del verano contabilicé más de mil trescientos ejemplares en una sola ronda de control por el bosque. Había tal cantidad de mariposas que, cuando se posaban en las flores en los márgenes del camino, tenían que empujarse entre ellas para hacerse hueco. Algunas florecillas estaban cubiertas de *Araschnia levana.* Hasta en los lampazos se había quedado alguna enganchada. En los bosques de ribera no solían ser entonces muy frecuentes, pero aquel verano aparecieron más ejemplares de lo que era habitual. Volaban a lugares donde nunca las había visto y llegaban incluso a los jardines de las casas. El número de *Araschnia levana* detectadas en un solo día superaba con creces las halladas en toda una década.

Si podemos reconstruir la historia anterior a la proliferación masiva de 2013 es gracias a los precisos censos y a los registros de temperaturas. En febrero de 2012 hubo una época de fuertes heladas. La mínima nocturna cayó por debajo de los veinte grados bajo cero durante más de dos semanas, y por el día también se registraban heladas continuas. Tras unos meses de diciembre y enero demasiado suaves, el frío empezó de repente. A las crisálidas de *Araschnia levana* que estaban invernando no pareció causarles ningún daño el frío (seco), tal como demostraban los recuentos de ejemplares adultos realizados en primavera. La siguiente generación aumentó claramente en el verano de 2012, aunque todavía no era un incremento muy notable. Pero lo que sí llamaba la atención es que las crisálidas que habían pasado el invierno estaban mucho menos parasitadas de lo que era habitual, pues en la primavera de 2013 ya había una inusual elevada cantidad de *Araschnia levana*.

Esto era algo sorprendente, porque en mayo, su período de vuelo por excelencia, hizo un tiempo demasiado frío y, lo que es más importante, llovió muchísimo. A finales de ese mes y comienzos del siguiente, el mal tiempo acabó convirtiéndose en la «inundación del siglo» en el norte de los Prealpes bávaros. Los bosques de ribera del Eno quedaron completamente inundados. No es extraño, pues, que el verano siguiente hubiera muchas menos *Araschnia levana* en estas áreas forestales que en los bosques no afectados por las riadas. Para los parásitos, las fuertes heladas del invierno anterior y el tiempo desapacible de la primera mitad del año 2013, incluido el gélido postinvierno que se prolongó hasta el mes de abril, fueron sin duda condiciones muy adversas. De ahí que las *Araschnia levana* no sufrieran el devastador ataque de los parásitos de que solían ser objeto. Y como el exceso de lluvias y las temperaturas gélidas de los seis primeros meses del año fueron seguidos de un clima seco y cálido a partir del mes de julio, se presentaron entonces unas condiciones ideales para las *Araschnia levana*; por eso había tantas, «como nunca antes».

La información aportada por la guía de mariposas citada con anterioridad se convirtió así en la clave para aclarar la cuestión de por qué una clase de mariposas que se alimenta de ortigas en su fase larval puede a veces multiplicarse de forma masiva. Porque ahí quedaba demostrado que había unas condiciones meteorológicas que no eran del agrado de los parásitos. Además, en la primavera de 1986 yo mismo había detectado una elevada presencia de *Araschnia levana* junto al río Eno, y las había contabilizado.

Según los datos recogidos por la estación de Hohenpeißenberg, en los veranos de 1984 y 1985 se registraron unas temperaturas normales, en el promedio habitual para la época, al igual que en los estíos de 1931 y 1932. Pero, curiosamente, las temperaturas medias de los inviernos precedentes a la proliferación masiva presentaban valores muy semejantes, pues estaban en –3,1, –2,9 y –3 °C. Se trataba de inviernos fríos pero no extremos ni con fases de heladas continuas. El muy notable aumento de las *Araschnia levana* en Baden-Wurtemberg durante la década de 1930 estuvo precedido por el gélido invierno de 1929-1930. Con sus –5,7 °C, fue el segundo invierno más frío del siglo XX. Solo lo superó la gélida estación invernal de 1962-1963, cuando la temperatura media bajó hasta –6 °C. Antes de eso, se habían registrado dos inviernos parecidos en el siglo XIX (–6,1 °C en cada caso), en concreto en 1829-1830 y en 1894-1895, y un tercero con –5,5 °C en 1890-1891. La conclusión era obvia: el clima invernal extremo había diezmado los parásitos, hasta el punto de que las poblaciones de *Araschnia levana* quedaron fuera de su control y aparecieron de pronto en cantidades extraordinarias. Pero esta situación no se mantuvo en el tiempo. En la segunda generación de mariposas o, como mucho, en la tercera, los parásitos se recuperaron y volvieron a llevar las *Araschnia levana* al nivel normal de su baja frecuencia. En 2014, la asiduidad de las *Araschnia* ya no difirió de la registrada en los años anteriores a la propagación masiva de 2013, y no se ha logrado otra desde entonces. Es un fenómeno que no se puede predecir, porque no solo deben darse las condiciones ambientales adecuadas, sino que las propias poblaciones deben estar en una situación favorable al crecimiento exponencial.

Esto significa que las reproducciones en masa (en los insectos se denominan gradaciones) no deberían ser consideradas en los estudios de tendencias, porque se impondrán con demasiada fuerza como casos únicos («singularidades»). Sin embargo, para ciertos propósitos, es aconsejable considerar solo estas propagaciones: con qué frecuencia ocurren en períodos temporales largos y a qué intervalos. En el primer tercio del siglo XX hubo una muy llamativa propagación de insectos forestales. Se destruyeron bosques enteros porque las *Dendrolimus pini*, las *Panolis flammea* y las esfinges del pino (*Sphins pinastri*) se comían gran parte de los bosques de coníferas en crecimiento. A pesar de los amplios estudios de ecología forestal realizados sobre estas zonas, sigue sin estar claro qué desencadenó la propagación masiva. Es muy probable que los árboles estuviesen en la edad más favorable para ser devorados por las larvas. Además, eran ejemplares puros con una diversidad genética muy reducida; y esto es algo que distingue a la mayoría de los cultivos comerciales de las poblaciones naturales de la misma especie.

En el verano de 2013, la propagación de las plagas forestales antes mencionadas fue mucho más intensa que la de las *Araschnia levana*. Las elevadas cifras registradas en estas últimas pueden resultar engañosas si no se establecen relaciones con su alimento nutricio. Mil trescientas *Araschnia levana* parecen un número impresionantemente elevado, sobre todo si lo comparamos con las que suelen aparecer en verano, cuando no contabilizamos más que de diez a quince ejemplares en el mismo transecto. La población, por tanto, se había multiplicado por cien. Pero ¿qué significa en relación con las ortigas? Como ya se ha subrayado, estas plantas no presentaron daños dignos de consideración. Y para entender el porqué solo hay que contar las ortigas existentes. A lo largo de los terraplenes de los caminos hay centenares por cada metro cuadrado, de manera que en los cuatro kilómetros de nuestro tramo de conteo había cientos de miles. Las larvas estaban, pues, consumiendo las hojas de ortiga por millares. Por tanto, es evidente que cuando existe una propagación masiva, la nutrición de las larvas no regula en modo alguno las existencias de ortigas.

¿Afecta el cambio climático a las formas estacionales de las *Araschnia levana*?

Ahora vamos a describir dos características adicionales de las *Araschnia levana*. Como ya hemos explicado, estas mariposas se presentan en dos formas distintas: la forma de la primavera, con manchas claras y de tonos cobrizos, y la forma del verano (*f. prorsa*), cuando la mariposa tiene tonalidades negras en la parte superior de las alas y una amplia banda de color blanco. Ambas vuelan siempre por separado. La generación negra del verano es fruto de las larvas que eclosionan en los largos y cada vez más extensos días del estío. En cambio, la forma de manchas pardas de la primavera pertenece a las larvas que se desarrollan en los días cada vez más cortos de finales del verano y de la estación otoñal. La duración del día actúa, pues, como temporizador. Es algo que tendría que suceder en todas las demás mariposas que tienen dos generaciones de larvas, una antes del período estival y otra después. Sin embargo, las *Araschnia levana* son las únicas que presentan un dimorfismo estacional tan claro y definido. A partir de ahí podemos concluir que, para esta especie de lepidópteros, debe de ser muy importante tener un aspecto diferente en la temporada principal de vuelo en primavera —abril y mayo— que en verano.

De hecho, es tan importante que no hay desviaciones en esta divergencia estacional. Y, para decirlo ya desde el comienzo, no sabemos por qué, aunque sí podemos hacer conjeturas razonables. Por ejemplo, la experiencia nos demuestra que no se ve tan bien a las mariposas primaverales de manchas marrones bajo la brillante luz que aún penetra en el bosque caducifolio en esta época del año. Y lo mismo cabe decir de la generación negriblanca del verano, expuesta al fuerte contraste de claroscuros de la luz estival. Como todo gira en torno al contraste lumínico y el reconocimiento de formas, los pájaros podrían experimentar dificultades similares a la hora de reconocerlas. Además hay muchísimas mariposas diurnas, sobre todo en el campo, que tienen la parte superior de las alas salpicada de manchas claras y por eso se las llama «pasionarias moteadas». Sin embargo, en los días centrales del verano, la forma negra y provista de una banda blanca de la *Araschnia levana* es muy parecida a la ninfa boscana (*Limenitis camilla*), un ninfálido de mayor tamaño y que vuela casi por los mismos sitios que la *Araschnia levana.* De todas formas, aunque esta relación pueda parecernos significativa, no basta para explicar el estricto dimorfismo estacional de la especie. Habría pues que añadir el hecho de que son unas mariposas bastante débiles y no muy dotadas para maniobrar en el aire. Y que no albergan sustancias tóxicas o ponzoñosas por haberse nutrido de las hojas de ortiga. No obtienen ninguna sustancia protectora de ellas. Por lo tanto, la presión de las aves enemigas debería ser tan significativa para las *Araschnia levana* adultas como lo es la parasitación para sus larvas. El imago y la larva viven en diferentes ambientes y, por lo tanto, están expuestos a diferentes efectos del clima y de sus enemigos.

Y el clima es, de hecho, la cuestión principal de la segunda característica que vamos a tratar. Porque si hay una primavera temprana y un cálido inicio del verano, la generación estival de las *Araschnia levana* alza el vuelo muy pronto. Los primeros ejemplares negros que detecté en 2018 me los encontré ya el 9 de junio. Es una fecha harto temprana, como demuestra la guía de las mariposas de Baden-Wurtemberg antes citada: «En años muy calurosos se capturaron mariposas de la generación de verano incluso a finales de junio (24-6-1964, 30-6-1946). [...] A veces, los ejemplares de la primera generación siguen volando hasta mediados de junio» (vol. 1, p. 406).

¿Es la temprana aparición de la generación de verano una señal del cambio climático que está experimentando el mundo? Estos datos sobre la dispersión de las mariposas al comienzo y al final de su época normal de vuelo no significarían nada, salvo que había un clima favorable. Sin embargo, en el caso de las *Araschnia levana* sucede algo diferente. Porque si la progenie de verano sale muy pronto, se forma una segunda al término de esa misma estación. Las mariposas de esta nueva generación, tan negras como las normales del estío, emergen de sus crisálidas entre mediados y finales de agosto, y se las puede ver hasta principios de septiembre. De hecho, en los últimos años se ha producido una segunda generación de verano, que apareció a finales de agosto de 2012. Lo que, lamentablemente, ya no somos capaces de aclarar es si esta nueva generación contribuyó en alguna medida a la propagación masiva de la especie en el año siguiente. Porque podría haber escapado a la presión de los parásitos gracias a su aparición extemporánea.

¿Estamos, pues, ante un caso que ejemplifica la incidencia del cambio climático y sus consecuencias? Los hallazgos de otras épocas no dejan margen para el escepticismo. Como apunta el manual de mariposas de Baden-Wurtemberg: «En años calurosos se han registrado mariposas de tercera generación (*Araschnia levana*) a partir del 20 de agosto» (vol. 1, p. 407). Desafortunadamente, no menciona los años en cuestión. Mis anotaciones sobre el valle del Eno, con un clima mucho menos cálido que el del Alto Rin, contienen observaciones de varias *Araschnia levana* de la tercera generación detectadas entre finales de agosto y comienzos de septiembre, desde la década de 1960 hasta la de 1980. Su aparición, por tanto, depende del simple transcurso de la primavera y el inicio del verano, y no del aumento de unas décimas de grado de las temperaturas medias estivales.

La naturaleza es demasiado diversa para resumirla en generalizaciones simples

Después de lo que acabamos de explicar, el área de distribución geográfica de la *Araschnia levana* se nos presenta como algo bien reconocible. Se extiende desde los Pirineos trazando un amplio arco por Francia y Alemania hasta llegar a Europa central y del Este. No se encuentran ejemplares de *Araschnia levana* en la península Ibérica, en las islas Británicas, en la costa meridional francesa ni en el noroeste del Atlántico, y tampoco los hay en el norte de Alemania y en la región mediterránea. La especie, por tanto, no está presente en áreas de inviernos templados, en las cuales no hay períodos de fuertes heladas. Y esto encaja bien con lo apuntado antes por Günter Ebert en su manual sobre las mariposas de Baden-Wurtemberg. ¿Es la *Araschnia levana* un caso especial? No debemos hacer generalizaciones a la ligera. Al hacerlo, muchas veces se corre el riesgo de sobrevalorar los hallazgos individuales. Pero las piezas que hemos ido recopilando hasta ahora encajan como un mosaico en un contexto de consecuencias mucho mayores.

Resulta que no solo las *Araschnia levana* sino también las demás mariposas del género *Aglais* sufren la presión de los parásitos. Es algo que podemos observar en el comportamiento de las larvas. La concentración en forma de «nidos» hace que sea menos probable que un icneumónido parasite las larvas de una mariposa pavo real. Porque cuanto más vecinos tenga una larva, menor será el riesgo de que se vea afectada. El hecho de que las larvas enrollen las hojas formando unas bolsas en las que parecen tener demasiado espacio y muchas de las cuales están vacías porque las orugas ya han desaparecido apunta en la misma dirección. Los taquínidos y los icneumónidos no pueden encontrarlas dentro de sus bolsas, simplemente porque muchas de ellas están ya vacías. Las telarañas tejidas en el extremo de las bolsas indican a las larvas cuándo hay un peligro inminente, pues sienten cómo los insectos parásitos tocan los hilos. En ese instante se dejan caer al suelo, donde sus enemigos ya no pueden encontrarlas. Los hilos que tejen las minúsculas larvas de la mariposa pavo real y de la ortiguera les ofrecen asimismo cierta protección. Cuando hablemos de los arañuelos, quedará patente la importancia que revisten estas telarañas (véase página 99). Ahora solo diremos que las larvas de estas especies no se limitan a tejer hilos en torno a sí mismas. En realidad, podrían ahorrarse la materia química utilizada en las telarañas para destinarla a algo mejor, si no fuera porque tales hilazas son imprescindibles para su supervivencia. Cuando se trata de comer o de ser comido, el mundo de los insectos es mucho más violento de lo que nosotros percibimos. Lo que sucede es que nosotros somos demasiado grandes para poder observar de cerca lo que acontece en el entorno de las mariposas.

En la mayoría de los casos solo vemos el resultado, esto es, que la actividad de las larvas de las mariposas del género *Aglais* no diezma las ortigas hasta el extremo de hacer visible semejante devoración. Por lo tanto, es muy poco probable que las mariposas pavo real y las demás especies de esta familia puedan ser utilizadas como agente biológico para luchar contra las ortigas. Y es aún más inusual, e incluso más antinatural, que los insectos que viven de las plantas cultivadas hayan de ser combatidos con tanta fuerza.

Los recuentos de las mariposas pavo real y de los demás lepidópteros realizados a lo largo de varios años nos brindaron algunos hallazgos inesperados. Se constató, por ejemplo, que las mariposas del género *Aglais* varían muchísimo en términos cuantitativos de un año para otro. De hecho, su población fluctúa mucho más de lo que debería, porque durante décadas los excedentes de nitrógeno de las explotaciones agrícolas han propiciado el crecimiento de las ortigas. Si los parásitos compensan en gran medida la mejora de las condiciones de vida de las mariposas del género *Aglais,* deberían tener aproximadamente el mismo efecto en las diferentes especies. Sin embargo, la mariposa pavo real (*Aglais io*) y la C-blanca (*Polygonia c-album*), que también pertenece a este grupo, se han vuelto mucho más comunes en los últimos tiempos, mientras que la mariposa ortiguera (*Aglais urticae*) ha sido muy rara la mayoría de los años. En algunos apenas he detectado ejemplares.

Para muchos conservacionistas y amantes de las mariposas, la ortiguera no ha llegado todavía a experimentar un marcado declive. Según ellos, sigue siendo una especie bastante común. Esto es algo que solo sucede en algunos años concretos, pero no en todos. Un único contraejemplo no puede echar por tierra los buenos resultados generales, pero señalará sus limitaciones. La naturaleza es demasiado diversa para encajarla en simples generalizaciones. Las mariposas ortigueras y los fuertes altibajos de las pavo real nos guían hacia un fenómeno no demasiado bien entendido: la migración de las mariposas y su importancia para la conservación de la especie. Estas corrientes migratorias arrojan algo más de luz sobre el cambio climático, el cual se ha convertido en los últimos tiempos en una explicación universal de las alteraciones registradas en la naturaleza que no se entienden o que aún no han sido investigadas en detalle.

Mariposas migratorias

En mi antiguo registro de mariposas he encontrado un apunte de lo más curioso. El 9 de marzo de 1959, un «delicioso día de primavera», contemplé la primera mariposa del año: una vanesa de los cardos (*Vanessa cardui*). Me había topado con ella cuando volvía del colegio. A las 12.45 pasó volando por delante de mí y acto seguido atravesó el camino. Para una mariposa como aquella, que migra desde el sur, era una aparición demasiado temprana. En la guía de mariposas de Baden-Wurtemberg, no se registra ninguna hasta varias semanas después, en concreto el 1 de abril de 1966. A las 15.20 me dirigí al bosque de la ribera del Eno y, al atravesar los prados, percibí «varias ortigueras». «Estaban asoleándose —anoté—, había viento del sureste.» Es una corriente de aire que suele darse en esta parte del valle del Eno, cuando el foehn baja desde los Alpes. Así es que la vanesa y las ortigueras habían tenido aquel día un fuerte viento del sur. La temperatura atmosférica, según mis anotaciones, no pasó de los 16 °C. En la guía antes citada se dice que el año anterior (1958) había sido un «año de intenso vuelo» de vanesas en Baden-Wurtemberg. Era, sin embargo, bastante improbable que alguna de ellas hubiera invernado en nuestra región. Aquel invierno había sido demasiado frío para ellas, aunque según las mediciones realizadas por la estación de Hohenpeißenberg estaba dentro de lo normal. En enero de 1959, yo mismo había registrado con mi termómetro de máximas y mínimas –15 °C en el interior de casa.

Ninguna vanesa de los cardos puede sobrevivir en estas condiciones, ni siquiera en los lugares relativamente protegidos que se buscan las mariposas pavo real para pasar el invierno. De modo que aquella vanesa de principios de marzo debía de haber volado sobre los Alpes poco tiempo antes; quizá , arrastrada por el foehn. Después de todo, es bastante normal que las mariposas de esta especie migren en marzo desde África hasta Italia y que produzcan en este país su primera generación anual. La primera que vi en 2018 en el sureste de Baviera debía de ser también un individuo adelantado, ya que apareció el 19 de abril. Una vez más, habíamos tenido un invierno demasiado frío para que estas mariposas pudieran sobrevivir en los Prealpes bávaros. El 28 de febrero de 2018, la temperatura mínima nocturna fue de –13 °C y la máxima durante el día estuvo en solo –6 °C.

Vuelos migratorios de la vanesa de los cardos

Hoy sabemos que los vuelos migratorios de las vanesas de los cardos se extienden desde la zona del Sahel, la franja meridional del Sáhara, hasta la sabana norafricana, y que pasan por el sur y centro de Europa para luego dirigirse al norte del continente. A mediados o finales de verano emprenden el camino de vuelta. Para el regreso toman una nueva ruta, esta vez por el este, que atraviesa el Bósforo, la Turquía occidental y el Líbano. De este modo, y siempre que las condiciones climáticas sean favorables, forman con sus vuelos un enorme anillo de unos cinco mil kilómetros de diámetro. La migración entera abarca cerca de quince mil kilómetros. Estamos, por tanto, ante unas rutas de una extensión similar a las que recorren las aves migratorias de larga distancia.

En primavera, las vanesas se sirven de los vientos del sur y del suroeste para poder migrar desde el oeste del África septentrional hasta el norte de nuestro continente. A finales de verano o ya entrado el otoño, vuelan de regreso a África con ayuda de las corrientes que vienen del norte y del noreste. Entre ambos periplos producen dos generaciones, aunque esta es una explicación demasiado simplificada de su comportamiento. Año tras año, cada generación de *Vanessa cardui* se adapta a las precipitaciones y los vientos de cada temporada. Muchas veces no llega ni una sola a Europa central, o solo lo hacen unos cuantos individuos aislados. Pero hay años en que afluyen por millones a nuestro continente, como sucedió en los inicios del verano de 2003 y, de nuevo, en 2009. Abundaremos en ello en páginas posteriores.

Las ortigueras que yo observé también aquel 9 de marzo de 1959 no deben quedar fuera de nuestro estudio. Estas nos muestran bastante bien cómo se combina el hábitat estable con la migración regular. Son, por así decirlo, migrantes parciales en el reino de las mariposas, como sucede con algunas especies de nuestros pájaros en las que una parte de la población pasa el invierno entre nosotros, mientras que la otra, por lo general la más grande, se desplaza hacia el sur e inverna en torno al Mediterráneo; y luego, en primavera, vuelve otra vez. Las ortigueras del 9 de marzo de 1959 eran de esta clase de migrantes. Ahora, casi sesenta años después, puedo decirlo con absoluta certeza, porque en cuanto caí en la cuenta, me dediqué a observar su migración de la primavera un año tras otro. Curiosamente, cada vez acudían desde el sur en cantidades muy variables. Para llegar se sirven de los valles que pueden encontrarse a lo largo del Danubio, los cuales actúan como guía. Pues bien, estos movimientos migratorios, si los examinamos con detalle, nos van a permitir explicar por qué el número de ortigueras fluctúa cada año mucho más que el de las mariposas pavo real o el de cualquier otro lepidóptero que se alimente de ortigas en su estadio larval.

Las errantes ortigueras

Un día (pre)primaveral en que el foehn sumerge el cielo de la Alta Baviera en un azul espectacular, nos desplazamos hasta el valle del Isar, al sur de Múnich. Finas nubes blancas se desplazan hacia el noreste. El viento, cálido y seco, sopla a ráfagas a través del valle. Cerca de las montañas puede llegar a ser tan fuerte que entonces se habla de una «tormenta foehn». Para contrarrestarlo, hay que mantener el cuerpo en posición inclinada. A las mariposas no les gustan los vientos fuertes, porque las arrastran y no les dejan buscar flores llenas de néctar o congéneres dispuestos para el apareamiento. Y, sin embargo, es en estas condiciones cuando podemos observar a las ortigueras dirigiéndose en rápido vuelo hacia el norte. Se alejan a toda velocidad, como arrastradas por un cordel invisible. A veces, cuando el aire está solo a diez grados centígrados, alguna baja al suelo con las alas extendidas para entrar en calor.

Abajo puede haber veinte grados e incluso más, sobre todo a finales de febrero o comienzos de marzo, cuando brilla un sol primaveral. Las mariposas, si están buscando flores, vuelan a uno o dos metros de altura y siempre en línea recta. Muchas veces no evitan a las personas hasta el último momento. Si una ortiguera se nos presenta a unos palmos de distancia tendremos dificultades para reconocerla mientras está en el aire. Entonces entendemos por qué a los pájaros no les resulta nada fácil atraparlas en pleno vuelo, aunque sean capaces de volar mucho más rápido que ellas. Cuando vemos pasar a una de estas mariposas, conviene pararse un instante y observar lo que sucede a continuación. Enseguida veremos que detrás vienen muchas más. Todas vuelan en la misma dirección, por lo común hacia el norte, pero siguiendo las líneas del valle. Puede haber hasta una decena por hora, sobre todo entre las once de la mañana y las tres de la tarde, las horas centrales de vuelo. A veces son tantas que no necesitamos más de quince minutos para cerciorarnos de que las ortigueras están en pleno vuelo de primavera. Para observarlas no tiene que soplar un fuerte foehn; pero si el viento viene del oeste o del noroeste y las nubes apenas dejan huecos para que pase el sol, esperaremos en vano.

Han de darse, por tanto, las condiciones climáticas adecuadas. Si no hay foehn ni viento sur, como a menudo sucede en esta zona en la época de la preprimavera —entre finales de febrero y mediados o finales de marzo—, la llegada de las ortigueras se verá en buena medida frustrada. En verano no habrá ni una sola o seguirán siendo muy escasas, todo depende de cuántas hayan logrado pasar el invierno en el norte de los Prealpes. Resulta casi imposible calcular la cantidad exacta, porque estamos bien lejos de poder rastrear cada uno de los rincones y cavidades en que podrían haberse refugiado para superar el período invernal. La mayoría se hacen notar cuando revolotean junto a los ventanucos de los cobertizos o de la caseta de nuestro jardín. Estamos ya en marzo o en los primeros días de abril, y ahora las ortigueras se dirigen hacia la luz; pero nada pueden hacer contra el cristal. En otoño habían estado buscando grietas y entradas oscuras. Sus pautas de comportamiento se adaptan perfectamente a escondites naturales como pueden ser las cuevas y grietas de las rocas. Da la impresión de que muchas de las ortigueras que revolotean agitadas contra el cristal —y de las mariposas pavo real, que se comportan de forma parecida— pasan el invierno con nosotros. Sin embargo, cuando comparo mis hallazgos de ejemplares invernantes con los que hay volando por ahí, la divergencia numérica se hace muy clara. Es posible que solo un pequeño porcentaje de las poblaciones de otoño supere el invierno. No todas lo consiguen; muchas perecen, bien porque hace demasiado calor en los escondites elegidos, por ejemplo en las casas, bien porque hace demasiado frío, como sucede en los refugios naturales que se han buscado. Es una estimación que se ve confirmada por las fuertes fluctuaciones que experimentan las ortigueras de un año para otro. Como es natural, el número de ejemplares invernantes no pueden compensar las pérdidas provocadas en primavera, en caso de que se produzca una débil o nula afluencia de mariposas a través de los Alpes. Las observaciones realizadas en las altas montañas suizas han demostrado hace tiempo que las ortigueras se acumulan en gran número en el lado meridional de los macizos y, en apariencia, esperan a que el tiempo sea favorable para continuar su vuelo sobre los pasos alpinos.

La verdad es que no podrían haber pasado el invierno ahí arriba. Todavía no sabemos cómo se despliega exactamente la migración estacional de la mariposa ortiguera ni la migración de la vanesa, mucho más extensa desde el punto de vista geográfico; pero las características esenciales están ahora tan establecidas como la migración aviar hace cien años. En aquella época, la instalación de pequeñas anillas de aluminio había supuesto el inicio de la investigación científica sobre la migración de las aves. Dado el tamaño de muchas de las aves anilladas, ahora se puede rastrear su migración de forma individual. En el ordenador podemos ver, por ejemplo, dónde se encuentra en estos momentos Tönn, la famosa águila moteada; a qué lugar exacto se dirige en la tierra habitada por la ortiguera durante el invierno; cuándo vuela de regreso a su hogar natal en el Báltico, y qué curvas y desviaciones toma respecto de la ruta principal. La tecnología aún no ha sido perfeccionada hasta el punto de poder hacer lo mismo con las mariposas ortigueras o con las vanesas de los cardos, pero los análisis bioquímicos ya nos permiten determinar de qué zona de África proceden las mariposas que vuelan a Europa central al principio del verano. Es algo que no es fácil detectar porque ellas mismas llevan la marca de la región en su interior, merced al alimento ingerido en el estadio larval.

La ciencia moderna de alto nivel y el compromiso y entusiasmo de observadores aficionados, practicantes de la ciencia ciudadana, se conjugan de una manera particularmente fructífera en la investigación de los vuelos migratorios de las mariposas. Y, además, en el registro de apariciones y fluctuaciones de las diversas especies. Más tarde ampliaremos este punto, ya que es de suma importancia para entender las circunstancias que han provocado el marcado declive de los lepidópteros. Las mariposas migratorias se añaden con mayor o menor regularidad a los flujos masivos que llegan del sur. Esto nos hace pensar que nuestras mariposas no están en realidad en una situación tan mala. A veces se reúnen en tales cantidades en las flores del arbusto de las mariposas (*Buddleja davidii*) que estas parecen a punto de romperse.

Invasiones de mariposas

Volvamos ahora a las vanesas de los cardos y a sus grandes migraciones. Las más amplias en lo que llevamos de siglo tuvieron lugar en 2003 y

2009. Según las estimaciones, que como resulta obvio son meras aproximaciones porque entonces no se contaba con una red de observadores lo bastante amplia ni con un método objetivo para registrar el número de individuos presentes en el aire, debía de haber unos veinte millones en cada caso. Pero también podrían haber sido diez veces más. Es bien sabido que los grandes números causan impresión por sí mismos. Sin embargo, experiencias directas como la acumulación de vanesas que descansan en el Jardín Botánico de Múnich al final de la tarde tienen un efecto más duradero. En algunos arbustos había tantas que las ramas se arqueaban hacia abajo. Tenían más mariposas que hojas.

Su llegada había estado indicada por una especie de vanguardia. A principios de mayo llegaron los primeros ejemplares. A las 19 horas del 5 de mayo de 2003, una de ellas sobrevoló la Colección Zoológica de Múnich en dirección norte. Era un día de mucho calor, con 30 °C de máxima debido al viento del Sáhara, que al día siguiente hizo subir la temperatura hasta los 33 °C. A primera hora de la tarde vi volar dos vanesas sobre la Colección Zoológica. Así es que, ese año, los primeros ejemplares llegaron pronto. No era algo demasiado llamativo, porque aquella primavera fue bastante cálida y las mariposas se adaptan al clima. Las coloridas pavo real sí que llamaban la atención, porque no solían darse tanta prisa en acercarse como sus congéneres de color ocre, que casi nunca se instalan en ningún sitio y desaparecen rápidamente de la vista para dirigirse a otro lugar. A mediados de mayo tuvimos una ola de frío y, a partir de entonces, aumentó el número de vanesas que volaban hacia el norte. Casi todos los días se podían ver unos cuantos ejemplares, pero como estaban «de paseo» no actuaron como vanguardia de lo que iba a suceder de repente el 1 de junio, tras las dos tórridas jornadas de finales de mayo.

Ese día vi una vanesa a primera hora de la mañana. Poco después del mediodía llegaron cuatro más, que al parecer tenían prisa. Por la tarde vinieron ya muchas más. Cada cuarto de hora contaba 13, 50, 100; de 17.51 a 17.55 h fueron 175, y de 18.15 a 18.45, más de 500. Registré la última a las 21.00. El 2 y 3 de junio siguieron llegando más. La mayor intensidad de vuelo se alcanzó al final de la tarde, entre las 17 y las 18 h. A juzgar por la distribución horaria y la velocidad de vuelo, que llegaba a los 30 o 40 kilómetros por hora, dependiendo de la fuerza del viento de cola, las vanesas debían de haber salido por la mañana del extremo sur de los Alpes, después de calentarse al sol. Tras un vuelo de entre ocho y diez horas llegaron a la zona de Múnich. Se concentraron en torno al valle del Isar, y, al cruzar la ciudad, siguieron volando en dirección nornoreste, incluso cuando había edificios elevados en su camino. Volaban sobre ellos sin cambiar el rumbo.

Miles de vanesas terminaron en el vestíbulo de la estación central, donde la inmensa mayoría pereció porque no logró cambiar de dirección y salir de allí. Algunas fueron víctimas del tráfico automovilístico. Casi todas cruzaban las autovías a una altura segura de entre dos y dos metros y medio. Puede que chocaran contra algún camión. En el valle del Isar y en los campos de las afueras de Múnich volaban más bajo, de modo que muchas veces nos pasaban rozando por la cara sin evitarnos del todo. Para hacerme una idea del alcance de la bandada, viajé hacia el oeste, hasta el valle del Lech, cerca de Augsburgo, y luego hacia el este otros cincuenta kilómetros. Amigos y colegas informaron desde los valles de los ríos más al oeste y desde el valle del Eno.

A partir de la anchura de los transectos establecidos y de la cantidad de ejemplares registrada cada quince minutos, se podía hacer una estimación del número total de vanesas. Resultó que llegaban por millones. Solo la bandada que pasó a través del valle del Isar debía de tener más de veinte millones de individuos. Se estimó una cantidad de orden similar para las que pasaron por Austria a principios del verano de 2009. Allí llegaron sobre todo a través del valle de Salzach y de los valles y pasos alpinos situados más al este. En la zona norte de los Alpes pocas se quedaron atrás. En el verano de 2003, ese legendario «superverano» con clima mediterráneo de abril a septiembre, tanto las vanesas errantes como las mariposas diurnas nativas pululaban en julio y agosto alrededor de las flores ricas en néctar—se podían ver en especial entre los arbustos de las mariposas—, pero los hallazgos de larvas seguían siendo raros. Sin duda, el grupo principal había volado más al norte hasta alcanzar el Báltico y el noroeste de Rusia. Aquí es donde se establecieron las zonas de baja presión que provocaron tantas precipitaciones. Más al sur, desde Francia hasta Polonia y República Checa, pasando por Alemania, no había borrascas.

Aunque hubo algunas tormentas de verano, no fueron lo bastante copiosas para poner fin al déficit de precipitaciones, por lo que el verano de 2003 no solo fue muy caluroso, sino también muy seco. Muchos árboles del área metropolitana de Múnich ya habían perdido las hojas a principios de agosto. A las vanesas no les habría compensado terminar su migración sobre los Alpes en una zona que estaba expuesta a la misma carga térmica que las regiones mediterráneas. Al examinar lo sucedido en esa época, podría darnos la impresión de que, a principios de junio de 2003, las vanesas «sabían» que se estaba iniciando un verano extraordinariamente caluroso al norte de los Alpes. Pero la explicación más sencilla es que volaron a lugares donde los primeros frentes de las borrascas atlánticas provocaron lluvias abundantes y, en consecuencia, la vegetación silvestre creció muchísimo. En el verano de 2009, esto era en buena medida lo que estaba sucediendo en Europa central, de modo que muchas vanesas pusieron sus huevos aquí y, una vez desarrolladas las pupas, realizaron el vuelo de regreso hacia el sur en plena canícula. En el verano de 2006 habían migrado muchas más que en la primavera, cuando se registró una afluencia nada relevante. Este vuelo de regreso se pudo observar durante dos semanas gracias a la menor velocidad de vuelo de las vanesas. «Repostaron» en las flores una y otra vez, pero luego volaron en línea recta hacia el sur o el suroeste, sin permanecer mucho tiempo en un sitio fijo, por ejemplo en el jardín.

Las migraciones masivas de *Vanessa cardui* se producen desde hace tiempo. De hecho, hay constancia de ellas desde hace siglos. En el manual de mariposas de Baden-Wurtemberg (Ebert, 1991) se registran grandes vuelos migratorios en los años 1879, 1918 y 1931. Una migración masiva con «cientos de millones de mariposas» en el sur de Francia, de la que informó J. Thiele (citado en el manual), solo tocó el suroeste de Alemania. La que cruzó Austria en el año 2009 hizo el camino inverso en el oeste sin que apenas fuera percibida.

Tales fenómenos naturales sacan a la luz algo que de otro modo permanece en gran medida oculto: la importancia que en los insectos tiene el que haya unas condiciones de reproducción propicias. Aunque las mariposas adultas necesitan flores que les proporcionen néctar y energía, las plantas que les sirven de alimento en estado larvario son decisivas para su aparición y frecuencia. Las vanesas de los cardos no son muy exigentes en este sentido. Sus larvas pueden desarrollarse en una variedad de especies de plantas, no solo en los cardos como el nombre sugiere. Los cardos son importantes, siempre y cuando estén creciendo y no se hayan secado todavía en su mayor parte (por el calor del verano). Pero el lampazo, las ortigas, el tusílago y algunas otras plantas también son adecuadas como alimento para las larvas. A ellas se les añaden unas cuantas plantas africanas, en las cuales crece la generación de invierno. Esto significa que el estado de la vegetación es al menos tan sustancial como las propias especies de plantas. Más adelante nos volveremos a ocupar de este punto, cuando abordemos los efectos de la fertilización excesiva en las mariposas y en otros insectos.

Las mariposas migratorias, como la vanesa de los cardos, nos muestran con sus búsquedas y sus vuelos de larga distancia los ciclos de vida de los lepidópteros. A menudo vemos solo algunos fragmentos de ellos, que a mí me parecen bastante significativos. Pueden serlo, cierto, pero no tienen por qué. Las ortigueras, que chupan el néctar de la *Buddleja,* el arbusto de las mariposas, en pleno verano o a finales de la estación, revelan en sus idas y venidas bien poco sobre su origen y sobre cómo se desenvolvieron en la anterior temporada de cría. Esto puede haber sido favorable desde el punto de vista local, de modo que las mariposas pueden haber venido directamente del jardín o de las inmediaciones, pero también pueden haber estado migrando hacia el sur para invernar, viniendo desde muy lejos.

Y si millones de vanesas inundan el país durante un corto espacio de tiempo, no deben ser incluidas en los cálculos de la frecuencia de las mariposas nativas. Cambiarían la situación por completo y darían impresiones muy equivocadas. Pero no solo las vanesas. Hay otras mariposas que vuelan desde el sur en cantidades comparables, pero que son mucho menos llamativas porque son pequeñas, grises y en su mayoría nocturnas. Por ejemplo, la mariposa plusia (*Autographa gamma*), que pertenece a la familia de los noctuidos. Su rasgo característico es una ípsilon plateada —una letra parecida a la gamma griega— en el centro del ala delantera.

A las mariposas plusia les gusta visitar las flores del arbusto de las mariposas a lo largo del verano. En el Campeonato Europeo de Fútbol de julio de 2016 hicieron sentir su presencia y «causaron un fastidio general» al entrar en el estadio en grandes cantidades y molestar a los jugadores. Las fotos del conocido árbitro Pierluigi Collina intentando espantarlas dieron la vuelta al mundo.

Las mariposas plusia vuelan cada año por los Alpes hasta el centro y el norte de Europa. En el verano, y a veces hasta bien entrado el otoño, sus crías hacen el camino de vuelta. No sobrevivirían al invierno. Hay años en que el número de ejemplares que participan en esta migración es ciertamente de millones. Quizá superan la cantidad de vanesas varias veces; lo que sucede es que no nos damos demasiada cuenta de sus vuelos migratorios. Las grandes vanesas de los cardos, al volar de día, atraen la atención.

Por lo tanto, había que comparar a las vanesas con las mariposas ortigueras, que pertenecen a la misma familia. Todo lo que se aplica a una migradora de larga distancia como la vanesa, que en la mayoría de los años solo viene a Europa central en muy pequeño número o no viene en absoluto, también se asigna en principio a la ortiguera, que es mucho menos llamativa en su comportamiento migratorio. Y lo mismo con respecto a la mariposa pavo real, que también migra en gran medida en primavera. Su frecuencia puede variar muchísimo dependiendo de las condiciones climáticas favorables o desfavorables de la primavera, de ahí que en verano y otoño veamos mayor o menor cantidad de ortigueras y mariposas pavo real. La «población autóctona», tal como nosotros la llamamos, no se puede calcular a partir de esos ejemplares. Si queremos determinar la tendencia de las mariposas en nuestro país, deberíamos excluir mariposas migratorias como la vanesa de los cardos y la atalanta, que es visible sobre todo en los jardines en verano, y considerar las ortigueras y las mariposas pavo real en relación con su llegada en primavera. Los conteos de mariposas son de suma importancia para el examen de nuestra naturaleza, pero para llegar a conclusiones significativas, necesitamos tener un conocimiento suficiente del modo de vida de las mariposas y tomarlo en cuenta en el análisis de los datos.

A continuación, vamos a exponer otro ejemplo de mariposa diurna que, a diferencia de la vanesa de los cardos o la pavo real, puede entrar en conflicto con nuestros intereses en el cultivo de huertos y jardines. Se trata de la mariposa de la col.

Lepidópteros venenosos: de la mariposa de la col a la zigena de los seis puntos

Para empezar debemos resaltar algo de suma importancia: en Europa central no existe una sola «mariposa de la col», sino tres especies distintas: la blanca de la col (*Pieris brassicae*), la blanquita de la col (*Pieris rapae*), algo más pequeña que la anterior, y la blanca verdinervada (*Pieris napi*). Esta familia de piéridos cuenta con algunas especies más, como por ejemplo la blanca catalana (*Pieris mannii*), que es similar a la blanquita y está hoy en día muy extendida en Alemania; pero en general se trata de ejemplares que requieren conocimientos específicos y que no aportan nada relevante en este apartado. Las tres especies citadas al comienzo nos aportan información más que suficiente cuando se las observa de cerca. Para empezar, vamos a describir sus rasgos más característicos. El nombre «blanca de la col» responde muy bien a la singularidad de la especie, porque los repollos o coles blancas han sido la principal planta alimenticia de sus orugas antes de que se volvieran raras. Las especies vegetales alternativas más empleadas en la actualidad son la capuchina (*Tropaeolum majus*) y las plantas del género *Alyssum.* La blanca de la col está en realidad especializada en las plantas crucíferas (*Brassicaceae*), al igual que las otras dos especies de mariposas de la col.

Las coles son un subgrupo de las crucíferas que forma parte de una amplia familia de plantas. No tiene, por tanto, nada de extraño que haya diferencias considerables en su consumo por parte de las mariposas de la col. La blanquita, por ejemplo, vuela mucho menos sobre los repollos, tanto en los huertos como en las tierras de labranza. Prefiere las plantas silvestres a las crucíferas. La lista de especies vegetales identificadas en Alemania como plantas nutricias de las larvas es el doble de larga para la blanquita de la col que para su hermana mayor. Esta última se encuentra sobre todo en campo abierto, es decir, en huertos y jardines, mientras que la pequeña se siente mucho más atraída por los bosques, por el borde de los caminos y las sendas forestales. A la blanca verdinervada solo se la encuentra en estas zonas. Si se queda posada con las alas plegadas, es fácil reconocer las «venas verdes» que ayudan a identificar la especie. En el momento en que realiza la polinización, las nervaduras de sus alas traseras se marcan de una manera llamativa. La verdinervada y las otras dos especies mencionadas forman una especie de «arco de piéridos» que se extiende desde los huertos y jardines hasta los bosques (poco densos), pasando por terrenos arbustivos y áreas boscosas. Lo que tienen en común es que sus larvas se alimentan sobre todo de plantas del género *Brassica*. Estos vegetales contienen unas moléculas tóxicas llamadas glucosinolatos. Desde el estadio larval se transfiere tal cantidad de glucosinolatos a las mariposas adultas que los pájaros evitan en buena medida alimentarse con ellas. Ese es el motivo por el que las mariposas de la col pueden volar tan libremente y mostrar su llamativo color blanco. No necesitan mayor velocidad ni una especial precaución, porque una vez que han descubierto cuán malas son para ellos, los pájaros han aprendido a abstenerse de consumirlas. Los humanos, por nuestra parte, apreciamos crucíferas como el repollo, la lombarda o el rábano por su alto contenido de glucosinolatos. Todas ellas nos limpian el cuerpo de bacterias no deseadas, y de ahí que sean consideradas plantas saludables.

Este último apunte nos aporta algo importante. A fin de cuentas, ¿por qué habrían de desdeñar las aves unas mariposas tan fáciles de atrapar cuando los glucosinolatos que contienen son tan beneficiosos para la salud? Es la cuestión que nos planteamos al observar que, si todos estos piéridos se hallan protegidos de las aves e incluso de los mamíferos que se alimentan de insectos, es gracias a las sustancias tóxicas que llevan en su interior. Respuesta: todo depende de la cantidad albergada. Buen ejemplo de ello es la zigena de los seis puntos, una llamativa mariposa diurna con varias motas rojas que pertenece a la familia *Zygaenidae*. Hay además algunos arctinos (*Arctiidae*) que tienen también colores y dibujos llamativos, y que combinan la toxicidad o el sabor desagradable con la lentitud, algo muy común entre las mariposas tropicales.

Los insectos protegidos por este aposematismo se conducen con «descuido», a veces son hasta «desafiantes», como si dijeran: «Venga, pruébame, y verás qué error has cometido». Esta advertencia óptica resulta tan efectiva que muchas otras especies de mariposas que no están protegidas por las toxinas de su cuerpo se han convertido en «imitadoras» de la coloración, los trazos y el comportamiento de sus congéneres. Hablaremos de ello más adelante. Ahora vamos a seguir examinando las mariposas de la col como lepidópteros venenosos o, al menos, de sabor desagradable. Aunque no vuelen rápido, son lo bastante ágiles como para evitar las torpes persecuciones de todos esos humanos que quieren evitar que pongan huevos en los repollos, los colinabos y las capuchinas de sus huertos y jardines.

Si una pareja de papamoscas grises (*Muscicapa striata*) o de colirrojos anida en nuestro huerto, podremos observar con facilidad que estas aves que se alimentan de insectos no están interesadas en absoluto en las blancas de la col, ni siquiera cuando están bajo la presión de obtener alimento para sus crías. A veces, los estorninos capturan alguna, pero en general la dejan caer enseguida y acto seguido se limpian el pico con gesto de desagrado. La protección que proporcionan los glucosinolatos es obvia. Esto vale también para las mariposas de la col en estado larvario, porque ni los mirlos ni los estorninos ni los carboneros comunes, que siempre están buscando larvas y lombrices por el suelo, tienen el menor interés en los «gusanos de las coles», que es como se llamaba antes a estas mariposas en el sur de Alemania, cuando todavía eran bien conocidas y hasta eliminadas a mano.

Ahora bien, si carecen de enemigos naturales, las mariposas de la col tendrían que ser muy abundantes y causar enormes daños a los cultivos. En realidad, vemos mariposas blancas con mucha frecuencia. Por eso son más conocidas que las coloridas pavo real. Pero, aparte de las molestias que causan en algún huerto que otro, llama la atención que las mariposas de la col pasen tan desapercibidas. No gustan, pero tampoco se las combate (ya), salvo en regiones en donde existen grandes campos de coles. Yo conozco esos campos desde la infancia. Todos los campesinos del pueblo los tenían y se los arrendaban a personas que no eran agricultores a cambio de que ayudasen en el cultivo y la cosecha. Las coles y repollos cultivados por uno mismo formaban parte de la alimentación básica. Quienes no disponían de tierras de labranza cultivaban las coles en su pequeño huerto, si tenían esa posibilidad. En los años cincuenta y comienzos de los sesenta, esto era algo habitual en el valle del Eno.

Como en casi todas partes, aquí hace tiempo que la gente compra en el supermercado los repollos frescos o preparados en forma de chucrut. En los huertos solo se cultivan unas cuantas coles. En consecuencia, la mariposa de la col es ahora menos frecuente; en especial, la blanca, la de mayor tamaño, porque las blanquitas todavía aparecen por cualquier sitio. De todas formas, hoy en día resulta imposible hacer comparaciones con épocas anteriores. Porque hace cincuenta años, ¿quién habría pensado en contar las mariposas de la col conforme a criterios fiables, como la contabilización en transectos fijos y el registro de su presencia en las tierras cultivadas? Las mariposas de la col no reciben aún demasiada atención. La verdad es que parecen indestructibles; no se dejan impresionar por el extendido uso de los pesticidas en los campos cultivados, sobre los cuales revolotean desconcertadas, aunque de manera bastante esporádica.

Nubes de mariposas en la costa dálmata

Yo estuve contando mariposas de la col hasta la década de 1980, pero por una razón muy diferente. Había observado que solían emigrar hacia finales del verano, en cantidades más o menos grandes, al mismo tiempo que las pavo real y que mariposas migratorias como la atalanta y la vanesa de los cardos. Esto se podía ver bien en los grandes embalses del curso bajo del Eno. Desde las presas se tenía una vista panorámica de la superficie del agua, y sirviéndome de transectos bien delimitados podía contar qué especies de mariposas seguían sobre el agua y en qué cantidades en ciertos períodos. Dependiendo del alcance de la migración, necesitaba cinco o quince minutos para contabilizar los ejemplares. Además, había muchos pájaros acuáticos interesantes en la zona, así que contar las mariposas nunca fue algo aburrido. Los resultados me sorprendieron en dos aspectos. Primero, porque las mariposas de la col volaban hacia el sur, y, segundo, porque apenas encontré información sobre el tema en la literatura especializada. En el manual de Baden-Wurtemberg (editado en 1991, por lo tanto mucho más tarde), se señala que la blanca de la col (*Pieris brassicae*) «tiene un fuerte instinto migratorio», pero que, «en apariencia, solo G. Reich [...] llegó a observar una migración masiva de este a oeste en agosto de 1920, la cual tuvo lugar a lo largo de cinco días».

La tendencia a la migración de este piérido casi seguro que está relacionada con los lugares donde estaba originalmente presente. Se trata, tal como apunta el manual, de «las zonas a la orilla del mar donde aparecen coles silvestres, coles marinas y rábanos de mar» y que, por sus características, «son de naturaleza más bien efímera». En tales condiciones ecológicas, la gran blanca de la col tuvo que hacer un uso rápido y eficiente de las nuevas posibilidades vitales que se le presentaban en las zonas costeras. Y esto supone que debía de estar dispuesta a migrar. Con el cultivo de las diversas especies de coles, se creó en el interior del país un área de alimentación mucho más amplia para sus larvas que, en esencia, está sujeta a las mismas fluctuaciones que las zonas aledañas a la costa, porque no todos los años se cultivan coles en los mismos campos. Pero esto explica solo una parte de las migraciones de la blanca de la col. Los desplazamientos hacia esos nuevos biotopos se denominan «migraciones internas» en la literatura científica. Y las especies que las realizan no tienen nada que ver con los lepidópteros verdaderamente migrantes, porque estos llevan a cabo migraciones de larga distancia.

Los resultados de mis conteos apuntaban, no obstante, en otro sentido. En 1975 y 1979 pude comprobar que las grandes blancas de la col también realizan migraciones de larga distancia. En agosto de 1979, miles de las especies migratorias que solían volar hacia el sur pasando sobre los grandes embalses del curso bajo del Eno se habían marchado ya. Unos días más tarde me desplacé hasta las cataratas de Krimml, que ahora están integradas en el parque nacional de Hohe Tauern, en los Alpes austríacos. Miles de blancas de la col me pasaron por delante mientras subía a las cascadas, a 380 metros de altura. Si una nube pasaba por la montaña, cosa que ocurría a menudo, se quedaban descansando junto a las aguas. En cuanto el sol volvía a brillar sobre ellas, proseguían el vuelo. Cuando la sombra arrojada por las nubes se mantuvo durante unos minutos, creí que aún tendría tiempo para alcanzar a las mariposas, a las que envidiaba su facilidad para volar cuando la subida hacia las cataratas se hacía demasiado empinada. En ese instante pasaron volando a mi lado con ligereza, gráciles, y a mí me empezó a bajar más sudor por la frente que agua por las cascadas. Mientras tanto, en lo alto del valle, las grandes blancas salieron disparadas hacia el sur siguiendo la dirección del sol. Se alejaron como un remolino gigante de copos de nieve, apoyadas por el viento de la montaña, que ese día soplaba en dirección contraria al foehn. ¿Adónde irían las grandes blancas de la col? ¿Al sur, a las estribaciones de la costa dálmata, como en octubre de 1975? Yo había contemplado entonces el vuelo migratorio de las mariposas de la col cuando volvía del lago Scutari, en Montenegro.

Había ido allí junto con unos amigos para tomar nota de la concentración de aves acuáticas en dicho lago durante la época de su migración otoñal. Todo quedó en un primer intento, porque en aquella época todavía había una frontera infranqueable entre Yugoslavia y la Albania comunista. Atravesaba el que quizá sea el lago más hermoso de Europa. Era, por su emplazamiento en la frontera, un lugar completamente aislado, único en aquellos días. Un destino de ensueño para los amantes de la naturaleza. No me atrevo a imaginar, ni a constatar por mí mismo qué habrá sido de él en estos años. Solo espero que se haya preservado lo suficiente de este magnífico lago, que en el noroeste forma como un fiordo entre las montañas montenegrinas, alfombrado de nenúfares.

No había sido mi primera expedición al lago. A principios del verano de ese mismo año, justo cuando empezaba el período de reproducción, habíamos hecho otro viaje para contemplar a los pelícanos, que se alzaban frente a las «montañas negras» como pterosaurios primitivos en mar abierto. Pero en el viaje de octubre tuvimos tantas experiencias maravillosas con la exuberante naturaleza de los Balcanes que no pensamos en hacer una parada en la carretera de la costa dálmata, sino que volvimos directos a casa. Al llegar al norte de Šibenik nos topamos con ellas, con las mariposas blancas. Vinieron hacia nosotros como una nube esponjosa que no puede ser pasada por alto. Había millares de mariposas. Las que chocaron contra el parabrisas, pese a la baja velocidad de nuestro automóvil mientras discurría por la sinuosa carretera, nos permitieron reconocer la especie. Eran blancas de la col. Con el cuentakilómetros del coche y el reloj de pulsera era fácil dividir la ruta en transectos para un recuento inmediato. Ahora que lo pienso, no fue algo exento de riesgo, porque a la derecha teníamos un elevado macizo rocoso y, a la izquierda, la carretera descendía hacia el Adriático sin ninguna barrera de seguridad.

El resultado del conteo hizo que el desafío valiera la pena: el vuelo migratorio de la gran blanca de la col adoptaba la forma de una ballena con una cabeza gruesa y levantada y la cola extendiéndose despacio. En estadística, esta distribución recibe el nombre de «distribución de pez». Y esa era la forma que adoptaba el tránsito diario de las vanesas de los cardos a principios de junio de 2003 con su «abultado final» al llegar la noche. Pero la diferencia iba mucho más allá. Mientras que las vanesas migran siempre en solitario, sin importarles si sus congéneres vuelan con ellas o no, las blancas de la col emigran en bandadas. Por eso nos encontramos con ellas tan de repente y solo al cabo de unos minutos llegamos a discernir la masa principal, que luego se va afinando a lo largo de muchos kilómetros. Entonces comprendí por qué el vuelo sobre el curso bajo del Eno había estado siempre precedido por un fenómeno que yo había atribuido a la necesidad que tenían las mariposas de «repostar» antes de recorrer distancias más largas. Cientos de lepidópteros se posaban en los campos de tréboles (en flor) en el valle de Eno, cerca de los embalses. Se podía ver hasta una docena de mariposas de la col por metro cuadrado. Hacia mediodía alzaban el vuelo, aunque en realidad esto sucedía en general a lo largo de la jornada, a menudo en grupos grandes, y no individualmente como en las vanesas o las pavo real. En consecuencia, las mariposas de la col necesitan mucho más tiempo para cubrir largas distancias. Quizá descansan con frecuencia. Por eso creo que es muy posible que en aquel vuelo de las blancas de la col sobre la costa dálmata hubiera ejemplares que habían volado hacia el sur sobre el río Eno semanas antes.

Lluvia en el desierto

Pero ¿por qué las mariposas de la col se comportaban así? ¿Por qué no se mudaban al sur todos los años, sino solo alguno que otro? Cuando me empecé a plantear estas preguntas no tenía ni idea (todavía) de por qué en unos años vuelan al centro y norte de Europa millones de vanesas de los cardos, pero muchas veces no llega ni una durante décadas o llegan solo unos pocos y apenas perceptibles ejemplares. A principios del siglo XXI quedaron al fin claras las causas de tal variación gracias a la información continua de los satélites meteorológicos y al análisis realizado por ordenadores capaces de evaluar grandes cantidades de datos. El motivo es la abundancia o ausencia de lluvias invernales en la zona del Sahel. En función de ello, la generación o generaciones de invierno de las vanesas se desarrollará más fuerte o más débilmente y migrará (o no) en masa hacia el norte al llegar la primavera.

Lo cierto es que nadie se habría interesado en las *Vanessa cardui*, que en África no causan ningún daño a los cultivos, si no fuera por su estrecha relación con las langostas migratorias. En la zona del Sahel, estas reaccionan de la misma manera a las lluvias invernales que las vanesas y emprenden vuelos migratorios en consecuencia. En 2003 recorrieron grandes zonas del África noroccidental. Los vientos alisios las alcanzaron e impulsaron a muchas de ellas hacia el mar y las islas Canarias, donde quedaron atrapadas en un vórtice meteorológico que las llevó de vuelta al suroeste de Europa más o menos hacia las Navidades. Pero resultó que habían llegado a esta zona —Andalucía y sur de Portugal— en una época del año del todo inapropiada para ellas, justo antes del comienzo del invierno, de modo que no causaron ningún daño y su aparición antes de la Navidad no despertó demasiado interés en la prensa.

Esto nos permitió entender por qué no se habían producido más vuelos masivos de *Vanessa cardui* a Europa durante tantísimo tiempo, de hecho, durante casi toda la segunda mitad del siglo XX. Fue la época de la devastadora sequía del Sahel, que acabó con la vida de muchas personas y de buena parte del ganado. Mientras tanto, en Europa central teníamos veranos fríos y húmedos, porque los frentes de lluvia de esos años pasaban casi paralelos a los Alpes. El clima húmedo favoreció a las blancas de la col. Las blanquitas también se beneficiaron, pero, como se explicará a continuación, los cambios en su frecuencia de aparición no fueron tan pronunciados como los experimentados por las grandes blancas.

Qué factores son importantes para la reproducción de las mariposas y en qué momento

Obviamente, el clima nunca ha sido ni será el único factor importante. La temperatura y las precipitaciones impulsan, alteran o mantienen el desarrollo de las plantas, según si se hallan o no dentro de las pautas normales de la zona climática en cuestión, cuyos efectos resultan inapreciables para nosotros. En el caso de la vanesa, fue decisivo que las abundantes lluvias invernales hicieran brotar la vegetación en una amplia región que había sido pastoreada en exceso durante décadas y devorada por una persistente sequía. Quizá, la intensa lucha contra la langosta había contribuido de manera decisiva a exacerbar el problema, porque se habían rociado desde el aire grandes cantidades de DDT. Sin embargo, en el caso de nuestras blancas de la col, la causa de su propagación masiva está lejos de estar clara. Y el clima no puede ser responsable de la ausencia de ejemplares en tiempos posteriores (por muy cómodo que nos resulte atribuírselo a él).

El húmedo verano de 1975 puede haber sido beneficioso, pero no el motivo decisivo. Durante los quince años anteriores, y hasta principios de la década de 1980, yo había observado a menudo grandes acumulaciones de mariposas de la col y seguía sus vuelos sobre los embalses. Más bien sin un objetivo específico, pero sí asombrado por lo que veía. En los años sesenta estudié incluso las mariposas de la col con la curiosidad propia de la juventud, ya que sus larvas devoraban los repollos y colinabos de nuestro huerto. El daño causado era obvio, pero no decisivo para el desarrollo de los brotes. Cuando las verdes orugas de puntos amarillos estuvieron listas para pupar, una buena cantidad de ellas se arrastró por la pared de nuestra casa, como ya hemos descrito al principio del libro. Muchas, sin embargo, se cayeron de forma incomprensible por el camino, lo que significa que no llegaron donde otras ya lo habían hecho, es decir, a la parte inferior de las contraventanas. Ahí se produjo el proceso de pupación. Las que se quedaron en el camino no puparon. En lugar de eso, sucedió algo muy notable. Se quedaron colgadas en el sitio y ya no se movieron. Unos días más tarde aparecieron cubiertas de unos pequeños capullos amarillentos que parecían tener pegados al cuerpo. Las larvas que puparon en su interior procedían de un bracónido parásito (*Cotesia glomerata,* antes *Apanteles glomeratus*), como ya se ha mencionado en las páginas 59-60. Las pequeñas larvas de esta minúscula avispa de tonos negruzcos se habían desarrollado dentro de la oruga y se la habían ido comiendo a medida que crecía. Cuando ya no pudo moverse más, los parásitos se comieron también los músculos. En el momento en que estuvieron preparados para la pupación, se abrieron paso a través de la piel de la oruga y crearon un capullo alargado con forma de huevo.

Dependiendo de la temperatura a la que están expuestos en el capullo durante el período de transformación, los bracónidos eclosionan al cabo de más o menos tiempo y, acto seguido, salen en busca de las orugas jóvenes de la nueva generación de blancas de la col que está desarrollándose. Porque dos o tres larvas de estas pueden continuar la generación de la primavera. A estos insectos se los conocía (entonces) como «huevos de oruga»; se los podía encontrar en cualquier lugar, tanto en los huertos y jardines como en las paredes de los edificios, e incluso en sitios algo más alejados de las larvas que se habían comido. En la década de 1960, yo mismo crié orugas de esta especie de mariposas para averiguar el alcance de la parasitación, aunque sin mucho entusiasmo. Y digo que me faltaba afán porque no quería matar a las mariposas que sí habían podido desarrollarse y que tan hermosas resultan con sus alas traseras amarillo crema. Pero criar mariposas de la col no era algo bien visto, sobre todo por mis vecinos agricultores, que tenían muy poca simpatía por una afición tan estrafalaria como esa. Las mariposas de la col eran bichos inmundos, ¡y punto!

Ya no recuerdo cómo salí de aquel brete. Lo que sí tengo claro son los resultados: el nivel de parasitación era alto, muy alto. Excepto en los años en que en verano se producían grandes acumulaciones de estas mariposas en los campos de tréboles del valle del Eno, desde donde iniciaban el vuelo sobre las aguas. Debían de haber conseguido escaparse de los parásitos, y lo hicieron tan bien que las pérdidas causadas por estos en la primera generación fueron muy escasas. La segunda generación, entonces, fue capaz de propagarse masivamente. A diferencia de las vanesas, que se ven afectadas por el clima y la cantidad de lluvia, en las grandes blancas de la col fue la pérdida de descendencia causada por la parasitación lo que tuvo un efecto fundamental sobre su supervivencia. En otras palabras, si en las primeras actuaba un factor del entorno no vivo, un factor abiótico, en las mariposas de la col incidía un factor biótico. Este hallazgo no facilitó la interpretación. Al contrario. Por regla general, los factores abióticos son más fáciles de entender y (para los análisis informáticos) de modelar que los bióticos. Ello es así porque todo lo que no está vivo tiene un efecto directo, al margen de si la especie afectada es común o rara. En ecología se llaman factores «densoindependientes». Sin embargo, los efectos de los seres vivos sobre sus congéneres están determinados (justamente) por la frecuencia con que se relacionan entre sí. Por lo tanto, se trata de factores «densodependientes».

Es una distinción de suma importancia, porque los factores dependientes de la densidad son factores reguladores. Mitigan las fluctuaciones más o menos fuertes de la población que de otro modo serían inevitables. Porque el aumento de una especie va seguido del correspondiente aumento, más o menos rápido, de la otra. Por otra parte, si las vanesas de los cardos o las langostas migratorias son más frecuentes porque ha llovido de manera abundante en un invierno determinado, el clima no se va a volver más seco en el siguiente para «compensar». Podría decirse que al tiempo meteorológico le traen sin cuidado sus consecuencias.

Modelos para la realidad

Percibir tales diferencias por uno mismo es una de las experiencias más importantes para los ecologistas. Por muy convincentes que sean los modelos, hay que probarlos en la realidad. No en vano se dice que toda teoría se mueve en la incertidumbre. No hay que confiar demasiado en los conceptos teóricos ni en los modelos establecidos como «leyes». La naturaleza, y en especial los seres vivos, rara vez sigue tales pautas. A menudo resultan ser poco más que una ilusión. Fracasan por la complejidad de la naturaleza, que se ha simplificado demasiado para la creación de los modelos.

Durante mis estudios tuve que aprender muchas cosas sobre las leyes, reglas y conceptos de la ecología. Algunas eran difíciles de entender porque estaban expresadas de una manera demasiado académica en los libros de texto. Una frase de un importante manual de ecología se me quedó grabada en la memoria. Yo mismo la cité muchas veces: «La realización situacionalmente variable de la potencia de la vagilidad da lugar a la movilidad».

Este era el estilo de un libro que tenía que ser digerido a conciencia para poder aplicarlo en la práctica. Lo que quería decir esa frase es que los animales analizados vagaban más o menos según la situación en que se encontraran. Los manuales americanos ofrecían mejores alternativas a esta redacción tan ardua, pero tampoco eran necesariamente más frescos: los modelos, sobre todo los matemáticos, eran tan importantes en ellos como el estilo demasiado científico en los libros de texto alemanes.

En la segunda mitad de los sesenta, cuando inicié mis estudios en la Universidad de Múnich, todavía había una gran libertad. Apenas había restricciones. En mayo de 1968, poco después del comienzo del semestre de verano, me enfrenté a una reproducción masiva de mariposas, en concreto de arañuelos, que ha sido noticia hasta el día de hoy. Su examen más detallado mostrará cuán ingenuo es suponer que los resultados de investigaciones claras y repetidamente confirmadas pueden provocar cambios en la percepción pública de los fenómenos naturales, y mucho menos influir de forma significativa en las medidas que se adoptan. En el control de plagas, todavía se imponen antiguos prejuicios.

La necesidad de la lentitud

De momento, vamos a retomar lo que ya hemos tratado y profundizar en ello. Una diferencia muy grande entre las vanesas y las mariposas de la col es que las segundas están bastante bien protegidas (de los pájaros) por sustancias venenosas y de sabor desagradable, mientras que las primeras no lo están. De aquí deduciríamos que la vanesa de los cardos debe de ser capaz de volar muy rápido, porque de lo contrario sería víctima de los pájaros con harta frecuencia. Pero para ello es preciso que la velocidad de vuelo sea lo bastante alta, en cuyo caso las aves capaces de volar se quedarán muy a menudo sin presa y, de esta manera, el gasto de energía relacionado con la captura será demasiado alto en comparación con el beneficio que resulta de una captura que solo en ocasiones tiene éxito. Porque la «naturaleza», como suele decirse, se comporta conforme a parámetros económicos. Los únicos que pueden permitirse el lujo de correr tras un lepidóptero rápido son los coleccionistas de mariposas, que no tienen que vivir de sus presas. En el capítulo relativo a «La belleza de las mariposas» me ocuparé de algunos escritores y banqueros que también son (o eran) parte de este grupo. La comparación con la economía puede parecer absurda, pero en realidad es muy pertinente, porque el cálculo de costo-beneficio representa algo así como el Santo Grial en esta parte tan importante de la ecología que atañe a la nutrición y la adquisición de alimentos. Vamos a tomar, entonces, este concepto como punto de partida para las consideraciones finales sobre las mariposas de la col.

El vuelo de esta especie de lepidópteros es lento, mucho más lento que el de las vanesas de los cardos. Por consiguiente, necesitan mucho más tiempo para los largos vuelos migratorios. Esto hace que estén más expuestos a los rigores del clima, sean cuales sean. En resumen, las pérdidas durante la migración ayudarán sin duda a determinar si el comportamiento migratorio se mantiene o restringe en condiciones particularmente favorables. Lo mismo se aplica a las aves y a su desplazamiento migratorio. Esto nos lleva otra vez a la velocidad del vuelo, pero nos planteamos la cuestión de una forma un tanto diferente: ¿por qué las grandes blancas de la col no vuelan tan rápido como las *Vanessa cardui*, a las que se parecen tanto en tamaño y forma corporal que hasta los mismos entomólogos serían incapaces de distinguir las mariposas de ambas especies cuando están desprovistas de sus escamas corporales? Las blancas de la col no deben de tener menos músculos para volar y menos grasa como combustible para el cuerpo que las vanesas de los cardos. No es una cuestión que pueda considerarse fuera de lugar; pero si la examinamos con detenimiento, veremos que en ella confluyen dos factores.

En primer lugar, la comparación de la capacidad de vuelo de unas mariposas igualmente grandes: la *Vanessa cardui* vuela rápido y lejos. En segundo lugar, la cuestión del destino (¡recompensado!). La vanesa lo consigue porque migra cuando su población no es tan grande y sus vuelos solo llegan hasta el Mediterráneo. Entonces convierte la migración en una especie de breve ciclo anual, con el cual evita el clima desértico y su insoportable calor. Alrededor del Mediterráneo también hace calor, pero es mucho más suave que el del sur del Sáhara. Y las tormentas de verano son bastante frecuentes en todo el ámbito mediterráneo. La migración a través de los Alpes es la extensión lógica del ciclo breve al gran ciclo anual cuando se ha producido una reproducción masiva al sur del Sáhara. Esto deja claro el destino de la vanesa, pero también el de la atalanta, que migra desde el Mediterráneo hasta el norte de los Alpes, o de ese pequeño lepidóptero llamado «esfinge colibrí» (*Macroglossum stellatarum*), a menudo de vuelo diurno, que a veces se confunde con el colibrí mismo. Y también el de unas cuantas especies migratorias bastante menos conocidas, como la pequeña *Nomophila noctuella* o su hermosa hermana tropical, la grande y colorida esfinge de la adelfa (*Daphnis nerii*). Podrían mencionarse muchos otros insectos que realizan migraciones similares desde el Mediterráneo o el África septentrional hasta el centro de la Europa septentrional en cantidades anuales harto variables. Hay moscas que también hacen esta migración. En los veranos tórridos, el aire está lleno de ellas. Lo que tienen en común todos estos migrantes es que todos sin excepción tienen un destino (desde nuestro punto de vista razonable, es decir, comprensible). La vegetación del norte de los Alpes, que se nutre de las abundantes lluvias de verano, ofrece mejores condiciones para la reproducción que el calor y la sequedad del verano del Mediterráneo. Al clima de esta zona se le denomina «clima mediterráneo» por muy buenas razones. Lo que tienen en común todos estos insectos es que en los vuelos migratorios sufren unas pérdidas elevadas, y que estas muchas veces solo se ven «compensadas» si las corrientes de aire contribuyen a un aumento correspondiente de la velocidad del vuelo y acortan por tanto el tiempo del recorrido. Por eso hay veranos buenos y veranos malos para las especies que vienen del sur.

Sin embargo, con la blanca de la col, nos resulta difícil fijar un destino. ¿A dónde debería migrar? ¿Dónde habría algo que ganar en el inevitable equilibrio entre gastos e ingresos? La indicación mencionada anteriormente del manual de mariposas de Baden-Wurtemberg parece incluso contradecir mis propias observaciones. ¡Dice que el vuelo masivo de agosto se dirigió de este a oeste, no al sur! Pero puede que sea ahí, en esa aparente contradicción, donde justo se encuentre la solución. Si las mariposas de la col que volaron hacia el oeste durante cinco días en agosto de 1920 habían seguido migrando de manera similar a las que cruzaron el Eno en el sureste de Baviera en agosto de los años anteriores, tendrían que haber llegado a la costa del Atlántico en el plazo aproximado de una semana lo cual es muy apropiado para ellas. Y las que volaron al sur desde el sureste de Baviera habrían llegado a las playas del Mediterráneo o tal vez incluso a la costa del norte de África. Ambos serían destinos «razonables» para una especie de mariposas cuyo origen es posible que esté en las zonas cercanas al mar donde crecen especies silvestres de la col y el rábano. Pero la migración, que a pesar de la buena protección que ofrece frente a la captura de las aves es muy costosa, solo se habría compensado si las mariposas de la col que permanecieron en este país estuvieran peor. Sus pupas sobreviven al invierno templado de la Europa central, cosa que no pueden hacer las vanesas como imagos, pupas o larvas, y que otras mariposas migratorias, como por ejemplo la atalanta, solo pueden lograr en su forma adulta y, aun así, en casos muy excepcionales. Cabe pensar que, después de una reproducción exitosa como la que se produjo antes de la migración masiva, la presión de los parásitos debió de aumentar tanto que los ejemplares que se habían quedado en el lugar no habrían tenido muchas posibilidades de sobrevivir.

Examinaremos esto con más detalle cuando hablemos de los arañuelos de los cerezos. De momento, conviene volver a la cita del manual de mariposas de Baden-Wurtemberg sobre la aparición de la blanca de la col en las áreas costeras: «Las zonas a la orilla del mar donde aparecen coles silvestres, coles marinas y rábanos de mar son de naturaleza más bien efímera. La especie que quiera vivir aquí debe ser necesariamente un *estratega de la r* (*reproducción*),* es decir, ha de tener una sucesión de generaciones lo más ágil posible con un elevado número de crías para conquistar enseguida el nuevo hábitat, pero también para compensar rápidamente las grandes pérdidas debidas al agua del mar y demás elementos nuevos». Las propagaciones masivas conllevan migraciones. Los hábitats que existen durante cortos períodos de tiempo solo pueden ser poblados por especies que sean móviles. Este es el mensaje de la cita anterior. Al ser un «estratega de la r», la especie trata de mantener tantas crías como sea posible en cada una de sus reproducciones, así que crece muy rápidamente y en ciertas circunstancias utiliza en exceso su base nutricia. Esto provoca fuertes fluctuaciones en la población. En cambio, los estrategas de la K (=densidad de saturación) orientan su reproducción hacia el mantenimiento en las condiciones de vida existentes, de manera que viven más tiempo en el lugar y experimentan menos oscilaciones poblacionales.

Por lo tanto, es muy probable que las migraciones de las blancas de la col no hayan sido migraciones regulares como las de las «verdaderas migrantes», sino más bien «dismigraciones» o movimientos desde un centro de reproducción con grandes excedentes. Esto puede provocar nuevas colonizaciones. Por lo general, esta especie se dirige hacia las zonas costeras, allí donde se encuentran los hábitats adecuados para ella. De manera que con esto habríamos contestado a una de las cuestiones que planteábamos antes. De las conclusiones a las que hemos llegado daremos cuenta más adelante. La segunda cuestión ha de examinarse por separado porque afecta a muchas especies de mariposas y de otros insectos. Nos referimos a la conexión entre toxicidad y vuelo lento.

Veneno en el cuerpo

Vamos a darle la vuelta a la pregunta y a plantearla de una manera diferente: ¿por qué ciertas mariposas y algunos otros insectos pueden almacenar toxinas en el cuerpo para evitar ser devorados sin envenenarse ellos mismos? Como parece obvio, aquí reside el problema de la movilidad. Si el

* El subrayado es nuestro.

veneno de la larva se pudiera transmitir fácilmente al imago a través de la pupa, entonces habría muchas más especies, si no todas, que serían venenosas y dispondrían de esta salvaguarda. Dado que no es así y que los humanos también estamos obligados a prestar atención a lo que comemos, las especies venenosas han de tener algo que les permita vivir con el veneno en su interior.

Existen dos formas diferentes de manejar las toxinas presentes en los alimentos, ambas utilizadas por las mariposas. Durante la digestión, el veneno se altera químicamente por medio de unas enzimas especiales, de manera que, al quedar alterado, pierde su efecto tóxico, pero puede recuperarlo en poco tiempo. O bien se transporta a un depósito, en el cual se almacena antes de que dañe a la larva. La mayoría de los insectos que viven de plantas venenosas —y no olvidemos que casi todas las plantas son de alguna manera ponzoñosas— se deshacen del veneno por transformación enzimática y por descomposición química. Esto no solo lo hace ineficaz, sino que permite excretarlo. Los animales, entonces, se han deshecho del problema, pero no están mejor porque si han perdido todo el veneno de su cuerpo, no queda ningún efecto protector.

Aquí estaría bien entrar en los detalles químicos, porque la formación de los colorantes también está muy relacionada con ello, y muchas mariposas y orugas destacan de hecho por sus colores. Pero eso iría más allá del alcance de este libro. Tan solo diremos que la mayoría de las toxinas son compuestos de estructura química compleja, y que los efectos tóxicos suelen estar relacionados con los compuestos del azufre y el cianuro. En el caso de las mariposas de la col, son los glucosinolatos, ya mencionados antes, y en las zigenas de los seis puntos, otras sustancias que liberan un ácido tan tóxico como el cianhídrico. Pero hay que tener en cuenta que, conforme a los principios de la (bio)química, el efecto de las sustancias químicas y la velocidad misma de las reacciones dependen de la temperatura. Los humanos también somos bastante sensibles al veneno porque nuestro metabolismo corporal funciona intensamente a (poco menos de) 37 °C. Las aves, sobre todo las pequeñas aves cantoras, nos superan de largo. Su temperatura interna alcanza los 42 °C, lo que indica que viven justo por debajo del umbral de la muerte. Durante un breve período, sobre todo durante el vuelo rápido y cuando se encuentran sometidos a altas temperaturas, los insectos también pueden alcanzar una temperatura operativa de entre 40 y 42 °C. Su metabolismo entonces funciona a toda velocidad. Pero a medida que el efecto venenoso aumenta con el incremento de la temperatura, las mariposas cuyos cuerpos albergan sustancias tóxicas deben limitar todos aquellos movimientos que produzcan demasiado calor. Su lentitud las protege del autoenvenenamiento y evita que vuelen más rápido y por más tiempo. Como todos los insectos venenosos se comportan así, esta interpretación tiene mucho que aportar. Se aplica hasta a las serpientes venenosas, que son lentas, relativamente lentas, y, en el mejor de los casos, solo muestran su rapidez en el instante en que las atacan. Los sapos venenosos también se desplazan con mayor lentitud que las ranas no tóxicas. El veneno ralentiza, esa es la conclusión general.

De aquí se deduce que todas las demás actividades relacionadas con el aumento de energía se encuentran atenuadas o suprimidas en la especie venenosa. La (gran) ventaja, la protección contra los depredadores, trae consigo restricciones en otros ámbitos. Por lo tanto, acumular veneno en el cuerpo no es de ninguna manera la mejor opción, además de que implica enormes costos (de energía) cuando se quiere ser más rápido que los perseguidores, y esa energía faltará luego en otras actividades, por ejemplo, en la producción de huevos. En cualquier caso, los parásitos consiguen eludir el veneno no comiendo los tejidos en donde la larva almacena sus toxinas. Por lo tanto, la notoriedad conseguida con colores de advertencia (esto es, el aposematismo) y la alimentación en plantas expuestas pueden convertirse en una desventaja para los parásitos cuando no son capaces de reconocer las señales y los patrones de color. En la interacción entre el depredador y su presa, nadie tiene al final la ventaja decisiva. En teoría, tampoco debiera ocurrir, porque el parásito demasiado eficiente exterminaría a su presa y, por lo tanto, su medio de vida; o la especie de presa que se ha vuelto hostil (bajo presión) consumiría su alimento con demasiada rapidez y, en consecuencia, se destruiría a sí misma. No sabemos si la naturaleza seguirá estas pautas. Al fin y al cabo, la extinción se produce en cualquier parte, pero muchas veces no la percibimos. El hecho de que la lucha contra las plagas (agro)químicas se centre en la extinción total de las especies controladas debería, sin embargo, hacernos pensar en estos supuestos. La velocidad con que se está logrando lo contrario, es decir, la resistencia al veneno y la nueva propagación masiva de las especies controladas, ha generado una carrera absurda entre las plagas, que cada vez son mejores y mucho más rápidas, y los agentes químicos, cuya fórmula de destrucción es constantemente puesta al día. Este problema se agrava con la extrema estandarización genética de los cultivos. Sabemos desde hace tiempo que la propagación masiva de los parásitos y el desarrollo de su resistencia pueden controlarse mejor mediante la diversidad genética de los cultivos afectados. Si la situación no fuera tan grave, podríamos relajarnos y quedarnos cruzados de brazos; pero no es así.

El problema de las blancas de la col, que a veces se extendieron tanto que provocaron daños de gravedad en los huertos y jardines, se resolvió en gran medida, pero de una manera más natural. Lo que se hizo es reducir la siembra de coles y repollos, de manera que la gran mariposa se vio privada de la antigua oferta de superalimentos. Como los campos de tréboles desaparecieron también en muchas partes porque la fertilización natural de esta planta fue reemplazada por el estiércol líquido, que se producía en exceso, las mariposas blancas de la col se vieron privadas de sus «grandes gasolineras» para los vuelos migratorios más largos que realizaban en el verano. No solo las blancas de la col resultaron afectadas por la pérdida de las praderas de tréboles, sino también otras mariposas de los campos como la mariposa de la alfalfa (*Colias crocea*) y algunos otros ejemplares típicos de los prados y campos de trébol. La reducción de la base alimentaria es lo que en general tiene más impacto en la frecuencia y desarrollo de las especies que viven de ella. Por ejemplo, la frecuencia de aparición de las moscas ha disminuido de manera considerable en los establos donde se han instalado sistemas de retirada de purines. Esto se debe a que las larvas de mosca, que antes se desarrollaban bien en los montones de estiércol, no pueden vivir en el abono líquido. La utilización de abono orgánico en los huertos y jardines hizo que se incrementaran algunas especies de mosca, pero no en la misma medida que en las pilas de estiércol de las instalaciones ganaderas. Si se acabara con buena parte de las plantas de ortiga, las mariposas del género *Aglais* serían muy escasas. Aunque estos son solo algunos ejemplos de cómo las plantas nutricias disponibles y los cambios en sus existencias determinan la frecuencia y aparición de las diversas especies de lepidópteros, conviene tener presente que no se pueden utilizar como excusa para regular la vegetación silvestre. Y si no se puede hacer es, básicamente, porque los cultivos tienen que ser conservados y seguir siendo productivos. Por lo tanto, es mucho más probable que el factor más eficaz en este sentido sea el control de los insectos que causan daños. Ellos son los enemigos naturales, en especial los parásitos. El arañuelo de los cerezos de racimo es un buen ejemplo de cómo actúan estas especies. Cuando infestan los árboles, podemos observar lo que sucede después, porque no se causan daños duraderos. Y aprender mucho de ello.

La vida secreta de los arañuelos

Los árboles defoliados y cubiertos de telarañas en las vegas de los ríos y los bosques ribereños tienen una desconcertante hermosura. En nuestro interior salta la alarma porque los árboles que han perdido hasta la última hoja parecen perdidos sin remedio. Y como las telarañas se extienden también sobre las plantas del suelo, todo el bosque ribereño se encuentra amenazado. Aquello que parece en cierto modo atractivo, o por lo menos grotesco, bajo el cielo azul de mayo pierde su morboso encanto cuando caen lluvias copiosas durante un largo período de tiempo, algo bastante habitual en esta época del año. Cuando hace buen tiempo las telarañas plateadas se tiñen de un sucio color amarronado porque se están deshaciendo las deposiciones de las larvas. Los esqueletos de los árboles nos desconciertan aún más. Es algo comprensible, pero innecesario. Unas semanas más tarde, normalmente a finales de mayo o comienzos de junio, los árboles lucen de nuevo un verde frescor. En el verano, tan solo los restos de las telarañas todavía presentes en los troncos revelan la fuerte defoliación sufrida en mayo. Las nuevas hojas tienen mejor aspecto aún que las de la primavera. A la mayoría de ellas no les falta de nada. Se doran en otoño como siempre y se caen de las ramas cuando están secas. Después de haber sufrido una defoliación completa, los esqueléticos árboles están en condiciones casi ideales, como si nada hubiera pasado. ¿Cómo puede ser?, y ¿por qué se observa este fenómeno solo algunas primaveras y no todos los años? Estas sencillas preguntas no pueden ser respondidas con facilidad, y desde luego no pueden contestarse con estudios realizados durante unos pocos años. Me he ocupado de los arañuelos desde mayo de 1968, es decir, desde hace medio siglo, y todavía tengo cuestiones importantes sin resolver. Lo que he aprendido sobre ellos en estos cincuenta veranos puede resumirse en dos afirmaciones básicas. En primer lugar, los estudios realizados a lo largo de varios años no bastan para comprender la dinámica de la población de las mariposas; a menudo ni siquiera un decenio es suficiente. Y en segundo lugar, las interacciones entre insectos y plantas son mucho más intensas y complejas de lo que imaginamos, sobre todo en el control de plagas.

El cerezo de racimo en los bosques de ribera

En este capítulo voy a intentar explicar los hallazgos más importantes. Aquí vamos a exponer los datos básicos de manera que puedan ser entendidos por cualquier lector no especializado en la materia. Comencemos por lo que hemos descrito antes. Hemos visto árboles cargados de telarañas y más o menos defoliados, y todos son cerezos de racimo (*Prunus padus*). Este es un dato importante porque es la única especie afectada en el bosque de ribera. Los cerezos de racimo son una especie de árbol típica de las tierras bajas húmedas. Crecen en los valles de los ríos y en los bosques ribereños. Los años en que no tienen una infestación severa de arañuelos podemos percibir su aroma cuando florecen a finales de abril o principios de mayo. Sus racimos de flores de color blanco, formados por muchas inflorescencias «tipo rosa», destacan entonces inequívocamente sobre el verde follaje. Los años en que florecen a borbotones parecen cubiertos de espuma.

Su olor llega muy lejos. Y es marca de la especie. Por desgracia, no podemos describir sus particularidades porque no disponemos de los términos debidos para abarcar su fragancia. Quien aprecia el vino lo sabe. El buqué que marca la etiqueta o la promoción publicitaria es más una creación imaginaria que algo que en verdad pueda captarse por la nariz. Lo cual no pretende ser una crítica, sino que es una simple descripción de las carencias que tenemos en cuanto a la diferenciación y caracterización de los olores. La excepción serían los olores nauseabundos, que pueden ser agradables para el olfato de un perro, y de hecho los traslada a su pelaje rodando sobre la fuente del hedor. Esta digresión tiene aquí su razón de ser, ya que nos permite entender lo que sucede cuando llevamos a casa unas cuantas flores de cerezo. Los tallos de las inflorescencias se mantienen bien en jarrones con suficiente agua; pero unas horas después, o ya por la noche, el delicioso aroma del bosque se convierte en un olor desagradable, a veces incluso en un hedor que puede levantar dolor de cabeza.

Transcurrido algún tiempo, nuestra percepción de la atmósfera del bosque de ribera cambia por completo en una habitación cerrada. Sin embargo, sigue habiendo un olor especial. A la pregunta «¿De dónde viene?» podría responderse diciendo que «de las flores». Sin embargo, por muy correcta que sea, esta respuesta nos dice bastante poco, porque las flores no crean olores así como así. Solo pueden segregar las materias naturales que el árbol o la planta en cuestión produce. Con esta observación llegamos al núcleo del asunto. El cerezo de racimo es una especie de cerezo estrechamente relacionada con el cerezo dulce o silvestre (*Prunus avium*). Como el endrino y otros árboles de la misma familia, pertenece al género *Prunus* (=cereza). De hecho, los cerezos de racimo producen auténticas cerezas, pero son más pequeñas que las del cerezo silvestre, y cuando maduran se ven de color negro brillante. Aunque son comestibles, albergan una sustancia amarga astringente y no tienen mucha carne alrededor de la semilla. Por eso no son particularmente apreciadas como frutos silvestres. A menudo se dice que son venenosas. Los frutos del endrino, también cerezas, generan sustancias mucho más amargas y son más venenosos, por lo que no podemos tomarlos sin procesar como las cerezas silvestres y las guindas.

Las toxinas del cerezo de racimo

Una vez más, esta perspectiva adicional sobre la materia nos va a ser de suma utilidad. Porque lo que hemos expuesto acerca de los frutos de los cerezos de racimo es vital para los arañuelos. El aroma floral de los cerezos es generado por unas sustancias que confieren a las hojas y las ramas más finas una fragancia especial. Si se frotan unas cuantas hojas entre los dedos, salen al exterior. Para la mayoría de la gente es un olor desagradable y hasta repulsivo. A nadie se le ocurriría hacerse un té con estas hojas, cosa que tampoco sería aconsejable debido a su toxicidad. Las hojas del cerezo aliso contienen amigdalina e isoamigdalina. Son glucósidos de ácido cianhídrico altamente tóxicos. El efecto venenoso se produce cuando se libera el ácido cianhídrico.

Ya hemos hablado de este compuesto químico en el apartado relativo al «Veneno en el cuerpo». Los glucósidos de ácido cianhídrico se encuentran en las almendras amargas y en otras semillas de frutas con hueso, así como en las pepitas de las manzanas. Cuando llega al estómago y los intestinos, el ácido cianhídrico sale de la semilla. Y esto nos lleva de nuevo a los arañuelos, cuyas larvas viven exclusivamente (!) de las hojas de estos cerezos. Por eso reciben el nombre de arañuelos del cerezo de racimo. Lamentablemente, su nombre científico, *Yponomeuta evonymella*, resulta erróneo y bastante confuso. Erróneo porque el nombre de la especie, *evonymella,* alude a los boneteros (*Euonymus*), en los cuales no viven nunca tales arañuelos. El que vive en ellos es un arañuelo distinto que lleva el nombre de *Yponomeuta cagnagella*. Luego examinaremos las peculiaridades de las diversas clases de arañuelos en relación con sus telarañas.

Debemos tener presente que el arañuelo del cerezo de racimo existe única y exclusivamente en el cerezo de racimo. No hay ninguna otra especie de árbol o arbusto que lo tenga. La confusión que provoca su denominación científica es fruto de un razonamiento que sigue funcionando hoy día. Los arañuelos son unas polillas blancoplateadas con un cuerpo estrecho y alargado. En las alas delanteras tienen varias hileras de puntitos negros. El arañuelo del cerezo de racimo tiene cinco; los que viven en los boneteros y los arbustos de espino, tres. Las especies que se encuentran en nuestro país apenas pueden distinguirse entre sí, a menos que se hayan memorizado bien las diferencias —como, por ejemplo, las finas hileras de puntos, la coloración del borde de las alas y la presencia de una manchita oscura—, y que se haya utilizado una lupa para examinarlas más de cerca. Como grupo son un ejemplo de la gradación de un género que comprende un amplio abanico de especies ecológicamente bien integradas y diferenciadas en términos taxonómicos. La naturaleza de nuestro país contiene ejemplos extraordinarios de especies que destacan por su evolución y ecología. Por eso sostengo que nuestros manuales no deberían incluir las descripciones estándar que la literatura angloamericana suele ofrecer sobre regiones lejanas.

Los cerezos de racimo tienen unas sustancias especiales que muy pocos insectos pueden absorber. Si examinamos el árbol con detalle, veremos que normalmente no tiene más que unas cuantas especies de insectos. Entre ellas se encuentran las larvas de *Abraxas sylvata*. Sin embargo, estas viven más de los olmos, como bien indica el nombre alemán (*Ulmen-Harlekin*), que de los cerezos de racimo; comparada con los arañuelos del cerezo, esta polilla de manchas marrones y alas sedosas sigue siendo muy rara. Lo que encontramos muy a menudo son pulgones e infestaciones de ácaros eriófidos. De hecho, *Eriophyes padi* está especializado en el cerezo de racimo. Y estos son todos los insectos que aparecen en estos árboles. Ninguna otra especie arbórea tiene tan pocos insectos como este cerezo. En los robles hay centenares de especies insectívoras, aun cuando tiene un elevado contenido de tanino que debería mantener alejados a los atacantes. Más que alejarlos, los mantiene bajo control, de ahí que el roble rara vez sufra defoliación. Pero cuando la sufre, puede resultar gravemente dañado. Las propagaciones masivas del piral del roble y la encina (*Tortrix viridana*) o de la procesionaria del roble (*Thaumetopoea processionea*), muy temida por sus larvas de pelos urticantes, pueden llegar a causar daños verdaderamente graves. En la actualidad —principios del verano de 2018—, existe una nueva infestación de tales insectos en los robledales de diversas regiones de Europa central. El norte de Baviera se encuentra particularmente afectado. El viento arrastra por todas partes pelos urticantes de las larvas. Muchas personas sufren irritaciones en la piel y enfermedades respiratorias. La propagación masiva de estos insectos defoliadores se habría producido, supuestamente, por las elevadas temperaturas registradas en 2015 y en los años siguientes. Pero todavía no se conocen las verdaderas causas, sobre las cuales se ha investigado bastante poco.

El reducido número de especies insectívoras que viven de los cerezos de racimo se suele atribuir al hecho de que este árbol no migró a la Europa central y noroccidental hasta el final de la última Edad del Hielo. Al igual que muchas otras especies vegetales, había sobrevivido a la glaciación en los refugios del sureste europeo y de Oriente Próximo. Esta explicación podría ser plausible para las islas británicas, donde no se implantó hasta mucho después, pero no resulta nada convincente para el caso de Europa central. A fin de cuentas, ¿por qué no podría haberse llevado consigo el mismo abanico de insectos en su expansión posglacial? El cerezo de racimo no había sido introducido artificialmente en la Europa central y noroccidental como el castaño de Indias, cuya «polilla» minadora (*Cameraria ohridella*) ha sido noticia en las dos últimas décadas porque parecía poner en peligro la cultura cervecera bávara. Es mucho más probable que la escasa presencia de insectos en el cerezo sea obra de un ingrediente especial, la sustancia tóxica que el árbol contiene y que produce su peculiar y (para nosotros) repulsivo olor.

Pocos insectos son capaces de arreglárselas con este veneno tan especial. Para comprobarlo solo tenemos que examinar las aves que se alimentan de larvas. Incluso el cuco, que se come hasta las larvas más espinosas y asimila los pelos urticantes formando un escupitajo, se ocupa bien poco de las larvas de esta especie de arañuelos. La oropéndola europea, que está acostumbrada a los insectos tropicales llenos de toxinas, tampoco se acerca a las larvas de los arañuelos del cerezo. Los informes en sentido contrario pueden estar basados en observaciones relativas a otras larvas de arañuelos que son muy similares a las de los cerezos de racimo, pero mucho menos tóxicas o inocuas de por sí.

Las larvas de los arañuelos del cerezo asimilan el veneno contenido en las hojas, y por lo visto las devoran hasta provocar una defoliación completa. Ahora vamos a examinar con más detalle su ciclo vital. Será muy revelador.

Vida de las larvas de los arañuelos

Al mismo tiempo que brotan los cerezos, las larvas de arañuelo rompen la membrana de sus huevos, donde han estado perfectamente protegidas durante el otoño y el invierno. Sus mandíbulas son todavía débiles. Solo pueden romper y triturar las hojas más jóvenes y tiernas. Lo que hacen es devorar las yemas que van despuntando, en las cuales están bien resguardadas de las inclemencias meteorológicas. A menos que el invierno haya empezado tarde y acompañado de heladas. Entonces mueren muchas de estas jóvenes larvas recién nacidas, no todas porque siempre hay larvas que no salen al inicio de la primavera, sino varias semanas después, hacia finales de abril o principios de mayo. Normalmente, se libran de las heladas tardías, pero no todos los años, porque el fenómeno meteorológico de los «santos del hielo» provoca una fuerte disminución de la temperatura nocturna en la primera quincena de mayo. La distinción entre larvas «tempranas» y larvas «tardías» es de suma importancia, ya que estas últimas son la reserva, por así decirlo, en caso de que mueran las más antiguas. Pero no tienen ninguna posibilidad de sobrevivir y pasar la pupación si el clima fue favorable para las primeras larvas. Estas se han desarrollado antes y, por tanto, pueden comerse ellas solas todas las hojas. A las que nacen más tarde ya no les queda nada que devorar. Se convierten entonces en lo que se conocen como «orugas del hambre». Hablaremos de ellas más adelante. Lo que queremos destacar aquí es que unas y otras son indispensables para la especie porque las condiciones climáticas varían mucho de una primavera a otra. Las ventajas asociadas al buen clima de abril se transforman rápidamente en una desventaja mortal cuando el mes de mayo se presenta desapacible.

Después de la primera muda, las larvas devoran la parte exterior de las hojas, que se han hecho más grandes y exuberantes. Entonces comienzan a hacerse una especie de telaraña en forma de carpa. Ahí es donde se retiran cuando hace mal tiempo o cuando baja la temperatura en las noches frescas del mes de mayo. Si la infestación de arañuelos es pequeña, porque en el verano anterior fueron muy pocos los que eclosionaron, se aparearon y pusieron huevos, apenas advertiremos su presencia. Los tejidos que a veces se vislumbran en las ramas medias e inferiores del cerezo de racimo desaparecen enseguida entre el abundante follaje, que en estos árboles es mucho más denso y verde que en los alisos grises. Si en julio del año anterior las hembras hubieran puesto muchos huevos en los brotes de hojas que debían germinar al año siguiente, la infestación habría aumentado notablemente.

El follaje de los cerezos de racimo se va haciendo más ligero, mientras que las telarañas se hacen más densas y espesas. A mediados o finales de mayo, los árboles pueden estar ya cubiertos de hilos y defoliados por completo. Si crecen varios juntos porque salen del mismo rizoma, todos sufren la defoliación y el hilado de sus ramas. En cambio, el aliso, el fresno y otros árboles del bosque de ribera nunca son devorados por esta clase de larvas, ya que están especializadas en el cerezo de racimo. En lenguaje técnico se dice que son monófagas, es decir, que solo comen un tipo de alimento. Y a la vista está que les va muy bien. Se arrastran en masa desde la copa medio devorada del árbol y bajando por los troncos llegan hasta las ramas más bajas o la base misma del árbol, y ahí buscan un lugar adecuado y un tanto protegido para pupar. Ha de ser un sitio debidamente resguardado de la lluvia y el granizo. Se agrupan por centenares y hasta por millares incluso. En pocos días, las primeras larvas producen una especie de barrilillos en forma de huso. Ellas mismas han tejido la vaina de la pupa y la han ajustado bien. Entonces sucede algo muy curioso. Las orugas de aspecto demacrado, es decir, las que están hambrientas, cubren las aglomeraciones de crisálidas con un denso tejido exterior. Esto las protege de la lluvia y de los efectos del clima; pero sobre todo mantiene alejados a los insectos icneumónidos y taquínidos que tratan de desovar en el interior de las pupas. Las larvas de estos parásitos acabarían con ellas. Si la telilla exterior es suficientemente gruesa, tendrán dificultades para atravesarla o no podrán pasar en absoluto. Muchos de mis estudios sobre masas de pupas extraídas de su centro protector mostraron unas tasas de eclosión impresionantes, a veces hasta del 98 %.

Los años en que los cerezos de racimo quedan defoliados en mayo y no son más que unos esqueletos cubiertos de hilillos blancos, hay eclosiones masivas de arañuelos en los meses de junio y julio. En verano se pueden ver por todas partes en los bosques de ribera, tanto en las plantas como en el tronco de los árboles. Si te acercas a estas pequeñas mariposas, verás que normalmente no vuelan. Tan solo saltan y se dejan caer en la densa vegetación del suelo. Lógicamente, a esa eclosión masiva debería seguirle otro desarrollo masivo y otra defoliación el año siguiente. Sin embargo, esto sucede muy raramente, y solo si el verano anterior fue «bueno» para los arañuelos, pero no de crecimiento exponencial. Me he ocupado durante años de analizar por qué sucede esto. Pero antes de estudiarlo con detalle, me gustaría examinar las orugas que producen la telaraña exterior y que por lo tanto protegen a sus hermanas en las pupas ya existentes.

Larvas hambrientas que resultan útiles

Como ya se ha señalado, estas orugas no tienen buen aspecto. Se las llama «orugas del hambre» porque suelen tener el cuerpo (significativamente) más delgado que la cápsula de la cabeza. Sus movimientos parecen más lentos, «más fatigados». De hecho, según mis estudios, son incapaces de pupar, ni siquiera cuando me las llevo a casa y las mantengo en un ambiente más protegido. La razón de su fracaso está a la vista, en la misma copa de los árboles: las otras orugas, las que sí consiguieron pupar, se han comido todas las hojas del cerezo de racimo. Apenas queda nada para las orugas hambrientas. Esto es lo que les sucede normalmente a las larvas «tardías» de la primavera cuando el clima es propicio para las «tempranas». Pero si el invierno empieza tarde, las larvas «tardías» salen ganando porque aún les queda suficiente alimento en el follaje del árbol, que ha sido poco o nada devorado.

Como larvas sin posibilidad alguna de pupar y, lo que es más importante, sin las sustancias de reserva que las hembras necesitan para la generación de los huevos, las hambrientas no tienen nada que perder. Pero dado que es muy posible que estén relacionadas con las larvas que sí pupan porque pueden salir de las puestas de las mismas hembras, su actividad mejora las posibilidades de supervivencia de sus hermanas. Estas se benefician del hilado de las masas pupales realizado por las larvas condenadas a muerte, las cuales no son adecuadas ni para la parasitación de los insectos icneumónidos. Al menos, eso es lo que yo supongo porque nunca he visto que las orugas hambrientas fueran asaltadas por los icneumónidos. Para confirmarlo, debería recoger una muestra de tales orugas y comprobar si están o no infestadas y, en caso afirmativo, analizar qué parásitos tienen y en qué tasa de eclosión. Como ya dijimos al principio, en la compleja relación entre el arañuelo y el cerezo de racimo, sigue habiendo cosas que no están del todo claras.

Entre la parasitación y la propagación masiva

Está comprobado que la parasitación aumenta al mismo tiempo que la frecuencia de los arañuelos, pero disminuye considerablemente cuando se incrementa su aparición. Si hay (muy) pocos, el grado de parasitación será bastante bajo. Si son moderada o notablemente frecuentes, la infestación parasitaria aumenta y puede llegar hasta el 50 o incluso el 70 %. Pero en caso de presencia masiva, el número de parásitos se reduce tanto que solo se ven afectadas las pupas periféricas, que marcan poca o ninguna diferencia sobre el total. Se obtiene entonces una tasa de eclosión del 98 %, con los arañuelos brotando a borbotones de las masas pupales durante las noches de verano. Esto nos plantea la cuestión de por qué en las épocas en que los arañuelos se han vuelto especialmente frecuentes no tiene lugar un cierto frenado o control por parte de los insectos icneumónidos, de los bracónidos y de todos esos taquínidos que recuerdan a la mosca común. En realidad, sucede justo lo contrario, pues el índice de pérdida debido a adversarios naturales es aún más bajo durante la propagación masiva que en las fases de baja frecuencia.

Un nuevo hallazgo vino a complicar más el asunto. Estaba demostrado que los individuos surgidos en eclosiones masivas eran considerablemente más pequeños que los nacidos en años normales con una infestación media o muy baja de los cerezos de racimo. Un examen más detallado mostró que las hembras se vieron profundamente afectadas. Tenían menos huevos en el abdomen y, a veces, ni uno solo siquiera. Como consecuencia, la longitud de su cuerpo se redujo en dos milímetros. La eclosión en masa parecía un éxito, pero desde el punto de vista reproductivo no lo fue en absoluto. A fin de cuentas, ¿de qué sirve que la mayoría de las larvas se conviertan en unos imagos que son mucho menos fértiles o estériles? Eso explicaría que al año siguiente, a pesar de la muy baja parasitación, la infestación de arañuelos disminuyera o fuera significativamente más reducida después de años de defoliación con una elevada tasa de eclosión en la especie. Examinándolos a lo largo de las décadas, los períodos anuales con mayor presencia de arañuelos se imponían sobre los de baja infestación.

Pese a lo que se ha dicho en tantas ocasiones por confiar más en las «impresiones» que en los estudios existentes, las apariciones masivas de arañuelos no han aumentado en el último medio siglo. El aumento que han experimentado en nuestra época estaría en consonancia con el cambio climático, lo cual demuestra que no todas las variaciones pueden ser explicadas. No obstante, a finales de la década de 1960 y principios de la de 1970 sí que hubo unos cuantos años con infestaciones más intensas que las que se han registrado desde 2010. Lo que sucede es que la tendencia general, sea cual sea, no es más que una parte de la cuestión. Lo que importa de verdad es saber qué influencia puede tener un período de cincuenta años en el desarrollo de una especie de mariposa tan especializada como esta. ¿Por qué se producen altibajos en su población? Eso es lo que todavía no se ha aclarado bien.

Ciclos de frecuencia a largo plazo

Ahora ampliaremos nuestra visión examinando los procesos de año en año. Como ya se ha destacado, hay años en los que la infestación de arañuelos es fuerte, otros en los que la infestación es de moderada a débil y, por último, otros en los que hay que buscar los arañuelos con lupa. Y, como ya hemos explicado también, el grado de parasitación es mayor en la frecuencia media. Por lo tanto, es de suponer que los arañuelos, o más precisamente sus larvas, en los años siguientes a una propagación masiva acompañada de defoliación escaparon a la presión de los parásitos mucho mejor que en la mayoría de los años restantes. ¿Puede el clima (de verano) tener alguna incidencia en ello? ¿O acaso es obra del frío del invierno?

El examen de estos factores no reveló ninguna correlación clara. Se comprobó, por ejemplo, que las temperaturas medias de verano de comienzos de la década de 1970 estaban por debajo de las registradas en los últimos cincuenta años. En el verano de 1974, uno de los de aparición en masa, hubo casi tres grados menos que en 1983, esto es, el año siguiente de otra propagación exponencial de los arañuelos. En 1991, cuando los cerezos de racimo volvieron a sufrir una nueva infestación, la temperatura media estaba dentro de los parámetros normales, y en 1997 se hallaba solo un grado por encima del valor de 1974. Las temperaturas durante el invierno anterior al vuelo masivo de arañuelos se mantuvieron dentro de los valores medios con muy pocas desviaciones. En épocas más recientes ha sucedido lo mismo. Así es que no se ha detectado ninguna relación con las temperaturas de verano o invierno. Más bien parece que se trata de ciclos de frecuencia a largo plazo, que se suceden en intervalos de siete, nueve o diez años. En los últimos tiempos se ha desarrollado otro ciclo. De ahí que hayan aparecido tantas noticias sobre los árboles cubiertos de telarañas, que, pese a lo que muchos auguraban, no han fenecido.

Las nuevas hojas que se forman después de la defoliación son tan fuertes, tan potentes, que los años de pérdida completa del follaje apenas dejan huella en los anillos de los troncos. Da la impresión de que la defoliación queda opacada por la energía que los cerezos de racimo invierten en la producción de flores y frutos en años sin infestación de arañuelos. Porque después de una defoliación completa ya no se pierden más hojas, obviamente. Si la segunda generación de hojas se mantiene es porque el árbol ya no tiene más insectos que puedan defoliarlo. Solo se pueden percibir los efectos a largo plazo cuando se sigue el crecimiento de los árboles en los bosques de ribera que han sido sometidos a las medidas tradicionales de mantenimiento del monte bajo.

La gestión del monte bajo y sus consecuencias

Para mantener el monte bajo, los árboles de los bosques ribereños se «cortan a tocón» cada quince o veinte años, es decir, se sierran muy cerca del suelo. El rizoma permanece. Los troncos más gruesos se cortan en trozos de unos treinta centímetros, se hacen astillas y se utilizan como leña. Este uso está aumentando actualmente bajo el amparo de las energías renovables. No se tiene en cuenta —porque se considera que todo lo renovable es básicamente bueno— que se liberan grandes cantidades de partículas que superan de forma significativa a las emitidas por el diésel por cada unidad de energía suministrada. Los árboles cortados de esta manera, en especial el aliso gris (*Alnus incana*), el álamo negro (*Populus nigra*) y el cerezo de racimo, vuelven a brotar y, a medida que crecen, los nuevos pies forman troncos nuevos que se desarrollan a lo largo de los años. Su curvatura interior en la parte pegada a la tierra revela todavía décadas después la forma en que se han regenerado.

Los alisos grises deberían crecer mucho más, ya que sus raíces viven en simbiosis con unas bacterias llamadas actinomicetos que son capaces de fijar el nitrógeno y mejorar la calidad del suelo donde se encuentran. Pero en realidad es el cerezo de racimo el que prospera más rápido. Después de unos años supera a los alisos y los álamos jóvenes. Sigue llevándoles ventaja hasta el final de la primera década de su crecimiento. Solo entonces los alisos se ponen al día.

Superan a los cerezos de racimo y, siempre que el bosque ribereño siga creciendo durante largo tiempo, se convierten en los árboles del segundo turno. Puede que aquellos se queden a la zaga por el efecto retardante que tiene la infestación de los arañuelos en estado larvario. Pero esto no es más que una suposición. También podría ser que, después de una década de crecimiento, la competencia de las raíces entre los diversos pies del árbol aumente fuertemente. En cualquier caso, hay una debilidad argumental en esta exposición que debería saltar a la vista: ¿por qué los arañuelos no utilizan la segunda generación de hojas para desarrollar ellos mismos una nueva generación de congéneres? Las nuevas hojas están perfectamente desarrolladas, así que la defoliación anterior no ha causado daños graves al árbol. Si hubiera una segunda generación de arañuelos en verano cambiaría por completo todo lo que hemos descrito. ¿Por qué no ocurre?

Generaciones y ciclos largos

Observando lo que sucede al comienzo de la primera generación, se entiende al instante por qué es muy poco probable, si no imposible, que haya una segunda. Como ya hemos dicho, las larvas que empezaron a evolucionar el verano anterior pero que todavía están dentro del huevo eclosionan en sincronía con la germinación de los brotes en primavera. Con sus diminutas mandíbulas, solo pueden devorar las hojas muy tiernas y jóvenes que se están desarrollando. Son hojas que no existen en verano, cuando las hembras del arañuelo han puesto y colocado sus huevos justo en las yemas que se están formando para la primavera siguiente.

Esto sucede entre finales de junio y la segunda quincena de julio, dependiendo del momento en que las larvas salgan del huevo. Brotes y larvas ya no pueden sincronizarse a principios de verano. Cuando ha habido defoliación, los árboles desarrollan nuevas hojas con mayor rapidez, y para entonces las larvas del arañuelo ya están pupando o acaban de pupar. Necesitan tiempo para evolucionar. El árbol es simplemente más rápido que los arañuelos.

Las larvas recién eclosionadas no tienen posibilidad de prosperar en unas hojas que ya son fuertes y duras, y que además contienen demasiadas toxinas para poder ser combatidas con facilidad. Por lo tanto, el arañuelo solo puede sincronizarse con el árbol cuando brota en primavera. El cerezo de racimo no es la única especie que sufre esta interacción con los arañuelos. Más adelante veremos la importancia que tiene dicha sincronización y el papel que desempeña en numerosas especies de lepidópteros, especialmente en aquellas que se propagan de forma masiva y causan daños notables, como por ejemplo los geométridos.

Es posible que exista una relación entre los ciclos de larga duración de los arañuelos, que abarcan de siete a nueve años, y la sincronización de las larvas con el árbol. Que los ciclos existen está bien demostrado, pero no sabemos por qué se producen. Y debe de haber una buena razón. Para encontrarla no podemos seguir la evolución de los arañuelos por años. Solo el registro de los tiempos de vuelo por semanas nos permitirá obtener un dato revelador y completamente inesperado. Las apariciones masivas, claramente indicadas por la aproximación de los arañuelos a la luz, solo se produjeron cuando el tiempo de vuelo en verano era completamente normal, es decir, en las semanas 28 y 29 del año, desde principios hasta mediados de julio. Los años caracterizados por una temperatura por encima de la media en mayo y junio, y aquellos en los que hubo un tiempo fresco y húmedo que podría haber afectado a los parásitos no muestran vuelos en masa, sino vuelos completamente normales. Por tanto, es muy improbable que el clima sea el desencadenante directo de los ciclos a largo plazo. Y entonces, ¿qué podría ser? Los ciclos de las manchas solares que algunos organismos siguen en sus patrones de frecuencia, tanto en latitudes medias como en las regiones polares, se extienden durante períodos demasiado largos, de entre nueve y once años. Así pues, ha de ser otro elemento el que influye en la expansión y posterior ralentización del desarrollo de los arañuelos.

Aquí se nos presentan una vez más los insectos parásitos, enemigos naturales de las larvas de arañuelos, como responsables directos de sus alteraciones, ya que provocan pérdidas elevadas en la población cuando esta registra una presencia moderada o notoriamente elevada. Si su impacto es demasiado pequeño, no ejercerá ningún control sobre la especie. El clima, entonces, podría afectar más a los parásitos que a las larvas o imagos de los arañuelos. Es algo que podemos deducir de la propia distribución geográfica de los cerezos cubiertos de telarañas, que suelen aparecer simultáneamente en toda una región; por ejemplo, en la zona norte de los Alpes. Solo el clima puede causar un fenómeno tan extenso.

Los factores puramente locales no tendrían incidencia sobre áreas extensas. De modo que, si estamos en lo cierto, debe de tratarse de los efectos especiales del clima, que no se pueden deducir de los valores medios o anuales de una sola región. Aquí podrían incidir las fuertes heladas registradas en un invierno más o menos templado, pero también el exceso de lluvia o una fase de clima seco y cálido cuando los árboles brotan en primavera. El clima es complejo. No hay dos años que sean exactamente iguales. Por eso fallan los «calendarios meteorológicos de cien años» y las predicciones realizadas a tan largo plazo. Los valores medios, por muy necesarios que sean para las estadísticas climáticas, muy a menudo no son representativos de los procesos de la naturaleza viviente.

Parásitos de otros arañuelos

La fuerte influencia de los parásitos puede apreciarse con facilidad cuando comparamos las telarañas producidas por las diversas clases de arañuelos. Aunque no vamos a entrar en detalles, hay diferencias dentro de una misma especie, pero también, y muy especialmente, entre las distintas especies. Algunos, como el arañuelo del manzano (*Yponomeuta malinella*), solo hacen telarañas pequeñas y poco llamativas. Si infectan los manzanos y se nota, las flores ya no tienen ninguna posibilidad. Las larvas de esta especie de arañuelo se comportan de manera similar a las del cerezo de racimo. Eclosionan cuando brotan las yemas y se comen las pequeñas hojitas que se están desplegando, así como las flores.

Cuando se produce una infestación amplia, que no tiene por qué derivar en la pérdida de la mayor parte del follaje, los cerezos de racimo florecen débilmente o no florecen en absoluto. Lo mismo ocurre con los manzanos, que hoy en día no suelen estar infestados de arañuelos. Los boneteros y los arbustos de espino pueden aparecer moderada o ampliamente hilados, pero es en el cerezo de racimo donde se registran las mayores infestaciones. Esta reunión en un solo tipo de árbol haría aún más plausible la incidencia del clima. Ahora bien, en los boneteros, las larvas de arañuelo listas para pupar hacen justo lo contrario que las del cerezo. No se aglomeran para pupar todas juntas, sino que primero tejen una holgada red junto con unas cavidades alargadas del tamaño de una uva. Luego tienden un hilo a través de ellas, fabrican el capullo pupal y se quedan colgadas ahí dentro. Pueden mantenerse en cualquier posición, en vertical, en diagonal y hasta en horizontal. Las pupas permanecen separadas unas de otras, tal como se puede observar a través de la fascinante estructura por ellas tejida. Las paredes de las cavidades en las que están alojadas son tan gruesas que los insectos icneumónidos no pueden atravesarlas. En vano intentan llegar hasta las pupas con el ovipositor: el espacio entre ambos es demasiado grande.

Pero si llegaran a alcanzar la pupa, esta aún podría ladearse un poco porque está colgada como una hamaca del hilo de sujeción. Si hay un grado bajo de parasitación es gracias a la estructura en que las pupas se encuentran alojadas. El hecho de que algo tan delicado se haya creado en la historia de su evolución demuestra cuán importante ha sido, y sigue siendo, la presión de los parásitos sobre los arañuelos. Sin embargo, y como sucede tantas veces, lo que ha surgido como elemento protector tiene una desventaja importante. Tales tejidos son mucho más sensibles a las ráfagas de viento o el azote de las lluvias que las grandes aglomeraciones pupales de los arañuelos que viven en el cerezo de racimo. Como ya se ha comentado, el clima actúa como un factor abiótico independiente de la frecuencia de los arañuelos, es decir, independiente de la densidad. Es cierto que los arañuelos del bonetero experimentan muchas menos fluctuaciones que los del cerezo de racimo, pero también podría ser que su propagación no sea tan elevada. Por lo tanto, *Yponomeuta cagnagella* se comporta de manera normal, como otras especies de mariposas e insectos.

El ciclo de vida de las mariposas

¿Disponemos ya de los recursos necesarios para evaluar los grandes cambios que se han producido en la cantidad y frecuencia de nuestras mariposas? Para no perdernos en los detalles, vamos a hacer primero un breve repaso a las características de la especie. Empezaremos por el ciclo de vida por el que pasan todas las mariposas. Comienza con la puesta de huevos en los cuales se desarrollan las larvas jóvenes. Al eclosionar ingieren alimentos adecuados hasta que se desprenden de la piel para poder crecer más. Tras varias mudas están ya perfectamente desarrolladas y hormonalmente preparadas para la pupación. Buscan entonces un lugar adecuado para realizar la transformación. Dentro del capullo, la pupa se retuerce y empuja hasta que se desprende de la última piel de la larva. Algunas pupas se quedan colgadas, otras yacen en cavidades excavadas en la tierra por las mismas larvas, y otras están dentro de un tejido protector, el capullo donde se hallan alojadas. Dependiendo de la temperatura ambiental, la fase de descanso de las pupas, que en realidad es una etapa de violentas transformaciones interiores, dura más o menos tiempo. Finalmente, la transformación se completa y sale el imago. Aquí empieza la etapa reproductiva.

Los ejemplares adultos solo se alimentan con el néctar de las flores o, llegado el caso, con gotas de rocío o de aguas encharcadas. Algunas especies necesitan sales minerales y sustancias adicionales que encuentran en excrementos o cadáveres de animales. Pero esto es solo un añadido. La verdadera alimentación tiene lugar en la larva. De ahí que su vida sea por lo general más larga que la del imago. La última parte del ciclo vital de las mariposas es la que se desarrolla con el apareamiento y la puesta de huevos por parte de las hembras. Como puede verse, es algo muy sencillo: huevo → larva → pupa → mariposa → huevo, y así sucesivamente. Pero la naturaleza no es sencilla sino muy compleja.

El ciclo biológico ha de encajar a la perfección con el de las estaciones. Incluso en los trópicos, donde los períodos secos y húmedos tienen una influencia igual de significativa en los ciclos de vida de las mariposas. Pero ni siquiera en estas zonas siempre húmedas se mantienen invariables las condiciones de vida. Los ciclos de las mariposas (y de los demás seres vivos) tienen que adaptarse a los cambios cíclicos o irregulares de la naturaleza. En nuestras zonas templadas, el verano y el invierno son los polos alrededor de los cuales giran los ciclos de vida. El verano, o más exactamente la época de vegetación, impulsa el desarrollo vital; el invierno, y en especial las heladas, lo frena. Cada nueva generación tiene que afrontar las dificultades del medio ambiente y superar períodos desfavorables como el invierno o el exceso de calor y la sequía. Esto es algo que nos resulta bien conocido, aunque los humanos hemos logrado reducir de manera considerable nuestra dependencia de las condiciones externas. De todas formas, por mucho que calefactemos nuestro hogar en invierno y prolonguemos los días más cortos con iluminación artificial, los ciclos del día y la noche y el paso de las estaciones siguen teniendo efecto sobre nosotros. Tratamos de ajustar nuestra existencia y nuestras necesidades de sueño y vigilia a la duración del día y la estación correspondiente. Aunque no siempre lo consigamos del todo.

En la naturaleza, los seres vivos están más sujetos a los ciclos naturales que los humanos. Pero no están completamente a su merced. En el curso de la evolución, la vida se ha ido desprendiendo de las imposiciones del entorno no vivo y ha alcanzado un alto grado de independencia. O, dicho de otro modo: los organismos se han liberado de las imposiciones medioambientales. Buen ejemplo de ello son los geométridos, cuyo modo de vida ha pasado del (para nosotros) cálido mundo de las mariposas de verano para establecerse en el invierno mismo. Y aún tenemos otro ejemplo en una mariposa delicada y frágil que sigue siendo una de las más conocidas de nuestro país: la mariposa limonera (*Gonepteryx rhamni*).

La tolerancia al frío de las polillas de invierno

La mayoría de las mariposas vuelan en verano. De hecho, más del 90 % de las especies aparecen entre abril y septiembre. El período principal de vuelo es desde mediados de junio hasta finales de agosto. En toda especie, las épocas de vuelo de cada generación duran solo unas cuantas semanas. Muchas solo tienen una generación por año; algunas, dos o incluso tres. Pero juntas nos muestran lo que es la característica general del reino de los lepidópteros en la naturaleza viviente: un rápido aumento en primavera con picos en el solsticio de verano y disminuciones a finales del estío y en otoño. Los valores medios del acercamiento de las mariposas nocturnas a la luz son una buena prueba de esta dinámica.

Al observar el año entero, se aprecian desviaciones notables. A finales de febrero, e incluso antes en las zonas templadas, salen a volar las primeras polillas. Llegan claramente a su culmen al término de marzo y luego disminuyen rápidamente. Desde mediados de abril hasta principios de mayo puede haber varias semanas en las que no haya ni una sola polilla volando hacia la luz. Solo entonces aumenta rápidamente la aproximación y, como ya dijimos, alcanza su punto máximo en el mes de julio. A partir de mediados de octubre, el número de aproximaciones aumenta de nuevo y alcanza un valor máximo. Los picos de principios de la primavera y finales del otoño no registran tantos ejemplares como el del verano, pero son valores extremos. Así que deben de estar relacionados. De hecho, en todos aparecen unas especies especializadas en estaciones nada usuales para las mariposas: las polillas de los géneros *Orthosia* y *Agrochola* y las polillas de invierno que eclosionan en primavera y otoño. Ambas merecen un examen más atento, y en especial las segundas.

Pertenecientes a la familia de los geométridos, las polillas de invierno están de manera directa relacionadas con las heladas tempranas o demasiado tardías. Sin embargo, no son una especie cuyo cuerpo esté especialmente preparado para el frío. Más bien se parecen a los geométridos de cuerpo delgado que vuelan normalmente en verano y con los cuales están emparentados. Lo que las hace especiales es su capacidad para volar a solo unos grados sobre cero después de las primeras noches heladas del otoño. Cuando vuelan como fantasmas a la luz del crepúsculo y chocan contra las ventanillas de los coches en sus desplazamientos nocturnos, a uno le parece increíble que unas polillas tan delicadas puedan mover siquiera las alas en tales condiciones climáticas. Pero las primeras heladas son la señal de que ha llegado su momento. No suelen volar en solitario. Más bien se desplazan como un enjambre en las noches frías y húmedas de noviembre o diciembre. Si circulamos por una carretera que atraviese un hayedo, la luz de los faros delatará su presencia, siempre que no haya mucho tráfico. Es posible que nos parezcan hojas arrastradas por el viento, pero ellas están vivas; y no vagan sin rumbo, claro que no: buscan hembras de su especie.

Aunque parezca extraño, las hembras de estas polillas carecen de alas. En estado larvario se quedan posadas en el tronco de los árboles o se arrastran lentamente hasta que alcanzan la altura adecuada para que puedan captarse las feromonas desprendidas por ellas. Eso es lo que atrae a los machos. Y como solo las noches sin viento, neblinosas y húmedas provocan el vuelo de este tipo de polillas, los machos tienen que volar de forma errática. Así es como localizan el rastro oloroso e inician el vuelo de acercamiento. Cuando ya se han apareado, las hembras no desprenden más feromonas. Simplemente se arrastran hacia lo alto del árbol con su abdomen ya demasiado grueso y pesado, hasta que depositan sus huevos en las grietas de la corteza. En adelante se quedarán ahí abandonados. Tras la puesta, las hembras se encogen como un saco vacío y mueren enseguida. Los machos también perecen cuando han agotado sus escasas reservas de energía para el vuelo en la fría noche. Se trata, indudablemente, de una forma muy particular de apareamiento. Bastante similar, por cierto, a la que ponen en práctica sus parientes de la primavera (*Erannis marginaria*) entre finales de enero y principios de marzo.

Las especies de primavera se parecen bastante a las del otoño. Los machos se pueden distinguir por el color, el dibujo y la forma de sus alas. Las hembras, al no ser aladas, no son nada fáciles de diferenciar, salvo por la estación misma de cada una. Durante el día no se las encuentra con facilidad, aunque puede verse a los machos posados en el tronco de los árboles con las alas desplegadas, pero apuntando hacia arriba. Las especies que aparecen con la caída de las hojas tienen una coloratura parduzca o tonos ocres más apagados, de ahí que sea tan complicada la identificación de esta clase de geométridos.

La vida a las puertas del invierno

¿Cómo y por qué razón adoptan unas mariposas una forma de vida tan extraña? ¿Y por qué es algo que no solo tiene interés para los lepidópteros?

Las preguntas del cómo y el por qué están muy conectadas. Para tratar esta doble cuestión debemos examinar primero la estación en que estas polillas aparecen. El final del otoño y el principio de la primavera son temporadas claramente marginales en la vida de las mariposas y en las cuales no se dan las condiciones óptimas que sí existen en verano. Cualquiera pensaría que un animal que vive tan sumamente marginado ha de ser un espécimen raro. Porque las condiciones ambientales no permitirían que se presentase con una frecuencia de aparición más elevada. Pero esto es obviamente lo que pensamos nosotros porque no nos gusta la oscura etapa en que el final de otoño se torna invierno, esa fase que se conoce como «otoño muerto» y que puede provocar depresión. Para nosotros, el deshielo que empieza a finales de enero o principios de febrero se presenta siempre demasiado pronto porque tememos el revés del invierno. Esta polilla es, sin embargo, una de las especies de mariposas más comunes en esta época del año y en algunas zonas puede provocar daños importantes en los árboles frutales. Todo parece indicar que las condiciones imperantes en la temporada invernal son muy favorables para ella. Y lo son, efectivamente. Pero tal vez no debieran serlo. Porque entonces habría muchas mariposas más en la temporada de la polilla de invierno que en el verano mismo. Así que las preguntas del cómo y el por qué se nos presentan, una vez más, como algo más complicado de lo que parecía.

Vamos a intentar comprender la vida de la polilla de invierno respondiendo primero a la pregunta del porqué, pues nos va a permitir ahondar en el pasado de la especie. Su ciclo de vida responde a dos factores que son muy similares a los que convierten a la limonera en heraldo de la primavera. Por una parte, cuando se producen las primeras heladas, casi no quedan aves insectívoras en nuestro país. Los herrerillos que en verano buscan intensamente larvas y mariposas adecuadas ya se están alimentando con el grano de los cereales. No hay tampoco muchos chochines que pasen aquí el invierno en lugar de volar al Mediterráneo. De todas formas, ningún pájaro caza insectos en la oscuridad. Pero ¿y los murciélagos? Han volado a sus cuarteles invernales en cuanto terminó el otoño. Se quedan entonces colgados en estado rígido y mantienen una temperatura corporal ligeramente por encima de los cero grados centígrados. Hasta las grandes arañas de los bosques y los jardines han dejado de tejer las telas con las que atrapaban mariposas y muchos otros insectos. Las noches de principios del período invernal y de los inicios de la primavera están libres de enemigos para las polillas de invierno. Pueden ponerse en marcha lentamente y sin tener que estar atentas a los ataques. No estaba dentro de lo previsible que en el curso de su evolución, que comenzó mucho antes que la de los humanos, acabaran estrellándose contra los coches. Hoy en día estos accidentes siguen siendo irrelevantes a la hora de evaluar su aparición y frecuencia.

Pero la ventaja de la que gozan en invierno esconde una trampa. Ninguna mariposa normal puede volar a una temperatura de entre dos y cuatro grados. Es una temperatura demasiado baja para ellas. La mayoría de las especies necesitan por lo menos diez grados más. Las condiciones más favorables para el vuelo son aquellas en que hay también una temperatura ambiental adecuada para el cuerpo humano, la llamada «zona termoneutral», es decir, 27 °C. A partir de ahí perdemos tanto calor corporal como el que produce nuestro metabolismo en estado de reposo. Nuestra temperatura interior se mantiene en 37 °C incluso con un bajo suministro de energía. Si hace más calor en el exterior, sudamos. Si hace más frío, tenemos que abrigarnos o movernos mucho para generar más calor.

El mismo principio se aplica al cuerpo de las mariposas, pero con la salvedad de que ellas no tienen que mantener una temperatura corporal permanentemente estable. Como el resto de los insectos y de los demás animales, exceptuando a los mamíferos y las aves, son criaturas «termoconformistas». Cuando están en reposo o no se mueven mucho, su temperatura corporal se ajusta a la del ambiente. Por muy densa que sea, ninguna cobertura de escamas o pelos las mantiene calientes. Solo se puede compensar la salida de calor al exterior generando más calor corporal con el movimiento de los músculos de vuelo. Las mariposas grandes, como por ejemplo los esfíngidos, están en una especie de estado intermedio, ya que pueden mantener durante algún tiempo una temperatura corporal (muy) elevada a base de mover los fuertes músculos de las alas. Son especies que se asemejan a los colibríes tanto por su técnica de vuelo con zumbidos de alta frecuencia como por su muy elevada temperatura corporal, de más de cuarenta grados. Esta generación temporal de calor, que es similar a la de los pájaros, no es factible en las demás mariposas porque sus alas, en especial si son anchas y no «puntiagudas» como las de los esfíngidos, serían bien demasiado grandes o bien demasiado pequeñas para ello. O bien de una magnitud que facilita el planeado y movimiento en el aire, pero no el avance rápido. Por eso el vuelo de muchas mariposas nos parece tan asombroso.

La conquista de los nichos estacionales

Todo esto tiene mucho que ver con las polillas de invierno. En primer lugar, porque, como ya hemos dicho, tan solo los machos están provistos de alas. Las hembras no tienen más que unos apéndices alados residuales que no son aptos para el vuelo. Y, en segundo lugar, porque vuelan a unas temperaturas en las que sus músculos no deberían poder moverse siquiera. Solo a partir de los diez grados y con un poco de calentamiento, posiblemente generado por el temblor de las alas, los músculos de vuelo funcionan correctamente. Si pueden mantenerse activos a temperaturas mucho más bajas es gracias a unas enzimas especiales que aportan energía desde los cero grados centígrados. Las polillas de invierno desarrollaron tales enzimas en el curso de su evolución. La mayoría de las mariposas carecen de estas sustancias, así que no pueden salir a volar en las dos «ventanas» estacionales en las que aquellas aparecen: las noches frías después de las primeras heladas y las noches templadas de finales del invierno y principios de la primavera. A temperaturas tan bajas, se quedan como muertas.

El deambular de las polillas de invierno en las noches tranquilas de los albores del invierno mientras de fondo se oye ulular a los búhos no es cosa de magia, sino de unas enzimas que actúan normalmente a temperaturas bajas. Describir cómo se produce esto en términos bioquímicos superaría el propósito de este libro, así que lo dejaremos aquí. Pero los efectos que tales enzimas provocan nos van a hacer plantearnos una tercera pregunta: ¿qué puede aportar el ciclo de vida de la polilla de invierno al conocimiento de las mariposas en general? Sus larvas pueden causar daños importantes a los árboles frutales en primavera, de ahí que se las considere y trate como una plaga. En los bosques caducifolios y en los parques se hacen también desagradablemente notables cuando provocan la defoliación de árboles y arbustos. Basta contemplar este éxito tan visible para colegir que a la polilla de invierno le ha compensado conquistar este nicho estacional. Probablemente tanto las que eclosionan en otoño como las de la primavera descienden de congéneres que vivieron antiguamente en regiones en las que no había heladas en invierno. A medida que el clima (de la Edad de Hielo) se hacía más frío, la nieve y la escarcha crearon una especie de cuña entre ellos que separaba cada vez más las formas tempranas y las formas tardías. Es algo que ya hemos visto en los arañuelos del cerezo de racimo, los cuales tienen larvas que eclosionan pronto y larvas que nacen más tarde.

Mientras el clima de la primavera experimente fluctuaciones irregulares en el momento de la germinación de los cerezos, ninguna de las dos larvas tendrá una ventaja a largo plazo; y tampoco se podrían diferenciar las especies que se han desarrollado pronto y las que lo han hecho más tarde. No obstante, si tales alteraciones se producen en el momento de la reproducción, las formas tempranas y tardías acabarán dando lugar a especies separadas. Nuestros inviernos no siempre han sido como los de hoy en día. El clima no solo cambia en nuestra época por efecto de la acción humana. Lo que conocemos como cambios climáticos son alteraciones continuadas y a largo plazo que han tenido lugar en el clima de nuestro planeta. Es algo que forma parte de la evolución de las formas de vida. Porque la naturaleza nunca ha sido «estable». Y por esa razón es tan rica en especies.

Por qué las hembras de las polillas de invierno no necesitan alas

Volvamos a los efectos de esta especie. Y a las hembras sin alas o con apéndices alados residuales. Son, como ya se ha descrito, algo así como unos sacos de huevos con movilidad limitada. Después del apareamiento y la correspondiente fecundación, ponen varios conjuntos de huevos que no tienen por qué depositar en lugares especialmente protegidos como hacen los arañuelos. Basta con dejarlos en las grietas de la corteza de los árboles. Como muchos otros huevos de mariposa, estos aguantan el frío de las heladas. Cuando el aumento de la temperatura en primavera supera una cierta cantidad de calor que los entomólogos miden en «grados-día», las larvas salen del huevo y, provistas con su fino hilo de tejer, salen en busca de yemas que estén brotando en las ramas. Las larvas, por tanto, reaccionan a una suma equiparable de grados-día y horas de luz. Su desarrollo posterior está en consonancia con el de las larvas de arañuelos recién eclosionadas. Pero con la diferencia de que estas se hallan ligadas al cerezo de racimo, mientras que las larvas de polilla de invierno, mucho menos exigentes, comen de muchos árboles. Según el «Koch», el manual de identificación más importante y más ampliamente utilizado para la determinación de las mariposas de nuestro país, las larvas de las polillas de invierno comunes (*Ope-*

rophtera brumata), que se nutren con los árboles frutales (manzano, peral y ciruelo), así como con la mayoría de los bosques caducifolios, son una «plaga importante de los cultivos frutales que se produce casi todos los años». *Erannis defoliaria* también infesta una amplia gama de maderas duras, pero es menos temida porque los árboles afectados proporcionan madera a largo plazo y no dan frutos todos los años. Sucede lo mismo con *Operophtera fagata*, que algunos años aparece en cantidades masivas. Sus larvas se alimentan sobre todo de haya roja, pero también de abedul. *Erannis marginaria* es mucho menos común. Por lo visto, el vuelo tardío de las primeras noches de helada es una forma más efectiva de adaptación que el vuelo temprano de principios de la primavera. En Múnich, el acercamiento a la luz de las especies de otoño fue cuatro veces más alto que el de las de primavera. Es probable que la invernación de los huevos provoque muchas menos pérdidas que la invernación de las pupas, que tienen que eclosionar en las primeras noches suaves de principios de primavera. El gran número de huevos y la supervivencia de las puestas son, por lo tanto, factores clave en la vida de la polilla de invierno. Las nidadas pueden ocultarse en grietas y huecos de la corteza, siempre que las larvas no estén especializadas en una clase concreta de planta nutricia. Las pupas son más susceptibles a la humedad y los hongos, especialmente en inviernos (demasiado) suaves. La importancia que reviste el elevado número de huevos no hace más que destacar la carencia de alas en las hembras. Todo el material genético que sería necesario para desarrollarlas redunda en beneficio de la formación de los huevos. No es necesario que todos los especímenes tengan alas; basta con que los machos vuelen hacia las hembras. La insignificante cantidad de espermatozoides se ve compensada por las ingentes existencias de óvulos, por lo que no se ha de guardar material genético adicional.

Desbroce, veneno y disminución de la carpocapsa y de *Operophtera brumata*

Los conservacionistas de aves podrían decir que es bueno que haya polillas de invierno porque sus larvas son a menudo el alimento más importante para numerosas especies de pájaros pequeños, tanto para los polluelos como para los progenitores. Son larvas que no contienen toxinas peligrosas para las aves y que además están disponibles casi todos los años en el momento adecuado. Solo las pequeñas orugas verdes del piral del roble y la encina (*Tortrix viridiana*), que causan daños considerables en estas especies arbóreas, tienen una importancia similar. El hecho de que en algunos veranos se coman los robles antes que en otros, cuando el papamoscas cerrojillo y otras especies de aves aún no están listos para la incubación, sería para algunos investigadores un ejemplo de desarrollo peligroso, porque una red de relaciones estrechamente tejida en la naturaleza cambia su evolución. Pero no se ha tenido en cuenta hasta qué punto ha influido la fertilización aérea a la que todos nuestros bosques han estado expuestos durante décadas. La fertilización tiene efectos completamente diferentes a los del clima y es sabido que hace aumentar la temperatura del aire en más de un grado. Por otra parte, el clima invernal debería tener una influencia mucho más fuerte en las polillas de invierno porque, como ya hemos señalado, estas vuelan a unas temperaturas específicas y en condiciones de humedad elevada en una ventana temporal que es mucho más reducida: entre el principio y el final del invierno. Desde la década de 1960, su frecuencia de aparición ha disminuido considerablemente. Pero no la de todas las especies, sino esencialmente la de la más común, *Operophtera brumata*. La cantidad de ejemplares que han aparecido en los últimos cinco años (de 2013 a 2017) es alrededor de un 80 % más baja que en la década de 1970. ¿Quiere eso decir que le está afectando el calentamiento de los inviernos? Considerando que *Operophtera fagata* y *Erannis defoliaria* no solo no han disminuido, sino que han aumentado de manera significativa, hay que descartar el efecto del calentamiento global en la especie más común. Porque el cambio de las temperaturas invernales afecta a todos los tipos de polillas de invierno.

La fuerte disminución experimentada por una especie de polilla completamente distinta perteneciente a la familia de los tortrícidos nos muestra el verdadero motivo de los descensos de especie. Se trata de la carpocapsa o polilla del manzano (*Cydia pomonella*). Cuando las manzanas todavía venían del árbol y no (preclasificadas y seleccionadas meticulosamente según las normas de la UE) del supermercado más cercano, las orugas de la carpocapsa eran conocidas como «gusanos de manzana». Hoy en día no hay más que el 12 % de las registradas en la década de 1970, pese a que pueden vivir en nogales y en otras especies de árboles frutales además de los manzanos. Y la razón de la fuerte disminución experimentada por ambas especies es bien sencilla: la drástica reducción de los manzanos.

Hace cincuenta años, las primas estatales de compensación por arranque causaron la destrucción de muchos cultivos de árboles frutales. La fruta se produce desde entonces de la manera más uniforme posible en plantaciones de árboles creadas al efecto. Las polillas del manzano y las polillas de invierno comunes, *Operophtera brumata,* se combaten con veneno. La especie *Erannis defoliaria,* que vive en los carpes y en los márgenes de los bosques, no sufre ningún control, aunque muchas veces el recorte mecánico de los arbustos acaba con ellas.

NOCTUIDOS DEL GÉNERO *ORTHOSIA* AL PRINCIPIO DE LA PRIMAVERA

Para concluir, me gustaría echar un vistazo al resto de las especies que aparecieron en los momentos cumbre de (finales) del otoño y de la primavera. Como ya se mencionó, todas ellas forman parte del grupo de los noctuidos. En primavera son especies del género *Orthosia*, las cuales vuelan en gran número durante las noches templadas de después del equinoccio, mientras que por el día se las encuentra rondando los amentos de los sauces en flor. En una noche se puede ver más de un centenar de ejemplares volando hacia la luz. A las diversas especies del género *Orthosia* tenemos que añadir unos cuantos noctuidos que también aparecen en primavera pero que no están emparentados con ellas. Tienen el cuerpo cubierto de una densa estructura de escamas semejante a la piel que les sirve de protección en las noches aún bastante frías de la primavera. Son muy semejantes a las polillas del género *Agrochola*, cuya coloración y dibujos en la parte superior de las alas está en consonancia con los tonos parduzcos y rojizos del otoño. De esa forma se camuflan muy bien con la hojarasca del suelo.

Algunas especies de noctuidos superan el invierno como imagos. En ocasiones revolotean en las noches templadas de pleno invierno e incluso se quedan posados en los escaparates, atraídos por la luz. No es un grupo tan uniforme ni tan fácil de abarcar como las polillas de invierno. Pero muestran las mismas tendencias en la extensión de sus tiempos de vuelo hasta las primeras etapas del invierno y en el vuelo temprano de ciertas especies, en concreto del género *Orthosia.* Todas tratan de servirse de los períodos estacionales con una baja presión enemiga, cuando los adversarios más importantes de los grandes noctuidos, los murciélagos, ya están hibernando. Estos reaccionan a las temperaturas exteriores de manera similar a las mariposas. Una temprana ola de frío en otoño los lleva a sus cuarteles de invierno, una temprana oleada de calor en primavera los hace estar más alerta. Pero todo permanece dentro del marco relativamente flexible de la estación. Los cambios en la duración del día son los mejores generadores de señales. Así las variaciones del clima no engañan demasiado.

Una sincronización demasiado estricta entre las estaciones no solo causa una dependencia demasiado rígida, sino que además sería sumamente arriesgada. Es más que dudoso que alguna de las latitudes medias en la gran zona de transición entre el clima variable del Atlántico en el oeste y el clima continental más constante del este haya desarrollado un vínculo temporal estrecho y que, por lo tanto, no haya podido adaptarse a las fluctuaciones del clima. En pocas palabras, una primavera temprana es temprana para toda la naturaleza, así como un otoño largo o un temprano comienzo del invierno tienen efecto en el medio natural en su conjunto. No podemos descartar que ciertas especies reaccionen a las alteraciones de las fases climáticas, pero es muy poco probable. En lo que hace a la temperatura, las fluctuaciones que se producen de un año a otro superan repetidamente la media de la tendencia general, si es que la ha habido. Y los valores diarios aún más, ya que pueden variar en más de veinte grados centígrados.

La limonera, heraldo de la primavera

Mariposa limonera, ortiguera o pavo real: ¿quién es la primera de la estación primaveral? Normalmente vemos primero una limonera; por lo general, un macho. Basta que sople el foehn a finales de febrero para que alcen el vuelo. En las llanuras y bosques cercanos a la desembocadura del Salzach, las mariposas color limón fueron las primeras que detecté entre 2011 y 2016. Solo en 2013 llegó un poco antes una ortiguera. Pero quizá sea la pavo real la mariposa que ahora se nos presenta como heraldo de la primavera... y tenemos que rescatarla porque intenta en vano salir por la ventana de nuestro cobertizo. Dependiendo de las condiciones climáticas que haya a principios de la primavera veremos primero una mariposa u otra. Quienes quieran disfrutar de su delicada belleza tendrán que prestar atención a los ejemplares que aparecen en cuanto brilla el sol y la temperatura supera los diez grados centígrados.

Es el calor lo que las despierta, porque todas estas mariposas pasan el invierno como imagos. Las limoneras son particularmente difíciles de atrapar. En otoño se quedan pegadas a la maleza del bosque o a los grandes arbustos de los jardines y aterrizan en el frío del invierno. Una especie de anticongelante interno evita que se queden heladas. Las mariposas limoneras sobreviven a veinte grados bajo cero. Para las pavo real y las ortigueras, esto sería un frío mortal. Tienen que buscar lugares protegidos como los cobertizos de jardín, los sótanos abandonados o algún escondite parecido. Pero no abundan precisamente. Por eso hay muchas menos ortigueras y pavo real pasando el invierno con nosotros que mariposas color limón. La bella atalanta solo lo hace excepcionalmente, cuando el invierno es muy suave. Mucho mejor sobrevive al invierno la C-blanca. Esta mariposa con una pequeña ce en el centro del ala trasera pasa también el invierno como imago. Aunque es bastante parecida a la ortiguera, se diferencia por el borde angular de sus alas. De las mariposas que se alimentan de ortigas ya hemos hablado en el capítulo correspondiente, haciendo especial mención de sus larvas y de su llegada en primavera desde tierras del sur (pp. 53 y ss.). Se apresuran en alcanzar su objetivo y, cuando el aire está demasiado frío, hacen un breve descanso en el suelo para calentarse. Ahí podemos ver que las alas funcionan cual paneles solares. Las mariposas limoneras vuelan de forma diferente. Rara vez toman el sol.

Los machos, de un intenso color amarillo, revolotean por la linde de los bosques, por los caminos forestales y las vallas de los jardines como si tuvieran rutas fijas. Al principio vuelan en una dirección y luego regresan, a menudo casi por el mismo camino, para avanzar de manera similar en la otra dirección. Es su forma de controlar el territorio. Vuelan regularmente por su ruta en cuanto brilla el sol y hace suficiente calor durante el día. Los machos que aún no tienen un territorio buscan uno en el que ningún congénere indique con su coloratura amarillo limón que está ocupado. A veces hay conflictos y los machos revolotean arremolinados, pero al rato se marcha uno de ellos. Para saber si es el antiguo propietario del territorio o un intruso hay que prestar atención a las marcas que lucen.

Es inusual que una mariposa defienda un «territorio». Aunque vivan muy poco, es un comportamiento que no les resulta rentable porque demanda energía. De hecho, fuera de los trópicos y subtrópicos hay muy pocas mariposas que muestren un comportamiento territorial. Solo compensa si viven lo suficiente y si las hembras no eclosionan todas a la vez, sino durante un largo período de tiempo. O si necesitan tiempo para prepararse para el apareamiento, como sucede en el caso de las hembras de las limoneras. Esta es una especie que con sus diez meses de vida vive muchísimo más que otras. Las mariposas tropicales no llegan a vivir tanto. Sin embargo, las limoneras descansan en dos tercios de su existencia. Lo que les queda supera con creces la vida activa de muchos otros lepidópteros.

Las mariposas tienen una vida muy corta. Una de las pocas excepciones que hallamos en nuestro país es una de color marrón y manchas claras a la que se conoce como mariposa de los muros (*Pararge aegeria*). Similares a las limoneras, pero más tardías en el año y repartidas en dos generaciones, los ejemplares macho de estas mariposas comunes pero no particularmente llamativas patrullan a lo largo de los senderos, veredas y pasadizos del bosque caducifolio y tratan de ahuyentar a los invasores de su especie. Pero no se lo toman demasiado en serio. También vuelan hacia otras mariposas similares a ellas. La mayoría de las veces lo hacen desde un puesto de control que les brinda una visión general. Pueden ahuyentar a las mariposas pavo real, que son mucho más grandes que ellas. A veces me da la impresión de que también quieren espantarme a mí cuando me acerco demasiado, ¡porque un macho se me pone justo delante de la cara! Y cuando me retiro, se da la vuelta y vuelve de nuevo al puesto de control.

Ataques de mariposas

Mucho más impresionante fue el «ataque de mariposas» que sufrí a principios de verano en la península de Istria. Bajaba por un sendero angosto que conducía hasta la playa, cuando de repente un oscuro ojo del tamaño de un puño se me clavó en la cara y sin querer me salí del camino. Al principio no entendí qué había sido aquello; me quedé mirando a mi alrededor como si hubiera sufrido una alucinación. Y lo único que vi fue una mariposa grande balanceándose. Eran poco más de las once. El sol aún no había alcanzado su máxima potencia. Pero estaba tan alto que solo había sombras cortas. Dando por hecho que mi imaginación me había jugado una mala pasada, avancé un poco más. Ahí estaba otra vez, el ojo del tamaño de un puño. Y entonces me di cuenta de lo que era: una mariposa del madroño (*Charaxes jasius*), un hermoso lepidóptero medio tropical, cuyos ejemplares emparentados viven efectivamente en los trópicos. Volaba hacia mí en una posición que hacía resaltar claramente el fondo oscuro de las alas como si fuese un gran ojo. No exagero al decir que era un espécimen como un puño. Ni poniendo la mano delante de la cara detuve su aproximación; simplemente se volvió hacia un lado y unos segundos después voló de nuevo hacia mí. Sin duda, estaba intentando espantarme. Como es natural, yo la dejé hacer y luego me aparté un tanto para observarla a través de los prismáticos. Al igual que las mariposas de los muros que tan bien conocía de los bosques ribereños del sureste de Baviera, esta se quedó posada en un puesto elevado desde el cual podía supervisar más de diez metros del camino. Al rato pasó una atalanta por el sendero y la alejó en un pispás.

Esta forma de comportamiento está dirigida hacia la localización de las hembras, claro está. Los machos de las limoneras recorren sus rutas de vuelo durante dos o tres semanas antes de que puedan verse las primeras hembras. Con su color amarillo pálido, que es bastante similar al de las grandes blancas de la col, los ejemplares femeninos se diferencian claramente de los machos. Quizá esta es la razón por la que muchas veces no son identificadas como limoneras. Así es que los machos patrullan sus rutas aéreas durante largo tiempo antes de que las hembras aparezcan. En la primavera de 2014 hubo un corto período de frío a principios de abril y para entonces ya estaban en marcha desde hacía un mes. En 2013 tuvimos un gélido postinvierno que duró hasta abril. Pero entonces las épocas de vuelo de los machos y las hembras se postergaron hasta los meses de abril y mayo.

El problema de volar demasiado pronto

¿Por qué las limoneras vuelan tan temprano cuando podrían hacerlo en una época mucho más favorable como es el mes de mayo? De esa forma podrían ahorrarse la larga temporada de vuelo desde finales de febrero hasta mediados de abril, que es cuando el clima es bastante inestable y oscila entre el calor prematuro y el frío final del invierno. En abril hay heladas frecuentes, que muchos años continúan hasta mediados de mayo. Pues bien, resulta que, como las polillas de invierno, las madrugadoras limoneras gozan de una ventaja extraordinaria, y es que la mayoría de las aves cantoras que se alimentan de insectos no regresan de sus lugares de invernación hasta mediados de abril o principios de mayo. Las mariposas que aparecen durante el día no serían gran cosa para su alimentación. Ha de haber una cantidad suficiente de insectos para nutrirlas a ellas y a todas sus crías, sobre todo cuando acaban de nacer. Entre finales de febrero y mediados de marzo, la cantidad de insectos disponibles no llega ni de lejos a la cantidad que necesitan. Las mariposas limoneras son muy llamativas, así que deberían ser presa fácil para las aves más hábiles en la caza de insectos. Hasta los estorninos se las arreglan a veces para atrapar una limonera, generalmente un macho. Es muy posible que las hembras se les pasen por alto porque, como ya hemos indicado, se parecen mucho a las mariposas de la col, especialmente a las hembras de la especie más grande. Y estas mariposas tienen la protección de sus tóxicos glucosinolatos (véanse pp. 61, 82 y ss.).

Las limoneras, entonces, podrían estar imitando a las venenosas mariposas de la col. O bien absorben ellas mismas sustancias de mal sabor ingeridas en estado larvario de su principal planta nutricia, el arbusto del arraclán (*Frangula alnus*), en cuyo caso formarían parte de un círculo de mariposas miméticas que indican con sus llamativos colores que no son aptas para el consumo. Esto es especialmente importante para las limoneras en la temporada de verano, cuando acaban de eclosionar y tienen que sobrevivir varios meses hasta que comienza su período de descanso invernal. Ahora vamos a examinar con mayor detalle a los machos (de un llama-

1. Una esfinge de la calavera «dando la patita» al salir de la crisálida.

2. La catocala nupcial tiene en las alas posteriores un disuasivo patrón rojinegro. Las alas delanteras se camuflan entre la corteza de los árboles.

3. Cráneo de la esfinge de la calavera. Esta es la forma que aparece en el dorso, pero solo alguien con una imaginación desmedida será capaz de ver en ella una calavera.

4. Una larva de esfinge de la calavera.

5. Un macho de *Nymphula nymphaeata* descansando en la orilla. La foto la hice yo mismo mientras realizaba el trabajo de campo para mi tesis.

6. Una tornasolada chica posada sobre mi mano.

7. Una tornasolada introduce su espiritrompa amarillo limón en los poros de un sapo aplastado; en la parte posterior, una atalanta.

8. Una brillante tornasolada posada sobre un helecho.

9. Mariposa pavo real: un lepidóptero espléndido, conocido y frecuente, pero también muy enigmático.

10. Larvas de mariposas pavo real en el tallo de una ortiga.

11. Varias *Araschnia levana* de la generación de verano concentradas en unas flores en 2013, año de su proliferación masiva.

12 y 13. *Araschnia levana:* forma de primavera (izquierda) y forma de verano (derecha).

14. Vanesa de los cardos: descendiente recién eclosionado de alguno de los ejemplares que volaron en mayo desde el norte de África.

15. La ortiguera, una mariposa migratoria no muy bien conocida.

16. Mariposa plusia, el ejemplar migratorio más común del sur.

17. Atalanta, otra especie migrante bastante común, que rara vez se ve en grandes cantidades.

18. *Pierluigi Collina* defendiéndose de unas mariposas plusia que revoloteaban por el estadio en la Eurocopa 2016.

19. Blanca de la col.

20. Pareja de zigenas (*Zygaena filipendulae*) en el momento de la cópula.

21. Un cerezo de racimo devorado por arañuelos, que han tejido sus hilos por todo el árbol.

22. Arañuelos del cerezo de racimo: masas de orugas con inicio de pupación.

23. Eclosión masiva de arañuelos.

24. Oruga de esfinge morada en posición amenazadora. Al echar hacia atrás la cabeza, resaltan aún más los ojos y el cuerpo cimbrea como una culebra.

25. Esfinge morada. Aunque parezca increíble, este esfíngido de alas puntiagudas y color rosa palo ha surgido de una gruesa oruga con forma de serpiente como la de la imagen de la izquierda.

26 y 27. Mariposa limonera. A la izquierda, cubierta de escarcha una mañana de invierno; a la derecha, descongelándose.

28. *Sphinx ligustri* es una de las mariposas más grandes de Europa central y todavía aparece en cantidades bastante elevadas, gracias quizá a los muchos setos de aligustre o alheña que aún pueden encontrarse en parques y jardines. Es un lepidóptero que tiene el tamaño y rendimiento corporal de los pequeños colibríes.

29. Esfinges oceladas apareándose.

30. *Diachrysia stenochrysis*, antes llamada *Phytometra chrysitis*, uno de los noctuidos más característicos.

31. Camino rural: las tierras de labranza destinadas a cultivos intensivos están muchas veces a las afueras del pueblo.

32. Polilla del boj, una especie importada del sureste asiático que no ha sido precisamente una buena adquisición. Sus orugas se comen el boj (*Buxus sempervirens*) en parques y jardines.

33. Medioluto norteña (*Melanargia galathea*), una de las especies de pradera que más ejemplares ha perdido.

34. Bosque de ribera del río Eno: una jungla de sotos y agua con una gran riqueza de especies.

35. La Colección Zoológica Estatal, un oasis de biodiversidad en el centro de Múnich. En primer plano, justo debajo del prado, está la biblioteca.

36. Zona de vegetación rural en una población: hábitat de muchos insectos, en especial abejas, abejorros y mariposas.

37. Campo de maíz a principios de junio. Las plantas todavía no cubren el suelo, por lo que este puede sufrir el efecto de las lluvias fuertes (escorrentía). Pero aun después, cuando ya se han desarrollado por completo, las plantas no tienen ninguna posibilidad de sobrevivir, como tampoco los insectos.

38. Borde de un maizal sin flores. Aquí termina la biodiversidad. Hasta los aparcamientos de las ciudades tienen mucho más que ofrecer a los animales y las plantas.

39. Rociado de sustancias venenosas hasta el borde del camino. Los campos sobrefertilizados reciben un tratamiento intensivo contra las «malas hierbas», cuyo crecimiento es favorecido por el suministro excesivo de nutrientes.

40. A finales de junio no solo se cortan los bordes de los caminos, sino también las pequeñas praderas llenas de flores. De repente, mariposas, abejas y abejorros ya no encuentran flores. Una medida de mantenimiento que se aplica en los bosques estatales, más que cuestionable además de costosa.

41. Terraplén totalmente segado. No queda nada para las mariposas, que deberían beneficiarse del mantenimiento de la zona. Hoy en día vuelan por los taludes del Eno menos de una décima de parte de los abejorros que había en la década de 1970, cuando no se realizaban «medidas de conservación».

42. Una mariposa nacarada. Sus larvas necesitan violetas como plantas nutricias, los imagos necesitan flores que les proporcionen néctar. Ambos son destruidos por la «conservación de los márgenes de los caminos» en los bosques estatales. La alternativa serían los arbustos de frambuesa, pero hoy en día ya no se encuentran en las pistas forestales.

43. Una hembra de niña celeste examina la yema de mi dedo, una delicada experiencia veraniega.

44. Macho de niña celeste (*Polyommatus bellargus*), un bello ejemplar que está desapareciendo de los prados de flores y de los márgenes de las carreteras.

tivo color limón) y a las hembras (de tonos tan pálidos que casi parecen blancas). ¿No deberían necesitar los dos la misma protección?

Es posible que la obtengan igualmente. Porque lo que parece blanco a nuestros ojos puede parecerles a los pájaros algo de una tonalidad similar gracias a su extraordinaria sensibilidad al color y su captación de la luz ultravioleta. Es decir, que la diferencia entre machos y hembras puede ser mayor para nuestros ojos que para la visión de las aves. Los estudios actuales podrán aclarar hasta dónde llega esta diferencia con la ayuda de los recursos de nuestra época. En cualquier caso, hay que destacar que esta diferencia tiene una dimensión temporal que va ligada a las estaciones. Los machos vuelan en primavera considerablemente más temprano que las hembras, pero al mismo tiempo que las de la «generación de verano». No es propiamente una generación porque las nuevas mariposas limoneras del verano son las mismas que están volando la primavera siguiente. Se mantienen en reposo durante el estío y, después de un corto vuelo en otoño, buscan un lugar donde puedan invernar hasta la primavera. En verano apenas se nota la presencia de limoneras; son tan pocas que no llaman la atención. Esto hace que parezcan más raras de lo que realmente son. Deben ser raras, ciertamente, o al menos discretas, porque, en el mimetismo de especies, el modelo imitado ha de ser mucho más frecuente que su imitador. La razón es obvia: las aves que han de evitar capturar mariposas venenosas o de sabor desagradable no deben tener demasiadas experiencias positivas ni ser capaces de desarrollar un patrón especial de búsqueda de mariposas de buen sabor. Esto sería el fin de la protección, y entonces llamar la atención sería una desventaja mortal.

Mimetismo mülleriano

La actividad de las aves que viven de insectos es, naturalmente, mucho mayor en el (comienzo del) verano que en la primavera. Las mariposas limoneras no se aparean después de eclosionar porque sus gónadas no están todavía maduras, sino que lo hacen bajo el sol de la primavera; por ese motivo vuelan tan pronto. Las limoneras maduran en esta estación; necesitan sol. Pueden exponerse porque todavía no hay aves cantoras que las atrapen. Cuando las hembras están listas y buscando lugares para la oviposición, las mariposas de la col ya están en el aire, y son ciertamente mucho más frecuentes que las limoneras. La hembra puede entonces depositar un huevo tras otro en las hojas de los arraclanes, normalmente solo uno o unos pocos por brote. De ahí obtienen su alimento las larvas. Y como este arbusto contiene sustancias tóxicas, las limoneras adultas podrían también ser venenosas. Sin embargo, los glucósidos de antraquinona presentes en las hojas del arraclán no tienen un efecto tan fuerte como los glucosinolatos que las mariposas de la col absorben de las brasicáceas. Al menos, no para los pájaros, porque los frutos del arraclán, que sí resultan tóxicos para los humanos, son muy bien recibidos por los pájaros y de esta forma se esparcen las semillas que aquellos contienen. Esto significa que la relación de imitación que existe entre las mariposas limoneras y las (grandes) mariposas blancas de la col combina dos tipos de mimetismo diferentes. El segundo se conoce como «mimetismo mülleriano», en honor a su descubridor, el zoólogo alemán Fritz Müller, que investigaba en el sur de Brasil, y no tiene nada que ver con el mimetismo que entonces se conocía, el mimetismo batesiano, llamado así por Henry Bates. Según este investigador, el mimetismo se limita a una sola especie venenosa o no comestible, que es imitada por una inocua y comestible. En cambio, el mimetismo de Müller abarca especies similares, todas ellas más o menos venenosas o incomestibles. La ventaja de esta segunda forma de imitación es que pueden participar tantas especies como quieran, ya que ninguna de ellas reduce la eficacia de la imitación. Es lo que sucede, por ejemplo, en las diferentes especies de nuestras avispas. Todas ellas están marcadas y protegidas por la «envoltura de avispa», y todas tienen aguijones llenos de veneno con los que evitan los ataques de los enemigos. El hecho de que haya aves especialistas, como el abejero europeo (*Pernis apivorus*), que no se dejen amilanar por ello solo nos confirma que no hay nada en la naturaleza seguro al cien por cien. Sin embargo, nuestra reacción a las avispas demuestra claramente que su mimetismo mülleriano funciona perfectamente. Cuando se nos acerca una no nos ponemos a mirar si es una avispa común, una alemana o una inofensiva avispa sajona.

Las mariposas limoneras nos obligan a hacer esta breve incursión en las relaciones miméticas porque su ejemplo subraya una vez más lo difícil que es, por no decir imposible, encuadrar la naturaleza en categorías y conceptos. Quien exige «definiciones» y quiere tomarlas como base no ha entendido lo que es la naturaleza. Las mariposas color limón son unas auténticas imitadoras de modelos venenosos porque la gran similitud de sus hembras con las blancas de la col les permite hacerlo. Pero también se establece un complejo mimetismo mülleriano entre los machos y hembras de la especie y las mariposas blancas de la col. Aquí la imitación tiene lugar entre distintas especies de mariposas venenosas e incomestibles. Los glucósidos de antraquinona no ofrecen tanta protección como los glucosinolatos de las blancas de la col. No obstante, las limoneras pueden llegar a ser bastante frecuentes en comparación con las mariposas blancas de la col, especialmente en primavera. Si solo practicaran el mimetismo batesiano serían objeto de depredación en la fase más importante de su ciclo vital, cuando ponen huevos. Esto las convierte en unos especímenes sorprendentes, que además son capaces de reaccionar con flexibilidad a las olas de frío en marzo y abril o incluso en mayo. En su caso, ser flexible significa posponer varias semanas los tiempos de actividad. En las primaveras de 2013 y 2018 se vieron obligadas a adaptarse a las nuevas condiciones climáticas: en 2013, el mes de mayo no fue nada propicio para ellas, mientras que el de 2018 fue sumamente favorable. Pero ¿cuáles son las consecuencias? ¿Por qué fue posible lograr un vuelo particularmente bueno en la primavera de 2014 después del clima tan desfavorable de la primavera de 2013?

Una vez más, la pregunta es cómo actúa el clima. ¿El clima de invierno influye en la supervivencia de las limoneras? La frecuencia de aparición en primavera no nos proporciona información sobre ello. Porque no pueden haber superado el invierno más ejemplares de los que había en otoño. Por tanto, hay que tener en cuenta la frecuencia de aparición del verano anterior para evaluar debidamente el efecto del invierno. El número de ejemplares hallados en la primavera, que varía de año en año, puede estar en relación con el tamaño de la población del año anterior, con la superación del invierno, o con los dos factores.

La importancia del clima primaveral

En 2014 se registró el cuádruple de mariposas limoneras que en 2013, un incremento que tal vez podría atribuirse a las grandes pérdidas experimentadas por la población durante la desapacible primavera de 2013. Pero cuando observo la frecuencia de las limoneras a lo largo de los años, me doy cuenta de que no es así. El gélido febrero de 2012, con semanas de heladas nocturnas de hasta veinte grados bajo cero, no dañó demasiado a la especie. La reducción de las cifras registradas en la primavera de 2012 a la mitad, en comparación con la primavera de 2011, está también relacionada con el hecho de que el vuelo de verano en 2011 ya era débil. Así, en otoño invernaron muchas menos limoneras que en el año anterior o que en el estío de 2013, al que siguió una «cifra récord» en la primavera de 2014.

Sin embargo, la elevada población primaveral de 2014 no se tradujo en una población estival aún mayor, de modo que en 2015 la frecuencia primaveral se redujo a menos de un tercio de la de 2014. Pero en 2015 aumentó la población de verano, así que en 2016 debería haber otra vez una cantidad bastante elevada en primavera. ¿Les resulta confuso? ¡Pues así es como actúa la naturaleza! Cada generación de mariposas se ve afectada por todas las fases climáticas del año: veranos secos y lluviosos, otoños cambiantes, inviernos fríos o suaves, clima primaveral durante el vuelo y, finalmente, el tiempo cálido de principios del estío, cuando las larvas crecen y pupan y salen los imagos. Proyectar nuestro «invierno» sobre el ciclo de vida de la mariposa limonera, o hacer incluso que el curso del clima invernal (palabra clave: calentamiento climático) sea responsable del desarrollo de la población y del futuro de esta mariposa, no es más que una muestra de ignorancia. Aquí se tienen en cuenta los estudios realizados a lo largo de muchos años. En ellos hemos constatado también que los conteos pueden ser poco fiables, porque no es posible hacer los registros exactamente de la misma manera a lo largo de los años. Se necesitan muchas muestras estadísticas para poder reconocer una tendencia en el curso del tiempo, si es que existe tal tendencia. Las fluctuaciones de un año a otro son engañosas. A menudo forman series ascendentes o descendentes por casualidad, que se anulan por completo después de una década o en períodos temporales más largos.

Lo que es seguro es que el factor clave para el desarrollo a medio y largo plazo de la población de las limoneras es el éxito reproductivo en la primavera y comienzos del verano. El desarrollo de la población no depende ni mucho menos de lo que dure el invierno. Es algo que corrobora la amplia distribución de esta mariposa diurna que pasa por todas las formas de clima invernal, desde la variante suave del oeste atlántico hasta la continental del este de Europa. Lo mejor para ella es que haya una cálida y hermosa primavera, cosa que los humanos entendemos perfectamente. Esto se ve ratificado por la aparición al sur de los Alpes de una de sus especies emparentadas, la cleopatra (*Gonepteryx cleopatra*). Es una mariposa que tiene una mancha anaranjada en la parte superior de las alas y algo más grande que la mariposa color limón. La cleopatra experimenta demasiado calor en el estío mediterráneo, mientras que nuestra limonera lo soporta mejor. La estivación, el reposo del verano del que hablamos antes, causa más tensión en el cuerpo de estas mariposas que la superación de las heladas en invierno. Esto se debe a que el calor elimina el agua del cuerpo mucho más rápido que la seca helada. El almacenamiento de glicol, la sustancia anticongelante que evita que se forme hielo en el cuerpo de la mariposa incluso a veinte grados bajo cero, es lo que permite que la estructura corporal no pierda demasiada agua y se quede seca.

Por lo tanto, la superación del calor estival y la deshidratación resultante fue para la limonera el requisito previo para sobrevivir al invierno en el medio natural. Pocas mariposas lo logran. El entomólogo Eberhard Pfeuffer, que ha estudiado ampliamente la mariposa limonera, observó incluso que, cuando la nieve se derrite en invierno, los individuos adultos se arrastran un poco fuera de la vegetación del suelo en la que se habían refugiado para superar la temporada invernal. A muchos insectos hibernantes el clima de invierno húmedo y frío les resulta menos favorable que el frío seco. Entre otras cosas, porque la humedad favorece el crecimiento de hongos que pueden infestar y matar a las pupas e imagos. El paralelismo con los humanos es, una vez más, evidente: el frío seco es para nosotros más soportable que el frío húmedo. De hecho, las heladas también favorecen las enfermedades infecciosas típicas del invierno, como las gripes y los resfriados. En definitiva, y para decirlo en pocas palabras, los inviernos suaves no son mejores para la «naturaleza» que los inviernos fríos. Por lo tanto, no debe darse por hecho que favorecen a las especies que necesitan calor. Tampoco hay que suponer que habrá muchas especies que saquen tanto partido del calentamiento global que crecerán exponencialmente. O que lo hacen porque la naturaleza está «desequilibrada».

«Equilibrio» en la naturaleza

¿Qué nos aportan estos ejemplos y reflexiones cuando tratamos de entender qué es lo que lleva el control en la naturaleza? ¿Cuándo intentamos comprender la misteriosa regulación a la que, según la opinión común, hay que atribuir que los insectos con su enorme potencial de reproducción no inunden y arruinen la naturaleza? El hecho de que esto no ocurra se debe a que las condiciones favorables no son nunca ni en ninguna parte permanentes. Por eso no se produce un crecimiento desmedido de unas especies concretas. Tarde o temprano, y por lo general incluso al cabo de poco tiempo, las condiciones ambientales sufren un cambio y el crecimiento de la población se detiene. Esto es debido a la «regulación independiente de la densidad» de la que hablamos antes. Y dado que la secuencia de condiciones externas favorables y desfavorables fluctúa más o menos (estadísticamente) de manera aleatoria a lo largo del año y de un año a otro, tenemos también una fluctuación más o menos aleatoria en la propia población. La estabilidad que parecemos percibir cuando año tras año hay aproximadamente el mismo número de mariposas de una especie o de todas las especies juntas en una misma zona es algo ilusorio. Podemos crear esa misma estabilidad expresando los cambios numéricos por medio de logaritmos. Este cálculo matemático reduce las desviaciones hacia arriba o hacia abajo hasta tal punto, sobre todo cuando se utilizan logaritmos decimales, que las cifras registradas, que aquí fluctúan muy poco, se representan geométricamente como una línea recta. Quien quiera puede ver ahí el «equilibrio en la naturaleza».

Esto significa poco, o nada de nada, cuando se trata de evitar daños económicos. Valga un ejemplo. Si la población de una especie de insecto dañino para las cosechas crece cien, mil o diez mil veces en el campo o el bosque, esto se expresa en la escala logarítmica simplemente con una elevación del factor (de base 10) a la potencia 2, 3 y 4, respectivamente. Reducir cifras elevadas a una escala manejable ayuda en las representaciones gráficas y los análisis matemáticos, pero casi nunca en el campo o en el bosque mismo. Si el objetivo es salvar a una especie de la extinción a nivel local o regional, esta transformación logarítmica es aún menos útil. Cuando el «equilibrio en el medio natural» se establece de esta manera, las desigualdades reales que mantienen la vida y su dinámica desaparecen. Porque si todo permaneciera igual, tendría que permanecer siempre en el mismo estado y, por tanto, no habría evolución. Deberíamos dejar de pensar que todo en la naturaleza seguiría su curso y estaría «en orden» si el ser humano no influyera con sus actos y labores.

Dicho esto, vamos a repasar una vez más los efectos densodependientes. Son el resultado, por una parte, de la influencia de enemigos y parásitos o gérmenes patógenos que en su conjunto suelen frenar el aumento de la población a medida que se incrementa. Esto es exactamente lo que significa la expresión «dependiente de la densidad». Por otra parte, el alimento utilizado también actúa como factor densodependiente. Si se hace demasiado escaso, los usuarios no sobreviven o tienen una fertilidad gravemente mermada, como demuestra la propagación masiva de los arañuelos de los cerezos de racimo. Para simplificar, podría decirse que la población de una especie —por ejemplo, las larvas de una especie de mariposa en sus plantas nutricias— «presiona» sobre la disponibilidad de alimento, mientras que ella misma está expuesta a la presión de los enemigos y competidores. Con el tiempo, y sobre todo a medio plazo, el índice de utilización de los alimentos y el índice de pérdidas debidas a los enemigos deben equilibrarse para que el balance global no sea ni demasiado negativo ni demasiado positivo. Esto significaría que la población disminuiría y tarde o temprano desaparecería, o que aumentaría continuamente y por lo tanto se volvería inestable. Una vez más, el modelo está bien claro: tasa de descendencia (b) y tasa de pérdida (m) ≈ 0.

Este equilibrio indicaría estabilidad (biológica) y generaría el crecimiento cero que a menudo se exige para que la raza humana sobreviva. Sin embargo, la naturaleza es más compleja que el modelo teórico. No es un espacio cerrado con condiciones uniformes en el que solo se produce la interacción de una especie con otra o con unas cuantas. Más bien al contrario: son miles y miles las especies que están involucradas; su cifra varía en función del alcance del área considerada y el abanico de especies que se observen. Cuando salimos a la naturaleza con tales concepciones modelo se nos presentan infinidad de elementos locales dentro del espacio básico de referencia, que recibe el nombre de biotopo. En este contexto hay que añadir otros dos procesos de suma importancia y que no se han considerado en las explicaciones precedentes: la emigración a otras zonas del excedente local («sobreproducción») y su reverso, la inmigración al lugar considerado.

Esta caracterización se acerca más a la realidad, porque las especies no son constantes ni están distribuidas uniformemente. En cada lugar donde se generan aparecen en diferentes frecuencias, que fluctúan más o menos intensamente a lo largo de los años. En resumen, hay una ebullición continua en la naturaleza, como si fuera una olla de agua hirviendo. Los aumentos y los nuevos asentamientos en un lugar pueden caracterizar la evolución general, pero también podrían compensar las disminuciones y la extinción en otros. Sin entrar en más detalles, pese a que ello nos llevaría a los conceptos y modelos centrales de la ecología demográfica, se pueden extraer las siguientes conclusiones:

1. Para poder distinguir entre las tendencias persistentes y las fluctuaciones naturales, las investigaciones deben abarcar períodos de tiempo suficientemente largos. La duración «suficiente» vendrá dada por la duración de las fluctuaciones. Debe haber suficientes años o generaciones en los períodos de observación para poder distinguir las fluctuaciones de las tendencias, si es que existe tal tendencia.
2. Las investigaciones locales deben ser representativas de áreas más grandes para poder aportar datos relevantes. En un «biotopo» favorable de reciente creación como los que suelen crearse en nuestra época como compensación por las intervenciones en la naturaleza y el paisaje, pueden producirse acontecimientos extremadamente po-

sitivos a lo largo de muchos años (desde el punto de vista de la protección de las especies), mientras que la tendencia general es de fuerte decrecimiento y, por tanto, negativa en áreas grandes.

3. Las tendencias comparadas a las se haga referencia deben ser independientes entre sí, al igual que las tendencias meteorológicas y climáticas son independientes de las mariposas.
4. Los métodos de observación no tienen que estar (necesariamente) influidos por las capacidades personales de las personas que realizan los estudios. Las observaciones físicas continuadas son claramente preferibles a las «meras impresiones».
5. La comparabilidad debe justificarse de manera comprensible en lo que respecta a la interpretación de los resultados y las conclusiones.

A estos cinco criterios básicos se les suma un requisito previo: que el investigador disponga de conocimientos debidamente cualificados de la especie en cuestión. Muchas especies de mariposas no son fáciles de identificar; algunas no se pueden determinar de manera fidedigna sin hacer ciertas pruebas de laboratorio. Otros grupos de insectos requieren conocimientos taxonómicos adicionales de cada una de las especies. Pero los expertos escasean y su tiempo es limitado; su disposición a identificar especies difíciles con mucho tiempo de permanencia tiene sus límites. Esto no debe desalentar a quienes están dispuestos a «contar mariposas» y contribuir al conocimiento de la cantidad, frecuencia y tendencias poblacionales de estas. Los métodos que aquí se exponen están probados y son prácticos. Necesitamos tener recuentos de las mariposas de todo el país porque muchas especies están en peligro de extinción y desaparecen a marchas forzadas. Las que aún son frecuentes en la actualidad pueden ser pronto las más diezmadas.

Los ejemplos tratados hasta ahora no han causado la impresión de que las mariposas están en situación grave. Sin embargo, era importante comprender primero los procesos de la naturaleza utilizando especies más conocidas y comunes y mostrar la diversidad de los mecanismos en acción. Empezar con la extinción, aunque muchas veces sea algo inevitable, no es la mejor manera de promover el interés y el entusiasmo por las mariposas. Y eso es lo que a mí me gustaría lograr. La segunda parte del libro trata de la desaparición de las mariposas y lo que (todavía) se puede hacer al respecto.

Parte II

La desaparición de las mariposas

Registro de las mariposas, un gran problema

Las mariposas están en un sitio y luego se van. Saltan desde alguna parte, se posan en las flores, liban el néctar, como es natural, y luego prueban la de más allá o alzan el vuelo. La forma de volar de las mariposas diurnas podría causar la impresión de que están medio borrachas. En cambio, una mariposa de la noche como la esfinge colibrí, que a menudo vuela también durante el día, viene como una flecha, se queda zumbando en el aire delante de la flor elegida y enseguida se marcha otra vez. El pequeño esfíngido bate las alas tan rápido que no percibimos más que su sombra.

Paseando por la hierba del jardín, que no está demasiado corta ni se parece en nada al césped artificial, nos topamos con unas mariposillas alargadas que escapan a nuestro paso dando brincos y aleteos. Pertenecen todas a la familia *Crambidae*, una agrupación particularmente diversa de microlepidópteros compuesta por un sinfín de subfamilias. En ella se han reunido todas las especies que no son diurnas —esfíngidos, arctinos, bombícidos, noctuidos o geométridos—, así como algunas subfamilias de mariposas de reducido tamaño, pero bien conocidas. Las más pequeñas apenas pueden ser reconocidas como mariposas a simple vista. Los grandes esfíngidos, por el contrario, son similares en masa corporal y forma de vuelo a aves pequeñas como los colibríes. De hecho, en su cuerpo se produce también una gran cantidad de energía.

¿Cómo se puede establecer la «frecuencia» de aparición de las mariposas en estas condiciones? ¿Solo es posible hacerlo cuando el estudio se limita a unas especies concretas o a grupos de especies bien definidos, como por ejemplo las mariposas diurnas o, dentro de ellas, las mariposas de la col? Estas son fáciles de ver y normalmente no vuelan muy rápido. Incluso las pavo real o las macaones podrían contarse en ciertas áreas o a lo largo de transectos (bien) definidos. A continuación examinaremos algunos ejemplos de tales zonas de análisis, en los cuales veremos la gran cantidad de elementos importantes que pueden obtenerse de los recuentos. Sin embargo, las «mariposas en general» escapan a los conteos a simple vista y en tramos previamente establecidos.

Muchos viejos conocedores y amantes de la naturaleza han sostenido que hoy en día hay muchas menos mariposas que antes, pero esta es una evaluación desestimada por los analistas de la disminución por considerar que no son más que recuerdos manipulados del pasado. ¿Hay algo de verdad en ello? Es bien sabido que los «viejos buenos tiempos» son por lo general una evocación nostálgica. Nuestros paisajes también han cambiado y van a seguir cambiando. Este es el curso del tiempo a partir del cual se desarrolla lo que llamamos historia. Sin embargo, los viejos conocedores y amantes de la naturaleza tienen razón. Antes había una cantidad mayor de mariposas y de otros insectos. Y este «antes» puede ser fechado con exactitud. Fue la época anterior a la (sobre)fertilización masiva y al uso de venenos en las tierras de labranza. El cambio empezó con las concentraciones parcelarias realizadas después de la segunda guerra mundial. Los cincuenta últimos años del siglo XX son el tiempo del gran cambio en la agricultura. La situación actual de nuestras tierras es una simple continuación de ello, pero se ha visto notablemente agravada por la conversión de enormes superficies agrícolas en cultivos productores de biodiésel y biogás. La transición hacia las energías renovables representa en Alemania el (en estos momentos) último incremento de la industrialización de las tierras de cultivo. Veamos por qué.

Al comienzo de la primera parte me he referido al método de investigación cuyos resultados demuestran el fuerte declive experimentado por las mariposas. Ahora vamos a explicarlo con más detalle. Como se trataba de estudios a largo plazo, los resultados de la investigación eran en principio absolutamente imprevisibles. Lo empezamos a finales de los años sesenta, una época en la que difícilmente se habría admitido como proyecto de investigación universitario. Al cabo de diez años no había todavía señales de lo que hoy en día es ya evidente después de medio siglo de observación. En las dos primeras décadas de estudio, nuestras investigaciones no pretendían proporcionar información sobre los cambios en la frecuencia de las mariposas nocturnas y de otros insectos. Al principio no había nada más que curiosidad. Quería ver qué es lo que volaba por la noche a las afueras del pueblo, en el bosque de ribera, y solo tiempo después me puse a observar las especies que volaban por la ciudad. A mí me fascinaba la riqueza de formas, el hallazgo de lo nuevo que a tantos coleccionistas subyuga; se trataba de examinar a esfíngidos y bombícidos, a noctuidos y geométridos, además de los ejemplares minúsculos que no se ven durante el día y que por lo tanto solo se conocen por los libros. Siempre que uno tenga interés, claro está. Porque, si no, lo que ves en los manuales sigue siendo extraño. Tan solo la experiencia de campo te lo hace familiar.

Empezando con 1.000 vatios

Fue un coleccionista de mariposas, el ya desaparecido Hans Wimmer, del distrito bávaro de Rottal, quien me mostró la variedad y belleza de nuestras mariposas nocturnas cuando era un estudiante de secundaria. Admiré su colección sin sentir la necesidad de crear la mía propia. A las mariposas prefería verlas vivas. Wimmer me proporcionó una lámpara de vapor de mercurio, una bombilla de mil vatios de potencia. Con ella alumbré en las cálidas noches de verano los prados que había detrás del pequeño jardín de mi casa. Tuve un éxito tan abrumador como confuso.

Bajo la deslumbrante luz vi mariposas de todos los tamaños y formas, pero las más grandes y hermosas estaban demasiado inquietas para poder contemplarlas con tranquilidad. El hecho de que aterrizaran en una sábana blanca iluminada por la lámpara creó un contraste tan fuerte que no tardaron en dolerme los ojos. Además, había muchos insectos que me daban en la cara o el pelo, o que se me colaban por debajo de la camisa, cosa que al principio fue divertida pero que luego se volvió molesta. Era imposible mantener una visión general de la abundancia de insectos voladores y de su forma de volar. Unas noches después ya solo prestaba atención a las mariposas particularmente bonitas, y cuando empecé mis estudios de Zoología abandoné la práctica de la iluminación por completo. Entre otras cosas, porque ingresé en la universidad en el semestre de verano, es decir, en la mejor época del año. Sin embargo, el entusiasmo por las mariposas había calado en mí. A partir del sexto semestre de Biología me dediqué a estudiar un grupo pequeño y muy poco conocido de lepidópteros: las mariposas acuáticas (véanse pp. 21 y ss.).

Un buen método de atracción a la luz

Cuando estaba trabajando en mi tesis sobre las nínfulas de los nenúfares me enteré de que la estación ornitológica de Radolfzell empleaba un dispositivo especial con el cual capturaba insectos para alimentar a las aves pequeñas a lo largo del año. Estas se hallaban guardadas en el Instituto Max Planck para realizar ciertas investigaciones. El principio de base es muy sencillo, permítanme que se lo vuelva a explicar brevemente: un fluorescente ultravioleta (15 vatios) es la fuente lumínica que atrae a las muy diversas clases de insectos que están activos por la noche. Caen por un embudo colocado justo debajo del tubo y entran en una gran bolsa, que está llena de cartones de huevos para aumentar la superficie interior en las noches plagadas de insectos. A estos no les sucede nada ahí dentro. A la mañana siguiente se los recogía y clasificaba en función de si eran adecuados o no para la alimentación de las aves. O bien se determinaban las especies y se contaban los ejemplares de cada una de ellas.

Ese fue el método que yo adopté. Mi buen amigo Raimund Mascha me construyó un aparato como aquel y funcionó a las mil maravillas desde el comienzo. A principios del verano de 1969 pude emprender ya mis propios estudios. Resultó un año muy productivo; tanto que al poco tiempo me propuse investigar la biodiversidad del bosque de ribera con el mismo método. Y la de otros lugares. Luego examinaremos cada una de ellas en su propio contexto. Pues bien, los trabajos basados en la atracción a la luz se convirtieron pronto en una rutina. A pesar de que la mariposa mantiene la misma forma a lo largo del tiempo, siempre se mantenía vivo en mí el interés por identificar y clasificar a cada una de ellas. Cada noche podía traer algo inesperado, como por ejemplo los grandes esfíngidos, que dejaba que se me subiesen a los dedos para observarlos mejor. He mostrado a muchas personas interesadas en las mariposas, entre ellas infinidad de niños, cómo uno de estos esfíngidos, la esfinge ocelada (*Smerinthus ocellata*), en posición de reposo mantiene las alas delanteras pegadas al cuerpo como si fueran una techumbre, y cuando se le da un ligero golpe en la zona de la cabeza las levanta de golpe y las lleva hacia delante. Las alas traseras con los grandes «ojos» parecen lanzarse hacia ti. Si los adultos se asustan un poco al verlas, es evidente que esta repentina aparición de los ocelos tiene también un efecto intimidatorio en las aves, los principales enemigos de estas mariposas. A los grandes esfíngidos, al igual que a los arctinos y a tantas otras mariposas impresionantes, se los puede dejar en los arbustos, donde pueden pasar el día protegidos hasta que vuelven a ponerse en marcha al caer la noche. Al principio se registraban con frecuencia rasgos particulares, que fueron remitiendo a medida que disminuía la frecuencia de aparición, aunque nunca desaparecieron por completo; y todo esto era nuevo para mí. En los primeros años me impresionó muchísimo la cantidad y variedad de las mariposas presentes. En las mejores noches había entre quinientos y mil ejemplares volando hacia la luz. Podía haber más de ciento cincuenta especies diferentes. A veces me sentía como si estuviera en los trópicos, aunque nunca vi un número tan grande de especies en Brasil; los trópicos son particularmente ricos en especies, pero las especies aisladas suelen ser bastante raras.

Las mariposas no eran las únicas atraídas por la luz; también había muchos otros insectos interesantes. Los escarabajos de mayo, tan extendidos entonces, concentrados en ciclos de tres años, caían a veces como una granizada. Afortunadamente, su período de vuelo, que abarca solo dos o tres noches, se iniciaba bastante pronto, hacia finales de abril o principios de mayo, así que no destruían a las mariposas cuando caían en cantidades masivas. Además, en esos días de abril es justo cuando aparecen las verdaderas especies de primavera, como *Orthosia populeti,* mientras que las especies de mariposas asociadas al verano solo se presentan a partir de mediados de mayo. Pero como los escarabajos venían por centenares, la bolsa de recolección se caía muchas veces al suelo porque no podía aguantar tanto peso. Por esa razón se registraban cifras sumamente bajas, pues cuando yo llegaba por la mañana para contarlas ya había volado un gran número de ellas. Volveré más adelante al escarabajo de mayo, porque este insecto desaparece a comienzos de la década de 1980, justo cuando las mariposas empezaron a disminuir.

Cambio y continuidad

Las zonas limítrofes al pueblo cambiaron mucho durante este tiempo. Las praderas desaparecieron para convertirse en maizales. Uno de los arroyos que serpenteaba por el bosque de ribera fue rellenado, el terreno nivelado y todos sus árboles y fresnos centenarios talados. Prados de medio kilómetro se transformaron en tierras de labranza en las que se cultivaba maíz continuamente. A principios de verano, el viento arrastraba el olor de los venenos rociados sobre los nuevos cultivos hasta los jardines y, a veces, hasta las mismas casas, así que manteníamos cerradas las ventanas todo lo posible. Como en muchos otros sitios, los árboles frutales que crecían a las afueras del pueblo fueron eliminados en gran medida porque el Estado concedió primas por arranque. En muchos lugares, los maizales llegaban hasta las vallas de las casas. En la década de 1960, el pueblo se hallaba todavía en un paraje idílico, con unas tierras de labranza que se destinaban a diferentes cultivos, pero para entonces parecía más bien una isla. En verano y los albores del otoño, las dos torres de la iglesia se alzaban sobre un océano de maizales. Y a partir de la cosecha en octubre y noviembre, el pueblo estaba rodeado de tierra desnuda hasta principios de mayo.

El bosque de ribera no experimentó tantos cambios, al menos en apariencia. El lugar donde empecé un segundo estudio a largo plazo en 1973 estaba a unos cien metros de los terrenos donde se levantaba una pequeña urbanización. La luz caía directamente sobre el bosque. El cambio más importante fue que casi al mismo tiempo que yo empezaba mis investigaciones, el bosque dejó de gestionarse como monte bajo para la producción de leña tal como se había hecho durante siglos. Porque el diésel o el gasóleo barato se había convertido en un competidor muy poderoso. Los propietarios de los terrenos abandonaron el laborioso proceso de la producción de madera. El bosque ribereño de bajo crecimiento, que había sido dividido en parcelas para el aprovechamiento anterior, comenzó entonces a crecer de manera entreverada. Durante una década esto pasó casi desapercibido. Tan solo noté una creciente disminución de la mayoría de las especies de aves cantoras. Poco a poco, las diferencias de edad de los árboles pertenecientes a las diversas parcelas se nivelaron. El bosque se hizo más uniforme. Este empobrecimiento estructural tuvo inicialmente menos efecto en la aparición y frecuencia de las mariposas que en las pequeñas aves cantoras, mejor adaptadas a las diferentes edades de la vegetación arbórea. En los años ochenta incluí otros lugares de estudio en mis investigaciones. Uno de ellos, situado justo al lado de una de las centrales hidroeléctricas del río Eno, me proporcionó durante diez años una gran cantidad de datos sobre la frecuencia y pautas estacionales de enjambrazón de los insectos acuáticos (tricópteros, efermerópteros y plecópteros, así como de los quironómidos, unos insectos que no pican y aparecen en grandes cantidades). Sin embargo, también realicé hallazgos igualmente notables en las especies vegetales del bosque de ribera y en las mariposas que viven en los pastizales de la presa.

Esta zona no se vio afectada en absoluto por los efectos de la agricultura. Y lo mismo sucedió en otro de los lugares de mi investigación: un bosque que antes era propiedad del Ejército alemán. Finalmente, en 1981 empecé a hacer estudios comparados en Múnich, en concreto en uno de los patios interiores del palacio de Nymphenburg, un espacio de alrededor de seis mil metros cuadrados y que no tiene ni una sola luz encendida por la noche. Este estudio concluyó en 1984, ya que al año siguiente la Colección Zoológica Estatal se trasladó a su nuevo emplazamiento en el barrio muniqués de Obermenzing. En el edificio nuevo no me fue posible retomar los estudios sobre atracción a la luz hasta 2002, pero después los mantuve con regularidad y buenos resultados hasta el año 2010. Llevé a cabo algunos más en diversos lugares de la ciudad de Múnich. Para ello hice una especie de sección transversal desde los distritos del centro hasta el campo. Se trataba de examinar, sobre todo en el sureste de Baviera, el acercamiento de las mariposas a los jardines, las zonas de las afueras y los emplazamientos casi naturales de un arroyo que no era utilizado para labores agrícolas. No se pudieron evitar los desfases temporales porque la evaluación de las atracciones a la luz lleva mucho tiempo. También hay que tener en cuenta las condiciones meteorológicas; si no, la comparabilidad se resiente. Solo unos estudios realizados a intervalos de entre dos y seis noches nos permiten obtener hallazgos significativos sobre la frecuencia y tendencias poblacionales de los insectos nocturnos. En verano, el análisis de uno de sus acercamientos a la luz puede llevar varias horas. Pese al esfuerzo que ello conlleva, sin duda compensa hacerlo cuando se puede seguir capturando ejemplares durante muchos años o cuando es posible registrar la aproximación a la luz en diferentes lugares en una misma noche. Por esa razón se constituyó la Colección Zoológica de Múnich.

Personas que nos ayudan a identificar las especies

Son muchas la personas que me han ayudado en la evaluación de los insectos atraídos por la luz en el último medio siglo. Especialmente importante fue el auxilio que me prestó la Colección Zoológica Estatal, sobre todo a partir de 1974. En los primeros años, conté con el apoyo de dos compañeros, Wolfgang Dierl (†) y Josef Wolfsberger (†), ambos de la Sección de Mariposas, y del director de la colección, Walter Forster (†). Después, han sido mis colegas y amigos Axel Hausmann y Andreas Segerer quienes me han ayudado en todo momento, aun cuando tuvieran trabajo de sobra en la colección de mariposas más grande del mundo. En los últimos años se han incorporado al centro aficionados a las mariposas como Johann Brandstetter y Gerhard Karl, expertos en los noctuidos y los microlepidópteros, respectivamente. No es fácil aprender a distinguir más de mil especies de mariposas en poco tiempo.

Y dado que las especies a menudo varían, a veces incluso en una medida notable, hay que contar con la validación de los especialistas. A lo largo de las décadas, se ha ido formando una red de expertos que ha permitido eliminar las determinaciones inciertas y corregir las erróneas. A ello se suman los desafíos derivados de los nuevos conocimientos. Formas que anteriormente no habían sido distinguidas por los expertos, sino que eran presentadas como una especie única resultaron estar compuestas por dos especies distintas cuando se las examinó con los métodos modernos de genética molecular. Pero esto no cambia el panorama general porque la gama de especies registradas es muy elevada. No se trata de quedarse estancado en la determinación de las especies crípticas o en la separación de especies gemelas. El objetivo es trabajar en las evoluciones generales, en las tendencias, y determinar sus causas. A lo cual debe añadirse la observación previa del objeto de nuestra investigación. La observación de las mariposas.

Los nombres de las mariposas

Se dice que las mariposas son hijas del sol y sin duda la inmensa mayoría de las mariposas diurnas responden a esta poética definición. Alzan el vuelo en las primeras horas de la mañana, cuando ya hace suficiente calor. A menudo es posible observar cómo se calientan al sol con las alas extendidas. Al atardecer vuelven a sus lugares de descanso o a sus escondites para pasar la noche. Se van a dormir, normalmente antes que nosotros. Hay mariposas que se reúnen en sitios solo conocidos por ellas y marcados con sus feromonas para formar comunidades durmientes. Algunas se cuelgan de las plantas que han elegido para el descanso nocturno. Así se comportan algunos licénidos, entre los cuales destaca la zigena de los seis puntos. En los trópicos hay más especies de mariposas que forman comunidades durmientes.

Pero las «mariposas diurnas», las verdaderas mariposas, las que han recibido propiamente este nombre científico, y las otras muchas especies de lepidópteros que salen durante el día pero que en realidad pertenecen a las «mariposas nocturnas» son solo una pequeña parte de la totalidad de los lepidópteros existentes. En Europa central, las mariposas que vuelan de día no son más que el 10 % de todas las especies de lepidópteros que habitan la zona. Así es que las mariposas deberían ser consideradas en realidad como «hijas de la noche». Es una definición perfectamente justificada, pues no hay más que ver que las especies nocturnas multiplican por diez a las diurnas, además de tener un mayor número de individuos y una mayor diversidad de familias. Mientras durante el día aparecen las verdaderas mariposas diurnas (ropalóceros es la denominación técnica) junto con algunas nocturnas (o hespéridos), por la noche hay una abundancia de especies de esfíngidos, de arctinos, de varias familias de los bombícidos —no emparentados con los anteriores—, de noctuidos y geométridos, así como incontables familias de microlepidópteros. Entre ellas hay desde ejemplares diminutos que parecen polvo en suspensión hasta grandes esfíngidos con la masa corporal y capacidad de vuelo de las aves pequeñas. Lamentablemente, al agruparlas a todas ellas como «polillas», y esto se hace casi oficialmente en inglés (en el cual se diferencia *moth* y *butterfly*), se las está devaluando en términos lingüísticos. Las verdaderas polillas, como la polilla de la ropa o la polilla de la fruta seca, son pequeñas y nada llamativas como mariposas, y sus larvas devoran los tejidos que no están hechos a prueba de polillas o los alimentos almacenados. Llamar polillas a todas las mariposas activas por la noche sería como llamar roedores a todos los mamíferos, cuando entre ellos hay ciervos y osos, lobos y castores.

Los nombres de las familias suelen encajar mejor, aunque con algunas salvedades. Los noctuidos, por ejemplo, no tienen nada en común con las aves nocturnas (del género *Noctua*), y no todos los bombícidos son tejedores, pero muchas orugas que no pertenecen a este grupo sí que hacen hilos, y de una manera notable. No vamos a ahondar en tales diferencias. Los nombres se basan en impresiones, opiniones y prejuicios que vienen de antiguo, o en interpretaciones más bien mágicas, como sucede con el nombre alemán, *Schmetterling,* que viene de *Schmetten* («nata») y de *butterfly* (literalmente, «mosca de la mantequilla»), porque antaño se había extendido la creencia de que a las mariposas les gusta la mantequilla. Tenemos que aceptar los términos lingüísticos históricos, o bien trabajar para sustituirlos por una versión más apropiada.

Algunos nombres científicos no son mejores; de hecho, hay una buena cantidad de denominaciones erróneas. Son una expresión de la vanidad de los especialistas, cuando es algo que no debe prosperar en la ciencia. Si se han puesto para rendir tributo a personas que suponen se sienten halagadas por ello, estamos ante una práctica mala y ridícula. No importa cuánto hayan contribuido tales individuos al progreso de la ciencia: no debe ponerse su nombre a los animales o plantas por ellos descubiertos. Ni siquiera en el caso de científicos de la talla de Charles Darwin. Si no se puede caracterizar una especie por una señal comprensible para todos, o no es posible utilizar una característica común para el nombre del género, será mejor emplear una referencia al lugar antes que nombrar una mariposa en honor a una persona. Todo lo demás es presunción, idiosincrasia o notoriedad. El hecho de que no puedan eliminarse tales desviaciones se debe a que el sistema, en principio bueno, hace tiempo que se ha vuelto inmanejable, pero es el que debe garantizar la univocidad de los nombres científicos y su durabilidad, es decir, el «principio de prioridad».

El nombre científico debe quedar fijado para todos los tiempos y todos los idiomas partiendo de la primera descripción de la especie. Para ello se toma como base el sistema de descripción de la naturaleza que el sueco Carl von Linné (conocido como Linneo en castellano o Linnaeus, en latín) desarrolló a principios del siglo XVIII para las plantas, animales y minerales, y que puso por escrito en su obra magna, *Systema naturae,* publicada desde 1735. El volumen 10, del año 1758, es de particular importancia para la denominación del mundo animal. Está considerado como la referencia básica para la denominación científica de cualquier animal. Desde entonces se ha dado a cada especie un nombre formado por dos palabras: la primera designa el género (escrito en mayúscula) y la segunda, la especie misma (escrita en minúscula). Para evitar confusiones, muchas veces va seguido del nombre del primer descriptor y el año de observación.

Nuestra blanca de la col, por ejemplo, se llama *Pieris brassicae* (Linnaeus, 1758). *Pieris* es el género de estas mariposas; *brassicae*, el nombre de la especie, derivado del latín *brassica* (=col). Linneo ya la había mencionado en su obra sobre el mundo animal citada más arriba, así que el nombre científico se completa con la mención «Linnaeus, 1758» o, en forma abreviada, «L., 1758». Y así es como ha quedado establecido para la posteridad. Esta manera de nombrar las especies habría sido algo fantástico si los botánicos y zoólogos hubieran tenido acceso a internet en su momento y hubieran podido mantener una comunicación fluida. De esa forma se podría haber evitado la infinidad de denominaciones duplicadas o múltiples que se hicieron en aquellos días. Lo cual ha provocado que muchas especies, sin duda demasiadas, tengan varios nombres científicos. Averiguar cuál fue el primero de todos y, si es posible, el espécimen en el que se basó la descripción es algo tan difícil para los especialistas como la dilucidación de casos históricos no resueltos para los criminalistas. Por eso se han introducido tantos cambios en los nombres «oficialmente válidos». Una práctica que se ve incrementada por las no menos cambiantes opiniones de los especialistas, pues a veces consideran que determinada especie «pertenece» a un género concreto, pero luego la asignan a un género de reciente creación.

Esto provoca un cambio de nombre, cosa que siempre se hace conforme al mejor criterio, pero lamentablemente no sobre la base de métodos definitivos y aceptados por la mayoría. Es lo que sucedió, por ejemplo, con «mi mariposa acuática», la nínfula de los nenúfares, del género *Nymphula,* una denominación que todavía era «válida» en 1970 y así apareció en mi tesis de doctorado. Pero más tarde se cambió el género por *Nausinoe* y *Elo-*

phila, a pesar de que Linneo ya había conocido y nombrado la nínfula de los nenúfares en 1758. Ejemplares tan comunes e inconfundibles como aquellos cuyas larvas enrollan las hojas de la ortiga como si fueran bolsas pueden encontrarse bajo el nombre científico de *Phalaena ruralis, Botys ruralis, Syllepta ruralis, Pleuroptya ruralis, Pleuroptya verticalis* y *Patania ruralis,* también «válido» actualmente; tales cambios de denominación, contrarios al principio de estabilidad original, solo provocan confusión. También han resultado afectadas mariposas bien conocidas, como la pavo real, que ha recibido nombres genéricos muy diferentes.

La moderna genética molecular no ha conseguido cambiar nada. Más bien al contrario: los hallazgos obtenidos con este método empeoran la situación, ya que se basan en una determinación bastante arbitraria de las «diferencias genéticas» para justificar la diferenciación de especies. La utilización de las raíces genéticas para crear un sistema uniforme y claro no fructifica por el propio desarrollo de la vida. Todo está en flujo constante, en un perpetuo proceso de formación. En su obra capital sobre el origen de las especies, especialmente en la sexta y última edición de 1872, revisada por él mismo, Darwin ya cuestionaba y negaba que puedan existir especies rígida y claramente delimitadas. La diferenciación de especies es un proceso que se desarrolla a diferentes velocidades y que no establece límites férreos entre las especies, ni en términos espaciales y geográficos, ni en términos cronológicos e históricos. Por lo tanto, responde a criterios puramente opinables el que las mariposas de una isla o de una región remota del continente se clasifiquen y nombren como una especie independiente o «solo» como una subespecie, aun cuando genética o externamente se diferencien bien poco de una forma manifiesta similar y estrechamente emparentada desde el punto de vista genético.

Desde hace cien años, la disciplina está dominada por los defensores del desglose (*splitters* en inglés), así que muchas especies están divididas en dos o en varias más. Hoy en día está creciendo el número de especies porque se reconocen «nuevas especies». No son especies que se hayan formado de nuevo, sino que han sido descubiertas mediante un método novedoso. Muchas formas que antes se clasificaban como subespecies o taxones geográficos ahora alcanzan el rango de especies. El concepto de especie deja así de ser algo manejable, tiende a perder su capacidad de comprensión y el sistema mismo de definición se vuelve aún más rígido de lo que era antes. A Darwin no le gustaría nada todo esto.

No es extraño que, a principios del siglo XX, después de una fase de extrema división de las especies, se iniciara un movimiento contrario que recuperó la condensación y trató de representar mejor la naturaleza de las especies con subespecies locales y regionales. Los agrupadores (en inglés, *lumpers*) resaltaron las diferencias geográficas. Aunque también hay (o había) un grado considerable de arbitrariedad en este método, causó menos confusión que la división excesiva de las especies. La gran mayoría de los sistematistas y taxonomistas que hoy están a favor de la división de las especies sostienen que de esta forma se generan más especies en peligro de extinción necesitadas de protección porque una antigua forma local se presenta ahora como especie. Tales justificaciones pueden ser consideradas correctas y admisibles, o bien pueden rechazarse por ser demasiado personales y encaminadas a otros objetivos. Pero no cambian las condiciones de la naturaleza.

Por mucho que queramos, las especies no se pueden clasificar en cajones estancos. Su principio básico, la fuente de su éxito, es el cambio, la variabilidad continua.

La disminución de las mariposas

Campo y periferia

Que antes había muchas más mariposas lo confirman los resultados de mi investigación: la frecuencia de aparición de las mariposas nocturnas ha disminuido en más del 80 % desde la década de 1970. Desde 1969 hasta 1974 (sin contar 1970, un año de ausencia), el promedio de mariposas que se aproximaron cada noche desde principios de junio hasta finales de agosto fue de 242. La diferencia en los años considerados osciló entre el valor máximo de 1972, con 282 mariposas, y el promedio más bajo del verano de 1974, con 231, aunque el margen de fluctuación fue bastante estrecho. Por lo tanto, el valor medio muestra con precisión las frecuencias de aparición registradas durante los cinco años. Entre 1991 y 1995, la frecuencia de aparición fue de 88 mariposas por noche, es decir, un 64 % más baja que a principios de los setenta.

Posteriormente, se redujo a más de la mitad y, entre 2013 y 2017, cuando se registró un promedio de 37,5 mariposas por noche, solo se llegó al 15 % de la frecuencia anterior. En estos cálculos no se tuvieron en cuenta las propagaciones masivas de arañuelos (véanse pp. 99 y ss.), que solo se producen en años concretos y arrojan cifras extremadamente elevadas en unas pocas noches; ni tampoco la expansión de la polilla del boj (*Cydalima perspectalis*) que se ha introducido en los últimos años. Estas cifras tan elevadas alterarían indebidamente los resultados obtenidos en las afueras de la población y opacarían la tendencia general. Todos estos datos se representan mejor por medio de gráficos, así que en este capítulo vamos a mostrar unos cuantos.

El declive de las mariposas se confirma y corrobora con la disminución del resto de los insectos que vuelan hacia la luz (véase gráfico 2). El diagrama no incluye los vuelos de enjambrazón de los escarabajos de mayo, que terminaron a principios de los años ochenta. Tales vuelos se producían regularmente cada tres años entre los meses de abril y mayo. Hablaremos de ellos más adelante.

Disminución de las mariposas en la periferia entre 1969 y 2017

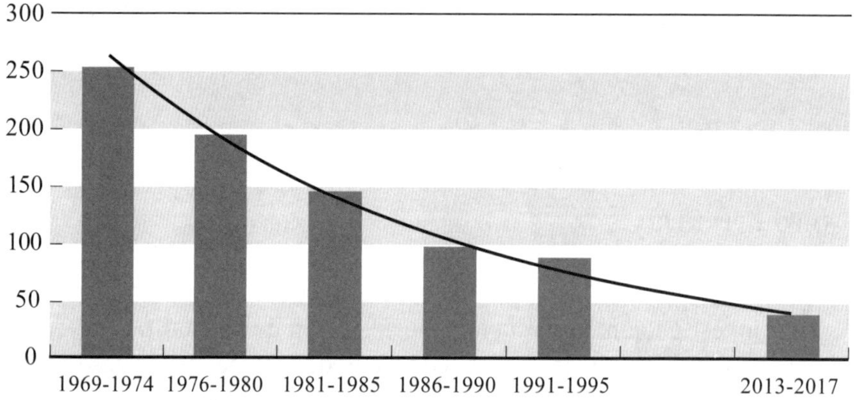

Gráfico 1: Reducción exponencial de las mariposas nocturnas en la periferia de una población del sureste de Baviera que llega a ser de más del 80 % en los seis últimos meses del año (cifras medias de aproximación en junio, julio y agosto; véase la página 153).

El descenso del resto de los insectos fue más pronunciado que el de las mariposas. Las cifras registradas en los últimos años no representan más que el 4 % de la frecuencia de aparición de hace medio siglo. Esto es algo que los automovilistas conocen desde hace tiempo, pues ya no tienen que quitar de los parabrisas o los faros insectos aplastados contra el cristal. Y no es precisamente por la mejor aerodinámica de los coches modernos, sino porque hay muchos menos insectos. Tanto los parabrisas inclinados de autobuses y camiones como los faros de la mayoría de los vehículos de pasajeros deberían verse afectados por tantos insectos como antes. Pero si la disminución de las mariposas en un 85 % ha sido algo menos pronunciada que la del resto de los insectos (96 %) es por una razón muy sencilla: las mariposas pertenecientes a los noctuidos destacan por ser buenas voladoras. Vuelan hacia la luz desde distancias mucho mayores que la mayoría de los insectos más pequeños. En el caso de las mariposas, cabe suponer que el radio de aproximación a la luz es aproximadamente tres veces mayor que el de la mayoría de los insectos pequeños, cosa que comprobó fehacientemente Axel Hausmann en su tesis doctoral. Si se amplía el área de captación, ha de obtenerse inevitablemente una cantidad relativamente más grande.

Disminución de otros insectos en la periferia de la población

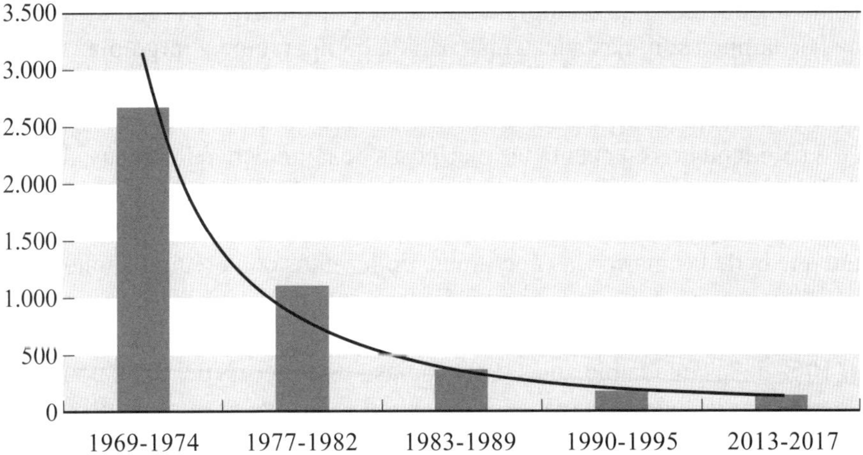

GRÁFICO 2: Reducción aún más pronunciada de los demás insectos (96 %) en su aproximación a la luz desde 1969 (las aproximaciones medias se han calculado igual que en el gráfico 1).

Las dos cifras ratifican, sin embargo, la tendencia general: la disminución de la frecuencia de aparición ha sido exponencial. Esto confirma la impresión de los amantes de la naturaleza que tienen edad suficiente para recordar los años sesenta y setenta. Es cierto que entonces había muchas más mariposas e insectos que ahora. Aunque ha de tenerse en cuenta que sus recuerdos se basan en especies activas durante el día, en mariposas diurnas. A estas no se las pueda registrar de una forma tan perfecta y comprensible con el método de la aproximación a la luz como a las especies nocturnas. Este es un método que tiene siempre la misma fiabilidad, independientemente de la persona que trabaje con él. Los errores de identificación pueden afectar a los resultados de unas cuantas especies, como veremos más adelante, pero no a la verificación de las cantidades.

El conteo de mariposas requiere un procedimiento estandarizado. El mejor método es el que se conoce como mapeado de transectos lineales. Sin embargo, al evaluar los resultados obtenidos de esta manera, es aún más importante asegurar la comparabilidad. La hora del día y el clima, así como la explotación agrícola y la evolución del tiempo causan variaciones mucho mayores en los resultados del conteo que las que ocurren durante el acercamiento nocturno a la luz ultravioleta. Además, las especies de mariposas diurnas más comunes y mejor conocidas son las migratorias totales o parciales, así que su frecuencia de observación en un lugar concreto ha de estar poco o nada relacionada con el lugar mismo. Las especies más localizadas, como los licénidos, la medioluta norteña y otras mariposas diurnas típicas de los campos son más adecuadas para la comparación a largo plazo. Las mariposas pavo real, las ortigueras, las atalantas y las vanesas deben considerarse por separado, pero también las blancas de la col. Por eso, en el gráfico 3 solo tenemos en cuenta las mariposas de la pradera autóctonas, dentro de las cuales pueden encontrarse más de ciento veinte especies diferentes.

La disminución de las mariposas de pradera es casi de la misma magnitud que la de las mariposas nocturnas. En los años con precipitaciones elevadas en mayo y junio, que son particularmente desfavorables para las mariposas de los prados, estas disminuyen aún más y hoy en día apenas llegan al 10 % de las que había antes. Pero incluso esta merma del 90 % no acaba de registrar las pérdidas reales. Porque en los pastizales que se utilizan intensivamente y se siegan cuatro o cinco veces al año ya no (sobre)viven mariposas diurnas. En el mejor de los casos, vuelan sobre la zona, cosa que no «cuenta» realmente.

Por lo tanto, al determinar las tendencias, no hay que incluir las mariposas e insectos que vuelan de noche hacia la luz, sino solo los ejemplares

Disminución de las mariposas de pradera

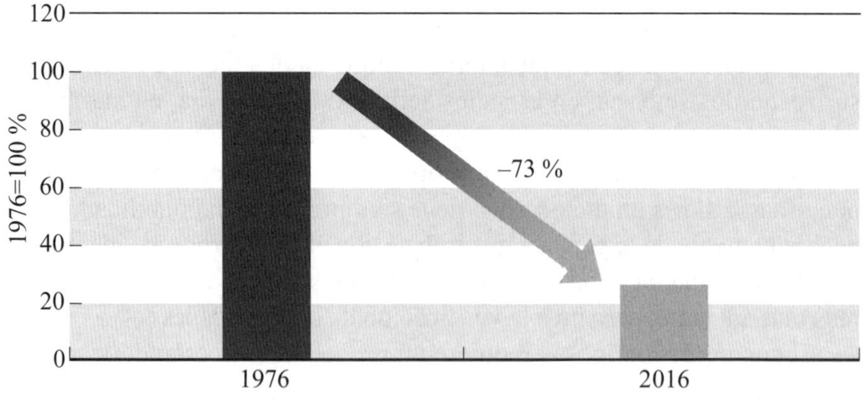

GRÁFICO 3: En 2016, las «mariposas de pradera» experimentaron un descenso del 73 % con respecto a 1976.

que vienen de los jardines, cuando la investigación se refiere a ellos. El método de detección con la atracción a la luz en las afueras del pueblo ciertamente proporciona valores demasiado favorables en relación con las tierras de labranza. Si se hubiera excluido la aportación de los jardines, las pérdidas reales de insectos y mariposas habrían sido aún más elevadas que el 85 y 96 % que se registraron como valores finales. Las consecuencias que ello tiene para las aves de los campos se examinan en la página 222. Ahora hay que aclarar si estos descensos tan acusados son algo particular de las tierras cultivadas del sureste de Baviera o bien un fenómeno general.

En la búsqueda de las causas es muy importante diferenciar entre los efectos generales, como el cambio climático, y los efectos específicos, que son independientes de aquellos. Es una cuestión central que han puesto de manifiesto los propios datos de la investigación, recogidos con el mismo método en bosques, en ciudades y en centros de poblaciones con la suficiente distancia a las tierras de labranza. En el gráfico 4 puede verse que las especies forestales y aquellas cuyas larvas se alimentan de ortigas (pertenecientes al género *Aglais*) se comportan de manera diferente a las especies de las praderas. En esta comparación, las especies de los bosques no experimentaron ninguna fluctuación fuera de lo normal a lo largo de cua-

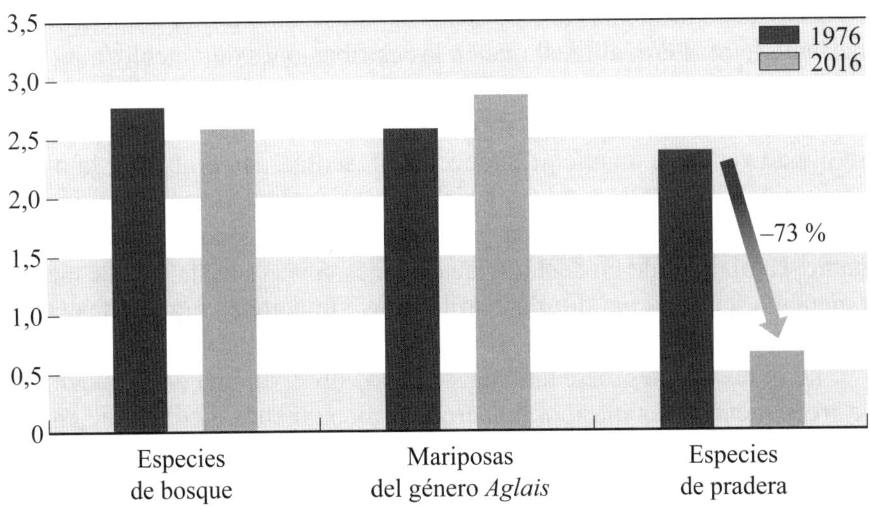

GRÁFICO 4: Cambios en la frecuencia (abundancia) de las especies forestales y en las mariposas del género *Aglais* (=especies cuyas larvas viven de las ortigas) en comparación con las especies de las praderas, todos ellos referidos al año 1976 (=100 %).

renta años. Las que se alimentan de ortigas tienden incluso a aumentar levemente. En cambio, las mariposas de las praderas perdieron el 73 % de su población.

Las praderas son en este contexto campos desprovistos de árboles; es decir, pastizales en el sentido habitual, pero no tierras de cultivo. Una parte de los transectos establecidos para la determinación de la frecuencia de las mariposas diurnas está ligada a los terraplenes; la otra se refiere a los pastizales permanentes de uso agrícola. Las especies de pradera también viven en los márgenes de las carreteras, en cañadas y en la vegetación ruderal. Por lo tanto, podemos caracterizarlas como especies de campo abierto. Solo una parte de ellas pertenece a la gama de especies de mariposas nocturnas que vuelan hacia la luz en el borde del pueblo. En el caso de las especies forestales, la clasificación cuadra mucho mejor y, en las que se alimentan de ortigas, resulta clarísima. Pues bien, todos estos datos nos llevan a un biotopo distinto: el bosque de ribera.

Datos del bosque de ribera

Como ya hemos indicado más arriba, en 1973 emprendí una segunda serie de investigaciones en el bosque de ribera que se halla en el curso bajo del Eno. No había influencia alguna de los campos de labranza porque estaban bastante lejos. Pero, al igual que en las estribaciones del pueblo, aquí había huertos pequeños, desde los cuales las mariposas volaban hacia la luz de manera similar y con una composición de especies muy semejante. Esto se puede ver en el abanico de especies presentes. Sin embargo, la masa principal de las mariposas venía sin duda del bosque de ribera. Y lo que llegaba en las cálidas, húmedas y oscuras noches de verano era impresionante. Había más de un centenar de especies, a veces hasta más de ciento cincuenta, con lo cual duplicaban las aproximaciones registradas en el borde del pueblo.

En el bosque de ribera también se puede observar una disminución de la frecuencia de las mariposas, pero en mucha menor medida que en las afueras del pueblo (véase gráfico 5). Si se toma como base de referencia el promedio de 1973 a 1975, los valores registrados entre 1991 y 1995 son un 40 % más bajos. Pero como en 1973, fecha de inicio del estudio, se disponía de muy pocos datos de la principal temporada de vuelo, el valor medio no puede evaluarse tan claramente como en los siguientes períodos de cinco años. La disminución de la frecuencia de aparición podría haber estado en realidad en un 33 %, como mínimo. El bosque de ribera se había conservado y no se le habían aplicado medidas de gestión. Todavía existe.

Ahora tenemos que hacer una observación importante. Y es que las conclusiones que pueden extraerse de estas estadísticas dependen en gran medida de los períodos de comparación elegidos. Si las frecuencias de aproximación, promediadas para los meses de junio, julio y agosto, volvieran a darse seguidas un año tras otro, se podrían observar disminuciones claras en los años elegidos. Es lo que pasó, por ejemplo, entre 1974 y 1981 y de nuevo entre 1982 y 1990 y también entre 1991 y 1995. Pero hubo un fuerte incremento de 1977 a 1983. Como las fluctuaciones de un año a otro son elevadas, las desviaciones (estadísticas) son superiores a la media. La condensación de los datos en intervalos anuales, aquí en períodos de cinco años, amortigua las oscilaciones. De esta manera no se establece ninguna tendencia estadísticamente segura en todo el período. Cinco años o incluso una década entera con frecuencias de elevada oscilación no es, de hecho, tiempo suficiente para detectar la tendencia del momento y poder distinguirla de las fluctuaciones.

Por lo tanto, es muy posible que la frecuencia de las mariposas en el bosque de ribera no haya cambiado realmente y que los hallazgos sobre las numerosas especies nocturnas correspondan a los valores de las especies mucho menos diurnas del gráfico 4. De todas formas, antes de discutir las

Frecuencia de aproximación de las mariposas nocturnas al bosque de ribera entre 1973 y 1995

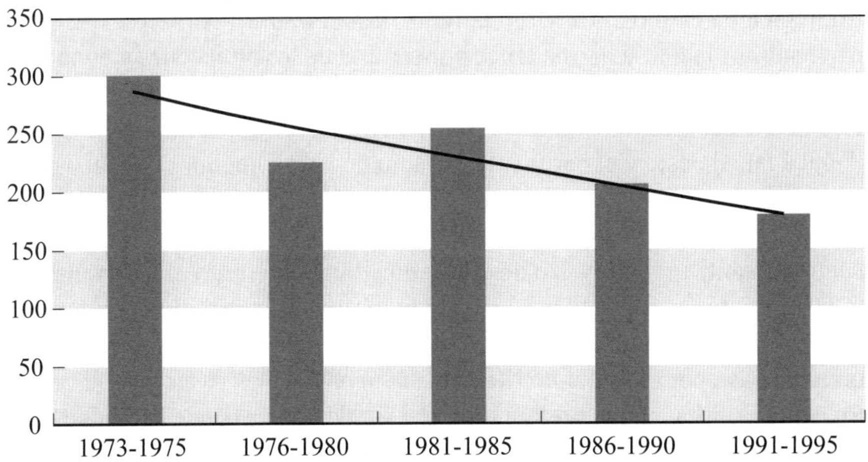

GRÁFICO 5: La frecuencia de aproximación disminuye también en las mariposas del bosque de ribera (datos calculados como en el gráfico 1; véase el texto).

posibles razones de este fenómeno, hay que examinar con más detenimiento los datos de Múnich para evitar especulaciones prematuras que podrían llevarnos en la dirección equivocada.

Datos de Múnich

Entre 1981 y 1984 tuve oportunidad de estudiar el acercamiento de las mariposas a la luz en un lugar muy especial: el patio interior del palacio de Nymphenburg, antigua sede de la Colección Zoológica de Múnich. El patio, de unos seis mil metros cuadrados, tenía la ventaja de no estar expuesto de noche a la luz artificial. Los edificios del palacio eran demasiado altos para dejar pasar la luz; de hecho, un roble impresionante que crecía en medio del patio apenas sobresalía de los tejados con sus ramas más altas. El patio interior permanecía sin cultivar y, aparte de la siega menor, irregular y no anual, no se hacía más en él. La ventana de mi despacho daba a este patio. Valiéndome de métodos técnicamente idénticos, investigué los vuelos de aproximación en esta superficie desde 1981 hasta el traslado de la Colección Zoológica al nuevo edificio de Obermenzing en 1985. En el nuevo emplazamiento no pude continuar mis investigaciones hasta 2002. Mientras tanto, hice estudios complementarios en varios sitios de Múnich, de los cuales resultó una muestra ecológica representativa de toda la ciudad.

Comencé el segundo estudio continuo en los terrenos de la Colección Zoológica en el año 2002 y lo mantuve hasta 2010. El edificio es en gran parte subterráneo. La hierba crece por encima de los almacenes y en la mayoría de los espacios abiertos circundantes. Hay una arboleda en el borde oriental. Es el último resto de un bosquecillo anterior, cuando Múnich no llegaba tan al oeste y el parque del palacio de Nymphenburg quedaba a las afueras de la ciudad. Una colina bien cubierta de vegetación se eleva sobre la zona como una maceta sobredimensionada. Hay un estanque que se ha hecho bastante grande. Visto desde cierta altura, el terreno casi rectangular y desprovisto de cultivos parece más bien una isla en el área residencial metropolitana. Todas las casas tienen jardín. Una línea de los ferrocarriles urbanos pasa por el este. Otra llega hasta unas cuantas casas más al oeste. En el lado sur hay una carretera muy transitada que va desde la ciudad hasta la autopista del oeste. Sin embargo, los terrenos de la Colección Zoológica no se nos presentan como una isla porque los jardines circundantes contienen mucha vegetación y las líneas de ferrocarril proporcionan ciertamente rutas de propagación a los insectos y a otros animales pequeños ya que pasan por las 180 hectáreas del parque de Nymphenburg. Lo que se alza sobre la superficie de la Colección Zoológica parece un edificio futurista hecho de cristal y titanio. Alrededor de dos patios semihundidos en el suelo se hallan los espacios de trabajo, repartidos a su vez en dos plantas. Los almacenes son subterráneos. Estas especiales condiciones no perturban a las aves que viven en el lugar o que lo visitan de manera regular. Se deja crecer libre la vegetación sin aplicar ninguna medida de cuidado intensivo, y algunos años sin ningún cuidado en absoluto. La colección se trasladó de sede en 1985, y a lo largo de veinticinco años tuve el privilegio de trabajar en su nuevo emplazamiento; para mí era casi como un hogar. Llegué en 1974, cuando todavía estaba en el ala norte del palacio de Nymphenburg.

Las colecciones zoológicas que contiene, de las mejores del mundo, me ofrecían una reserva inagotable de información. La naturaleza que se desarrollaba en el exterior era mi otra fuente. Casi todos los días me sentía tentado a dedicarme a ella. Difícilmente podría haberse reunido mejor la diversidad de lo viviente: abajo las colecciones y arriba la vida. Todos los escritos valiosos que se habían publicado sobre las más diversas especies de animales podían encontrarse y estudiarse en la biblioteca, una de las más importantes en la zoología internacional. En la época anterior a internet y al intercambio mundial de información a velocidades supersónicas, las colecciones y la literatura especializada eran la base primordial de la labor zoológica y científica. Y como yo daba clases de Ecología urbana y Ecología del paisaje en la Universidad Técnica de Múnich, era normal que combinase el trabajo realizado en los terrenos de la Colección Zoológica con la investigación sobre la naturaleza en la ciudad.

En 2002 pude al fin reanudar mis estudios entorno al acercamiento a la luz de los insectos nocturnos en la ciudad que con tanto éxito había iniciado en el patio interior de la antigua sede, y los continué hasta 2010. De ellos extraje datos sorprendentes y muy reveladores en varios aspectos. El hallazgo más importante viene de la comparación de la frecuencia de las mariposas en las afueras de la ciudad (véase gráfico 6). Mientras que entre 1981 y 1984 había muchísimas menos mariposas en Múnich que en los campos del extrarradio, las cifras obtenidas entre 1992 y 1995 ya eran en gran medida de magnitud similar. Después disminuyeron más en las afueras. Hoy en día, con una media de 37,5 mariposas en verano, la zona está más de un 25 % por debajo del nivel de Múnich, donde se registran 51 ejemplares por noche.

La populosa ciudad de Múnich no es, por lo tanto, un hábitat menos favorable para las mariposas que los campos del sureste de Baviera. El hecho de que la ciudad se vea favorecida por el clima, con temporadas propicias para las mariposas en 1982 y 2003, aparece también reflejado en el diagrama. Incluso en un espacio tan aislado como el patio del palacio de Nymphenburg, el año 1982 destaca claramente, al igual que el 2003 con su «superverano». Más adelante abordaré con todo detalle el efecto del calor en las mariposas. Es importante remarcar que, entre 1981 y 2010, no hubo ningún cambio en la frecuencia de las mariposas nocturnas en Múnich. Esto también puede observarse en el gráfico 6.

Las oscilaciones numéricas registradas en ciertos años se mantuvieron dentro de las variaciones normales de la ciudad. De hecho, se registran menos fluctuaciones que en el campo. En cambio, la frecuencia de aparición a las afueras de la ciudad ha disminuido claramente. Los valores medios (representados en el gráfico con una línea de puntos) son un reflejo de las tres fases de la disminución de ejemplares: hasta 1984 se dieron valores

Evolución de la frecuencia de las mariposas nocturnas en Múnich y en el extrarradio

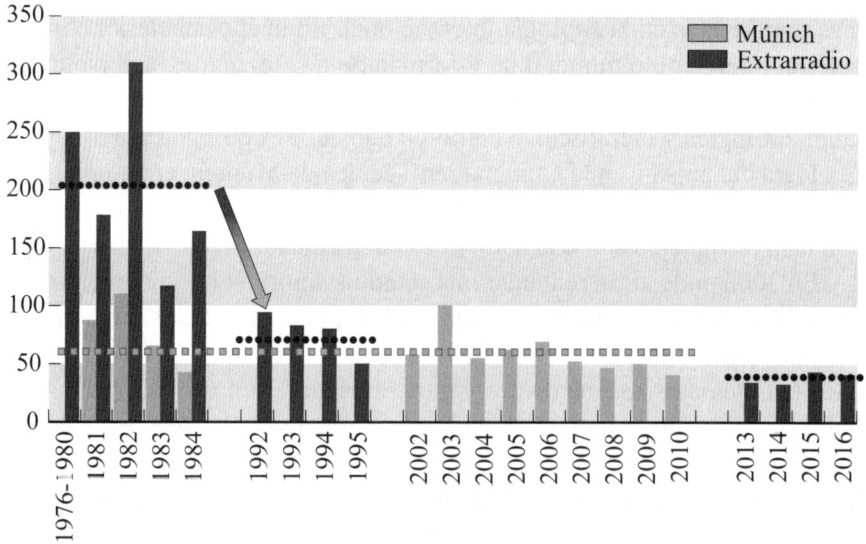

GRÁFICO 6: Mientras que la frecuencia de las mariposas nocturnas en Múnich no ha cambiado (en términos estadísticamente significativos) desde 1981, ha caído bruscamente en el extrarradio y hoy está por debajo del nivel de la ciudad (promedios anuales calculados como en el gráfico 1).

altos con fuertes fluctuaciones, luego hubo valores considerablemente más bajos con menos oscilación, y, desde 2013, un nivel de frecuencia que está por debajo del de Múnich o, en el mejor de los casos, cercano a él. La frecuencia de aparición de los demás insectos, que también fue considerablemente superior en Múnich, también refleja una mayor disminución en el campo. Esta tendencia puede variar mucho de un sitio a otro. Pero deja bien a las claras el declive que los insectos experimentaron extramuros. Es algo que ha sido constatado en muchos estudios que no podemos enumerar aquí, pero que están disponibles en internet.

Examinemos ahora los años que se dieron unas condiciones particulares: 1982 y 2003. El primero destaca claramente por las cifras registradas en el extrarradio y en la misma Múnich (véase gráfico 6), y asimismo con respecto al número de aproximaciones al bosque de ribera de los años anteriores y posteriores. Fue un año especial para las mariposas, pero, al igual que tras el «superverano» de 2003 en los terrenos de la Colección Zoológica, después de 1983 el número de aproximaciones a tres lugares diferentes volvió a experimentar un fuerte descenso y bajó de nuevo hasta más o menos el nivel anterior. Las «singularidades» no tienen efectos duraderos en las poblaciones de mariposas.

El gráfico 7 muestra cómo han evolucionado las mariposas, con junio como mes de mayor impulso. En 2003 hubo tantas mariposas volando en ese mes que su frecuencia de aproximación fue tres veces superior a la registrada en el mismo mes del año anterior y de los años posteriores. Esto significa que había una cantidad mucho mayor de mariposas que en años normales.

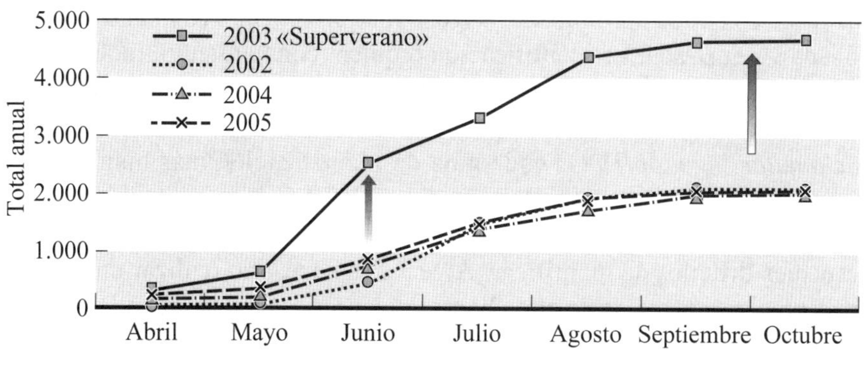

Gráfico 7: Evolución de la cantidad anual de mariposas que se acercaban a la luz en Múnich (Colección Zoológica Estatal) entre los años 2002 y 2005. El «superverano» de 2003 destaca claramente, en especial por el fuerte incremento de los valores de junio.

El factor decisivo fueron las condiciones climáticas extraordinariamente favorables de junio de 2003, cuando hizo «más calor que nunca», tal como informaron algunos medios de comunicación. El clima casi mediterráneo favoreció a las mariposas de la primera generación. Como resultado, se produjo una segunda particularmente buena. Sin embargo, cuando el clima se normalizó en los años siguientes y volvió a la variabilidad habitual, el efecto no perduró. De todos modos, las especies exóticas que no existían antes no se habían incorporado a las ya existentes, y después de 2003 no se había establecido ninguna especie de esta clase, por ejemplo las que llegaron desde el sur de Europa.

Pero ¿cómo se presenta todo esto cuando miramos no solo el número de mariposas, es decir, las frecuencias, sino también la diversidad de especies presentes? Podría suceder que en la ciudad haya especies de mariposas tan comunes y extendidas como los gorriones y los herrerillos, las palomas y los cuervos, y que, gracias a su adaptabilidad, sean capaces de vivir en el entorno antinatural de la ciudad con una frecuencia particular. La cantidad total de mariposas no nos dice nada sobre la riqueza o pobreza de especies. Por consiguiente, es preciso aclarar cómo se presenta la biodiversidad a las afueras de la población y en el propio bosque de ribera. Y si hay conexiones con los cambios en la frecuencia.

La disminución de la biodiversidad

A primera hora de la mañana siempre me mueve la expectativa de todo lo que traerá la luz. En verano, el mayor desafío es cómo manejar la multitud de insectos que se aproximan. Ninguna mariposa debe volar sin ser identificada y registrada. La identificación requiere conocimiento. Incluso después de tantas décadas de práctica, conviene establecer alguna determinación posterior como elemento de control. El «Koch» (*Wir bestimmen Schmetterlinge,* de 1984) es la guía de identificación más manejable y completa que existe y en aquella época la llevaba siempre conmigo. Hace tiempo que me sé de memoria las páginas en donde se pueden encontrar las especies difíciles de identificar. A veces es necesario realizar un control más preciso con ayuda de otros libros. Hoy prefiero trabajar con *Die Nachtfalter Deutschlands* (2014), de Axel Steiner y colaboradores, porque está actualizado y combina imágenes excelentes de las especies normalmente conservadas en las colecciones zoológicas y fotos de especímenes vivos que los muestran en su pose típica. Como es natural, con los años vas aprendiendo y volviéndote más seguro y más rápido, aunque no debes tener demasiada confianza en ti mismo. Siempre hay casos difíciles... y nuevos. Ahí reside su atractivo.

A lo largo de los años se han recopilado listas de especies larguísimas. En el bosque de ribera del río Eno se registraron más de seiscientas cincuenta especies de mariposas en los veintitrés años comprendidos entre 1973 y 1995. A las afueras de la población solo había unas quinientas, pero con una notable diversidad. Hace tiempo que esto ya no es así. El número de especies acumuladas a lo largo de los años puede ser impresionante, pero también engañoso. Porque lo que se añade con el tiempo no tiene por qué provenir necesariamente del lugar examinado y de sus alrededores, es decir, no tiene por qué ocurrir allí. Las mariposas que vuelan hacia la luz pueden haber sido transportadas por el viento desde otro sitio. El hecho de que puedan volar es el requisito previo para su detección con este método, pero también es una fuente de incertidumbre sobre su origen. Muchas de las especies «detectadas» no pertenecen por sistema a la población local.

La mayoría son raras por naturaleza, ya sea porque son especies cuyas larvas solo aparecen en plantas también raras, o porque solo han volado ocasionalmente desde lugares lejanos. Clasificando las especies según su frecuencia a lo largo de varios años de registro, en general se percibe una pauta de aparición característica. Hay algunas especies muy comunes que aparecen cada año y que en la suma total de un período, por ejemplo durante una década, presentan unas cifras elevadas. Dentro de la gama de frecuencias medias hay un número mucho mayor de especies. Y luego están las que se mueven de continuo entre unos pocos especímenes y la rareza absoluta. Entre estas últimas se encuentran las muchas especies que solo están documentadas por registros concretos. Tenemos, por tanto, unas pocas especies muy frecuentes frente a una multitud de especies raras. La forma en que se evalúan dentro del reino de las mariposas locales debe mantenerse en investigaciones especiales. Es imposible establecer desde el principio a partir de qué (baja) frecuencia las especies ya no forman parte de la «población». En esta situación, solo puede calcularse matemáticamente un valor final para todas las especies de una zona fijando el número al que se aproximan todas ellas a lo largo de los años. Pero como las condiciones de vida rara vez permanecen inalteradas durante períodos (muy) largos, ese valor límite también fluctúa.

El problema, por tanto, es cómo podemos resolver o evitar estas dificultades para llegar a obtener resultados significativos sobre la especie. Aquí se adoptan dos enfoques. El primero asume que la mayoría de las investigaciones sobre mariposas y otros insectos de los campos no pueden cubrir absolutamente «todas las especies». Si se considera la evolución del espectro de especies a lo largo de los años y su aproximación a un valor límite, es más razonable conformarse con una cobertura del 90 %. El tiempo que transcurre hasta que se alcanza este 90 % puede calcularse entonces con relativa facilidad. Para el bosque ribereño, por ejemplo, ese período asciende a siete años. El patio interior del palacio de Nymphenburg, que es considerablemente más pobre en especies, tardó poco menos de cuatro años en alcanzar el valor límite del 90 %. Por consiguiente, en zonas más extensas con un mosaico de hábitats (biotopos) diferentes, hay que contar con una década como mínimo hasta que se alcance el nivel de cobertura del 90 %.

Por una parte, se trata de estudios claros, pero, por la otra, suelen ser bastante poco realistas a efectos prácticos, por ejemplo cuando las investigaciones que se realizan antes de una intervención urbanística tienen por objeto aclarar lo que se modificará con la construcción. Por lo general, no se dispone del largo plazo necesario. Como resultado, las investigaciones a corto plazo pueden producir hallazgos que no son lo suficientemente «estables» como para servir de base para las comparaciones con lo que sucederá después de la intervención.

Como es natural, esto se aplica a todos los cambios, no solo a la construcción de carreteras u otros tipos de obras. Esta es la razón por la que he explicado y subrayado el principio ecológico subyacente en este contexto, ya que podría aducirse que los resultados de la aproximación hacia la luz no son representativos porque la naturaleza es demasiado variable. Sin embargo, las tres zonas claves de este enfoque cumplen claramente el criterio de una cobertura (mínima) del 90 %, ya que en ellas se ha mantenido constante durante cinco, siete o más años la riqueza de especies locales.

El segundo enfoque posible a la hora de comparar especies es más sencillo y más adecuado para períodos cortos. Se toma como base el número concreto de especies que se aproximan cada noche a la luz; y al igual que la determinación de la frecuencia y su variabilidad, se relaciona con la temporada principal de vuelo —de junio a agosto— o con otra fase que se desee comparar. Si los estudios se llevan a cabo simultáneamente, los resultados se pueden comparar sin ningún problema. Como es natural, los valores medios reducen las elevadas cifras de especies registradas tras unas buenas noches de aproximación. Este efecto se hace menos fuerte si se toma como base el promedio de valores máximos y se excluyen los valores bajos debidos a condiciones climáticas desfavorables (tiempo frío, luna clara, viento demasiado fuerte). Sin embargo, estadísticamente hablando, estos cálculos no se corresponden con lo que se conoce como «distribución normal» porque las condiciones de vuelo durante la noche tienen una fuerte influencia en el número de especies y en la cantidad de mariposas que vuelan. Por lo tanto, las desviaciones estadísticas son siempre mucho mayores que las que aparecen en las «distribuciones normales». Sin embargo, la comparabilidad no se ve afectada por ello. Todos los gráficos han sido elaborados conforme a estas pautas.

En el gráfico 8, que presenta la diversidad de especies y sus cambios, puede verse que los valores máximos medios del número de especies no mostraron ninguna variación en las afueras de la población hasta principios de la década de 1980, pero luego experimentaron una disminución extraordinaria. Se vieron reducidos a la mitad. Solo la mitad de las especies de mariposas nocturnas se presentan como en la década de 1970. Este hallazgo está en consonancia con la fuerte disminución de la frecuencia, que oscila entre el 80 y el 85 %. El descenso igualmente fuerte del número de mariposas no se debe en absoluto a la rareza de unas pocas especies que antes eran mucho más frecuentes, como se podría suponer. Muchas especies más escasas también cayeron en picado y hoy en día ya han desaparecido. Es una relación lógica porque primero disminuye la frecuencia de

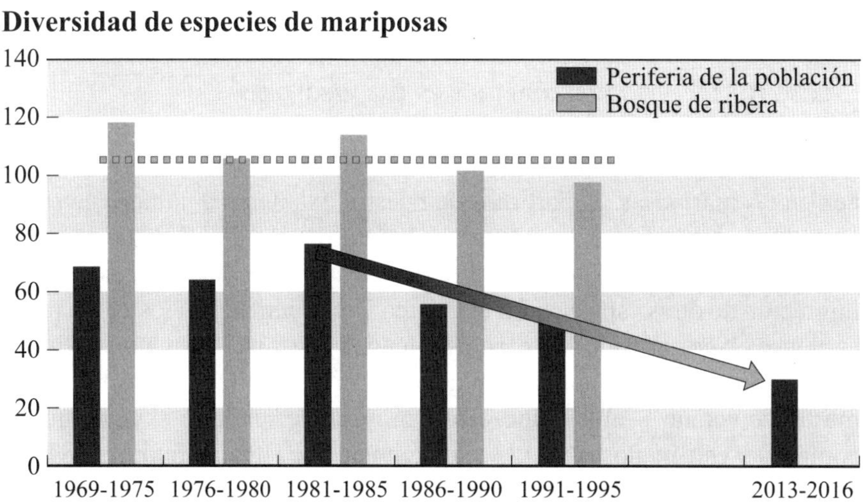

GRÁFICO 8: Cambios en la cantidad media de especies que se aproximan a la luz en el bosque de ribera (sin tendencia a la disminución) y en las afueras de la población (disminución significativa desde la década de 1980).

aparición y después va desapareciendo de forma gradual la especie de la población normalmente presente. Las especies raras tienen más probabilidades de verse afectadas que las comunes. El abanico de especies se comprime (=disminución de la frecuencia) y a la larga se recorta (=disminución del número de especies).

Tales declives deben de haber tenido lugar en el campo desde la década de 1980, porque la diversidad de especies de mariposas del bosque de ribera no cambió hasta el final de las investigaciones allí realizadas en 1995. Sin embargo, el hecho de que el número de mariposas del bosque ribereño del Eno disminuyera notablemente (véase gráfico 5) no ha tenido (¿aún?) efectos perceptibles en el abanico de especies presentes.

Los tiempos en que cientos de mariposas se acercaban a la luz y entre ellas había 150 especies diferentes han terminado. El declive incidió de manera extraordinaria en las especies de las praderas, mucho menos en las que vivían en el bosque ribereño y aún menos en el abanico de especies presentes en las ciudades. Las mariposas que se encuentran en el bosque también parecen haber resultado muy poco afectadas. Así lo hemos constado en un estudio realizado a lo largo de varios años, entre finales de la década de 1980 y principios de la de 1990, en un emplazamiento perteneciente al Ejército alemán. No podemos examinar en detalle todos esos datos ya que excede el ámbito de este libro, y a fin de cuentas solo confirman lo que ya hemos establecido para el bosque de ribera.

Efectos de los veranos tórridos en las mariposas

Volvamos ahora a los maravillosos veranos y a las consecuencias que tienen en las mariposas. Si partimos de nuestro examen del número de especies, queda bien claro que el fuerte aumento registrado en el superverano de 2003 fue una reacción positiva de las mariposas de la zona y no una inmigración de otras especies. En el gráfico 7 también hemos visto que junio es el mes clave para que las mariposas tengan un (muy) buen año. Si llueve demasiado y mayo y junio son en general demasiado fríos, el resto del semestre de verano —el «verano» en términos de calendario— ya no puede compensar este menoscabo. El viejo dicho de que «una golondrina no hace verano» adquiere aquí un nuevo sentido, y es que un verano favorable no cambia nada. Tendría que haber muchos buenos seguidos.

Las reacciones de las mariposas también muestran cuán bueno es el calor para ellas. Para los insectos no representa una amenaza. Esto es igualmente cierto para las especies que están activas de noche y que, como ya hemos dicho, constituyen la gran mayoría de las mariposas de nuestro país, aunque son en buena medida desconocidas para el público. Su reacción al clima cálido es la misma que la de tantos de nosotros. Si no fuera así, no habría millones y millones de personas viajando al sur cada verano (!) para pasar sus vacaciones en climas más cálidos. En el Mediterráneo, se encuentran mariposas en unas frecuencias tan elevadas que nos recuerdan las condiciones de «los viejos tiempos», cuando todavía había muchas en nuestro país. Al amparo del calor mediterráneo vuelan aún más mariposas porque el clima de estas zonas produce de una manera bastante segura veranos calurosos a lo largo de los siglos. El mundo de las mariposas se ha adaptado a esto. Sin embargo, en Alemania no hemos tenido este clima en otros tiempos, cuando había muchas más mariposas que hoy. El clima era cambiante y no tan favorable como el del Mediterráneo.

Estamos por tanto ante algo incongruente porque las mariposas de hace medio siglo y de épocas anteriores en las que hacía mucho más frío que hoy aparecían sin embargo con mayor frecuencia que en los mejores años

Evolución de la temperatura media de verano en el sur de Baviera (en °C)

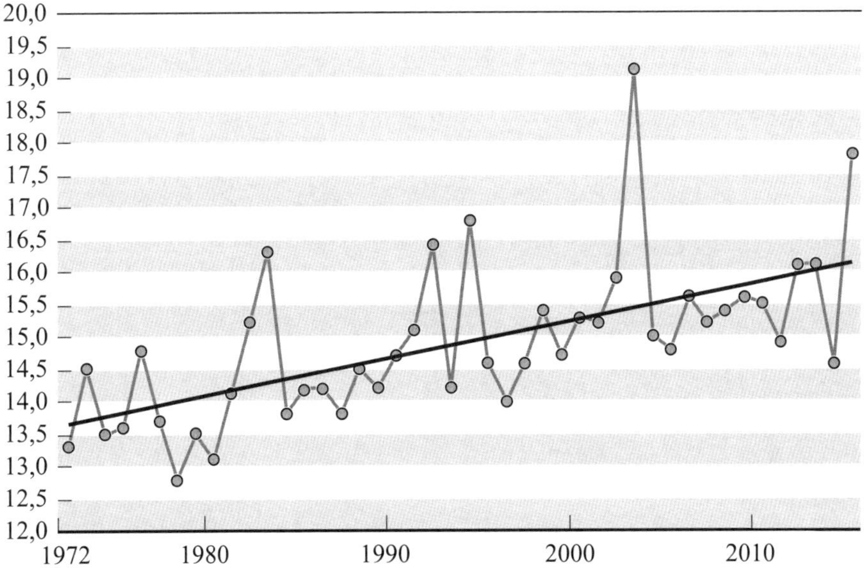

GRÁFICO 9: Aumento de la temperatura media de verano en el sur de Baviera desde 1972 (fuente: estación de Hohenpeißenberg del Servicio Meteorológico Alemán).

de las mariposas de nuestros tiempos. No es algo que pueda atribuirse al calentamiento climático, porque este debería haber producido más mariposas que en otras épocas más frías. En el gráfico 9 podemos ver que a pesar del aumento de las temperaturas medias de verano desde principios de la década de 1970, la frecuencia de las mariposas ha disminuido extraordinariamente (véase gráfico 1). En un principio, solo en los muy calurosos puede haber todavía un aumento notable. En cambio, el incremento de las temperaturas medias de verano en unas décimas de grado por década al parecer no ha tenido un efecto beneficioso. Esto resulta aún más curioso cuando examinamos con mayor detenimiento la situación de la ciudad y la comparamos con el campo (circundante). De ahí surgen resultados muy reveladores. Además, la menor disminución de la frecuencia de las mariposas en el bosque (ribereño) también se explica por sí sola.

Este último dato dirige una vez más nuestra búsqueda de las causas del declive de las mariposas hacia los cambios que han tenido lugar en el campo en los últimos cincuenta años. Las condiciones y evoluciones de la campiña deben de ser bien diferentes de las que imperan en la ciudad. Y además tienen una relación clarísima con las condiciones de los bosques. Veamos entonces la ciudad y el campo en términos comparativos. Para ello no será preciso adoptar una técnica especial de investigación ni disponer de conocimientos especiales. Las diferencias son obvias, pero casi nunca las percibimos porque estamos demasiado acostumbrados a ellas.

La gran ciudad: ¿final de la naturaleza o salvación de la biodiversidad?

Hace ya tiempo que se ha impuesto el prejuicio de que el campo es «naturaleza» y, por lo tanto, «bueno», mientras que la ciudad, al estar hecha por el hombre, es en sí misma «mala». En 1965, el sociólogo alemán Alexander Mitscherlich publicó un libro titulado *Unwirtlichkeit der Städte* («La inhospitalidad de las ciudades»). Era una denuncia de las condiciones existenciales del proletariado, pero el movimiento ecologista de los años setenta retomó el concepto de «inhospitalidad» para atacar las ciudades y su continua expansión. Para los medioambientalistas, la gran ciudad era el fin de la naturaleza: se comía el campo. Y muchas personas consideraban que no debía pasarse por alto algo tan importante.

Desde entonces, esta actitud ha dado forma a las organizaciones conservacionistas. Resumen el espíritu del Romanticismo alemán en una canción popular que empieza diciendo «abandonemos las grises murallas de las ciudades y movámonos por los bosques y los campos; quien se quede, quizá agrio se vuelva». El campo, idealizado como antítesis buena de la ciudad, sirvió de referente al movimiento ecologista hasta en su misma elección del color «verde campestre» como emblema de marca, en vez del verde oliva de los bosques, los cazadores y los guardas forestales. El partido Los Verdes utiliza el verde ambiental como símbolo de sus posiciones políticas. Hace años que lucha contra el crecimiento de las ciudades junto con las asociaciones de conservación de la naturaleza. Quieren reducir drásticamente la «ocupación del suelo» por las grandes urbes. Para cubrir la insoslayable demanda, optan por la «densificación». En las ciudades hay que construir en las áreas libres para evitar que se pierda la naturaleza de las afueras. Esta ideología verde sigue basándose en la «inhospitalidad de las ciudades» de la que hablaba Mitscherlich: el buen campo no puede seguir siendo devorado por las ciudades malas.

Sin embargo, la existencia y frecuencia de los animales y plantas silvestres muestran algo muy distinto. Las ciudades son ricas en especies, y cuanto más grandes son, más especies albergan. En urbes con millones de habitantes como Berlín, Hamburgo y Múnich, hay una vida animal y vegetal tan rica que podrían ser consideradas reservas naturales, e incluso las superarían en lo que hace al número de especies. Además, se han convertido en zonas de retiro importantes para las especies en peligro de extinción. En el tema que aquí tratamos, esto se deduce del hecho de que actualmente no solo hay más mariposas en la ciudad que en el campo, sino que además presentan mayor biodiversidad.

La expresión «en el campo», aun cuando sea harto general, debe mantenerse aquí, pues luego ya se explica con más precisión lo que significa. Los pájaros de las ciudades pían y cantan en loor de la urbe, y por la noche los murciélagos, en un tono inaudible para los humanos, hacen lo propio con su caza de insectos por ultrasonidos. Para los conocedores, la abundancia de plantas silvestres en las ciudades ha sido durante mucho tiempo una evidencia incuestionable. El área metropolitana de Núremberg, examinada con detalle durante décadas, contenía el doble de especies vegetales que zonas de los alrededores del mismo tamaño. En esta comparación no se incluye la vegetación plantada en los jardines, que tendría al menos el doble de especies que la flora del ámbito urbano.

Es evidente que la diversidad botánica en el hábitat urbano no se corresponde con las necesidades fitosociológicas de la flora natural. A fin de cuentas, no se trata de hábitats creados por la naturaleza sin intervención humana. La naturaleza urbana es nueva. Pero es también una reacción propia de las plantas y los animales porque todo lo que crece y vuela, todo lo que camina o se arrastra, ha venido por sí solo. Por increíble que parezca, la fauna y la flora de las ciudades son más naturales que las de las plantaciones y bosques comerciales. Porque nadie introduce o convoca a las plantas silvestres y animales de la ciudad. Las nuevas agrupaciones expresan más bien la flexibilidad con que la «naturaleza» responde a las condiciones cambiantes. El hecho de que a los botánicos, siempre más inclinados a la vegetación potencialmente natural, no les guste esa naturaleza diferente se debe simplemente a sus propias expectativas de cómo debería ser la naturaleza y qué no debería ser natural. Los zoólogos que se ocupan de la fauna de una zona o de un gran biotopo pueden mostrarse más flexibles porque a los animales difícilmente puede imponérseles dónde deben vivir. Sin embargo, entre ellos hay también algunos grupos que rechazan lo nuevo y exigen un examen actualizado de las especies exóticas. En lo que a nosotros concierne, vamos a limitarnos a unas observaciones generales sobre la comparación del campo y la ciudad. Con eso bastará para aclarar lo que representan las diferencias ecológicas.

La ventaja de la estructuración

Lo primero que tenemos que mencionar es la «estructuración». Las fotografías aéreas o, mejor aún, imágenes de satélites como las de Google Earth nos muestran lo que significa este término. Los edificios, las rutas de tráfico, los espacios abiertos, los parques y los bosques, y a menudo también las masas de agua, articulan el área de una ciudad. Con el aumento de tamaño, se incrementa también la estructuración de la ciudad. Esto puede medirse por la longitud de las líneas fronterizas entre las partes estructuradas. En una primera aproximación, basta con examinar la red de tráfico, combinada con el número de edificaciones individuales. Después se añadirán los espacios abiertos. Dentro de esta categoría se agrupan desde terrenos no urbanizados y no utilizados para otros fines hasta alamedas, bosques y acuíferos, pasando por terrenos pequeños, jardines, parques y arboledas. La ecología puede entonces determinar la diversidad estructural y ponerla en cifras. Uno de los hallazgos centrales de la ecología científica es que la diversidad de especies depende en gran medida de la diversidad estructural. Los biotopos uniformes y poco estructurados son pobres en especies; los diversos y fuertemente estructurados, muy ricos. Siguiendo este principio, se demanda consecuentemente que los monocultivos forestales, como las plantaciones de abetos de la misma edad, sean sustituidos por bosques más estructurados y biodiversos.

Las condiciones del campo son muy distintas. Allí donde no está dividido por la geología en áreas pequeñas por medio de montañas, rocas, cañones y acuíferos, resulta ser sumamente uniforme, incluso monótono. Eso no era así en el pasado. La división estructural solo disminuyó cuando se impuso la concentración de parcelas. Entonces se crearon zonas agrícolas más grandes y uniformes. Hoy en día los campos de maíz o de colza se pueden extender hasta el horizonte. Pero los campos de remolacha y de trigo son también uniformes. Comparando áreas de la misma extensión, las poblaciones, las ciudades pequeñas y en especial las grandes urbes superan con creces a las zonas agrícolas en diversidad estructural. La situación es muy similar en grandes zonas boscosas. En la mayoría de los casos no son bosques en el sentido natural, sino monocultivos. Sin embargo, debemos subrayar una vez más que la naturaleza estructurada es el prerrequisito básico para la diversidad de la vida. Donde solo crecen el maíz o la colza en varios kilómetros cuadrados o donde no hay más que abetos formando el bosque no puede haber una gran biodiversidad. Pocas especies especialistas pueden arreglárselas en estas condiciones tan monótonas. Por lo general se trata de plagas porque se han adaptado biológicamente a las especies de plantas presentes en poblaciones uniformes. Su base alimenticia es tan abundante que pueden reproducirse en masa.

Los monocultivos generan plagas

Esto nos lleva al segundo punto: la uniformidad de la «oferta» favorece la reproducción masiva de los consumidores. Los daños económicos están prácticamente preprogramados en los monocultivos. Solo se pueden mantener bajo control durante un corto período de tiempo mediante algún repelente, la mayoría de los cuales tienen una toxicidad elevada. En las ciudades ricamente estructuradas casi nunca se producen daños comparables. Si las plantas o árboles plantados en el parque de la ciudad son atacados por una plaga, esta puede ser controlada con más facilidad que en áreas extensas de bosques y campos. En muchos casos, la intervención ni siquiera es necesaria, sino más bien contraproducente. Es algo que ya nos ha mostrado el «caso» de los arañuelos de los cerezos de racimo. Se puede prescindir del veneno como medio para controlar la propagación masiva no deseada y así evitar daños.

El riesgo de que las plagas infesten y destruyan los cultivos de los campos aumenta enormemente por la uniformidad genética de las variedades utilizadas. En estas condiciones, el control de plagas actúa mucho más rápida y selectivamente en las variedades resistentes al veneno que en los rodales con una gran diversidad genética. Es algo que debe tenerse en cuenta. En cualquier caso, aquí se aplica lo que en economía es una de las leyes básicas del mercado: que la oferta y la demanda mantienen una estrecha relación de dependencia. Las ofertas masivas invitan al consumo masivo. La economía y la ecología tienen ciertamente muchas similitudes.

Las ciudades como islas de calor

Las ciudades son más cálidas que sus alrededores, y cuanto más grandes son, más calor acumulan. El efecto del calentamiento es más fuerte en invierno, cuando los sistemas de calefacción funcionan a toda pastilla. Pero también está presente en el verano, especialmente por la noche, porque los edificios emiten calor que han absorbido y almacenado durante el día. El calor del día en la ciudad puede llegar a ser insoportable.

Dependiendo del tamaño y la densidad de las edificaciones, las megalópolis son dos o tres grados más cálidas que los espacios abiertos de las afueras. Si están encajonadas en un valle, el calentamiento se incrementa. El calor es beneficioso para los insectos. Esto se comprobó en la reacción de las mariposas al superverano de 2003, pero no es el único caso. El efecto del calentamiento es particularmente visible. Se percibe todos los años y en cualquier situación climática. Por eso en verano vemos muchas más mariposas e insectos en el Mediterráneo que al norte de los Alpes. Y habrá más si nos desplazamos hacia el ecuador y llegamos a la zona intertropical. Aquí es donde vive el mayor número de especies de insectos. Las grandes ciudades son en realidad el lugar ideal para estudiar los efectos del calentamiento global, que está previsto que sea de dos o más grados. Podría compararse el desarrollo vital de un sinfín de especies en las ciudades con el de sus parientes en el campo. Los hallazgos concretos son siempre mejores que los más bellos modelos de cálculo, que primero tienen que acreditar su valía en la aplicación a la naturaleza. Sin embargo, los modelos parecen ser tanto más apreciados cuanto menos saben los investigadores involucrados sobre la naturaleza.

El campo sobrefertilizado y envenenado

Hay otro factor importante que no está a la vista y que marca una diferencia sustancial entre el campo y la ciudad, es el grado de fertilización. Cuando examinemos las causas específicas de la disminución de las mariposas veremos con más detalle por qué este factor, junto con la estructuración de la naturaleza, es el principal determinante de la aparición y frecuencia de los insectos. Durante casi medio siglo el campo ha recibido mucho más abono que las ciudades, que se han librado en gran medida de la sobrefertilización.

La sobrefertilización se produce cuando en el curso del año entran en el suelo más sustancias que tienen un efecto fertilizante en las plantas que las que se pueden absorber de la tierra y transformar en crecimiento. Por consiguiente, existe un desaprovechamiento cuando hay una pérdida excesiva de nutrientes. O cuando estos son arrastrados a capas más profundas del suelo o del agua subterránea, inaccesibles para las raíces, mucho antes de que las plantas sean capaces de absorberlos. Esto puede expresarse de la manera siguiente: hay exceso o escasez de suministro según se recoja más o menos —y se pierda como nutriente— que lo que se toma de la cosecha o el crecimiento. Lo ideal sería que hubiera equilibrio. Ahondaremos en ello más adelante.

Vamos a examinar brevemente la situación de las ciudades. Estas obtienen sus sustancias fertilizantes de tres fuentes. En primer lugar, el abono se utiliza en los huertos para poder cosechar las frutas y verduras o para favorecer su crecimiento. Las cantidades utilizadas son muy pequeñas en relación con la superficie total de la ciudad, especialmente cuando se comparan con los fertilizantes aplicados a los campos. Luego daremos cifras. A las plantaciones de las ciudades no llegan camiones cargados con la apestosa sustancia amarronada. Sin embargo, el viento lleva cantidades considerables de ella a las ciudades, sobre todo en forma de emisiones de amoníaco que escapan de los purines. La mayor parte de los fertilizantes que caen sobre las ciudades vienen del tráfico y la calefacción. Esta fertilización aérea está formada por el nitrógeno que se quemó en la atmósfera y por partículas finas que también tienen un efecto fertilizante. En las décadas de 1980 y 1990 se produjeron entre 30 y 60 kilogramos de nitrógeno puro por hectárea y año.

Lograr esa cantidad de nitrógeno fertilizante era el objetivo de la agricultura alemana después de la primera guerra mundial. Se consideraba que era un abono agrícola muy completo. Durante décadas se entregó de forma gratuita por vía aérea junto con el suministro de fertilizantes minerales y de purines y se transportó a casi todo el país. Los óxidos de nitrógeno, que se expresan con la fórmula química NO_x, tienen un efecto fertilizante y dañino particularmente fuerte en esta fertilización del aire. Hoy se encuentran en el punto de mira por el problema del diésel. Han ido disminuyendo con el paso de los años, pero no con la suficiente fuerza. Los valores límite para la seguridad sanitaria se siguen superando con demasiada frecuencia en las grandes ciudades en las carreteras más transitadas, pero sería un error culparlas del problema del NO_x.

Una buena parte de las sustancias fertilizantes producidas por el tráfico, la combustión y los sistemas de calefacción se traslada a los campos y se mezcla con los contaminantes atmosféricos que también se liberan allí.

La agricultura utiliza casi únicamente vehículos diésel. Además, está el efecto del viento, que hace que los nutrientes y los contaminantes en forma de gases y partículas entren en el aire durante la fertilización y cultivo del suelo. Los lugares adonde llegan no han sido examinados con detalle. La agricultura está excluida del principio de que quien contamina paga, pero no hay duda de que al menos las afueras de las ciudades y los bosques están muy afectados. Y también las reservas naturales y las zonas de acuíferos protegidos, en las que no hay una fertilización agrícola directa. La entrada de fertilizantes y contaminantes por el aire no solo tiene lugar en las ciudades. Los campos y los bosques reciben mucho. A ello se añade la fertilización de las tierras con purines y abonos minerales. En el balance general, la ciudad y el campo difieren de manera considerable en la cantidad de fertilizantes y contaminantes que reciben.

La zona urbana está expuesta a una cantidad mucho menor que las tierras de cultivo. La diferencia se mantiene incluso si la tierra no se utiliza convencionalmente para fines agrícolas. Solo los grandes bosques se desenvuelven mejor que las grandes ciudades. No obstante, esto solo ocurre si se equilibran los aportes de las sustancias fertilizantes. Con el tiempo, los bosques también acumulan dichas sustancias porque hay muy poca «exportación». La silvicultura sostenible, orientada a la extracción de un solo tronco y que evita la tala en gran escala, favorece incluso la acumulación de nutrientes y la acidificación del suelo cuando se trata de rodales puros de abetos o pinos.

En la actualidad, apenas se utilizan venenos en la gestión forestal. Antes los bosques eran rociados a menudo desde el aire con sustancias tóxicas para combatir los insectos nocivos. Incluso en las ciudades hay ahora muchas menos pulverizaciones; de hecho, en los parques casi no hay rociado de veneno. Sin embargo, los herbicidas que contienen glifosato se utilizan en muchas carreteras y vías del ferrocarril. Con todo, una vez más, estas cantidades son pequeñas en comparación con las aplicadas en las tierras de labranza. Es el campo, y no la ciudad, el que está envenenado. La agricultura convencional está llevando a cabo el mayor programa de matanza de la historia. En cambio, la quema de rastrojos, linderos y terraplenes que se practicaba al principio de la cosecha era una intervención casi inofensiva. Los animales se las arreglaron. El fuego ha sido prohibido durante décadas porque es algo visible y llamativo, pero en su lugar tenemos una muerte venenosa invisible.

CIUDADES Y PUEBLOS EN BUENA RELACIÓN CON LA NATURALEZA

El último factor sobre las diferencias ecológicas entre las zonas urbanas y rurales tiene una importancia menor para las mariposas, pero dice mucho sobre la actitud de la gente. En las ciudades se deja tranquilos a los animales siempre que sea posible. No están sujetos a la persecución despiadada que las bestias sufren en bosques y campos. Solo se permite que vivan en ellos cantidades harto reducidas cuando son especies consideradas por cazadores y pescadores como competidores directos de sus presas. Piensan que tienen derecho a determinar en qué medida pueden vivir los animales en la naturaleza. Ahí es donde ellos ven un supuesto equilibrio que hay que mantener. Ellos se encargan de regular la naturaleza. El control agrícola y municipal de las malas hierbas y el crecimiento silvestre también forma parte de esta regulación. En los bosques, de los cuales más del 90 % son plantaciones y por lo tanto bien alejados de lo que es un bosque natural, hay muchas especies que no deben crecer porque no son rentables. Incluso los bordes de los caminos se siegan a destajo en los bosques del Estado, en general cuando las flores florecen a principios del verano y los abejorros buscan néctar y polen. Las excepciones son raras y no muy efectivas. Incluso el bosque estatal, que debería servir para el bienestar general y que pertenece a toda la comunidad, se gestiona de acuerdo con los principios de maximización del beneficio. Las «buenas cifras» de los Bosques Estatales de Baviera, que se presentan como un éxito de gestión pública, no suponen más que el gasto de un café con panecillos por cada bávaro, pero no se considera si la población quiere tener este rendimiento, que se logra a expensas de muchas cosas que los bosques podrían ofrecer a la comunidad.

Cuando pasemos revista a las medidas que se pueden tomar para evitar la desaparición de las mariposas, abordaremos también hasta qué punto se está reduciendo y destruyendo la biodiversidad en los bosques estatales. Es un factor importante. En las ciudades, y sobre todo en las de mayor tamaño, los bosques tienen una función muy diferente, de verdadero alcance público. Aquí se permite que los árboles se vuelvan viejos y huecos. No es preciso que tengan un buen rendimiento maderero que evite los «números rojos». El valor recreativo y la belleza tienen prioridad sobre la utilidad y la monotonía.

El contraste es enorme. Lo notarás tan pronto como mires a tu alrededor. En las ciudades se permite que todo crezca y viva, una fauna y flora que viene de forma natural y se enfrenta a las condiciones de vida de la ciudad. Las medidas de control o protección se limitan a lo necesario. Incluso esto está sujeto a discusión pública. En Berlín, Viena y otras grandes ciudades, los jabalíes y los zorros forman parte de la vida. En las metrópolis de Escandinavia, Norteamérica y Europa del Este también hay animales grandes como alces, osos y lobos. En las ciudades se forman enseguida asociaciones proteccionistas cuando se talan árboles o se edifican espacios naturales. Cuando se construyó la nueva estación central de Stuttgart, el reasentamiento de las poblaciones de lagartos costó millones de euros. A nadie le importa la cantidad de lagartos, culebrillas, serpientes, ranas y sapos que se destruyen en la agricultura y la silvicultura año tras año. Todos ellos deberían gozar de la misma protección que algunas de las más bellas mariposas, pero esto no serviría de nada a los animales porque la agricultura y la silvicultura no son una «intervención en el equilibrio natural» y están exentas de las regulaciones proteccionistas teóricamente buenas. La gran mayoría de los conservacionistas y observadores aficionados que estudian la aparición y frecuencia de las especies provienen de grupos poblacionales que no tienen nada que ver con el uso directo de la tierra. La matanza deliberada de animales y la destrucción de plantas sin un motivo razonable están mal vistas por la población de las ciudades. Esta actitud caracteriza cada vez más la diferencia entre la ciudad y el campo.

En síntesis, esto significa que las ciudades son: 1) mucho más ricas en estructuras; 2) ofrecen una mejor oferta para vivir; 3) son más cálidas que los campos circundantes; 4) en el área urbana se utiliza mucho menos abono y veneno que en el campo, y 5) la población urbana está mucho más dispuesta a tener en cuenta las necesidades de los animales y las plantas. Una expresión bien visible de ello es la falta de timidez de las aves en las ciudades y el hecho de que los mamíferos se muestren también durante el día y no tengan que permanecer ocultos en la oscuridad de la noche. Las mariposas también se benefician de las ventajas de la ciudad. Los resultados de los estudios lo demuestran. La posición de los animales y las plantas que viven en las ciudades debe ser tenida en cuenta mucho más de lo que ha sido hasta ahora. Es harto más significativa que las ideologías que dividen las cosas en «buenas» o «malas». No son las ciudades las que están mal; es el campo el que se ha vuelto en gran medida inhóspito.

El campo, tierra inhóspita

El pequeño pueblo del valle del Eno en donde crecí, y que ya he mencionado varias veces en este libro, tenía en mi niñez y primera juventud un paisaje diverso. Había prados y campos de cultivo justo al otro lado de nuestro jardín. Tres arroyos serpenteaban entre las praderas del pueblo y el bosque de ribera. Otro manaba a medio kilómetro de distancia, en un pequeño escalón del terreno. La ancha ribera del río Eno separaba las tierras cultivables más altas de los anchos prados. Todo el pueblo estaba rodeado de terrenos con árboles frutales. Algunos estaban cercados. En invierno, los ciervos y las liebres entraban en estas tierras. Si había que proteger los árboles jóvenes de las mordeduras, se les rodeaba con una malla de alambre como las que había en los corrales de pollos y conejos. En las tierras se cultivaban todo tipo de cereales, así como remolacha, coles y patatas. Los campos de tréboles se alternaban con las tierras sembradas con trigo, cebada, centeno y avena. No había aún maíz. Paseando por el sinuoso camino que llevaba hasta el nacimiento del arroyo podía ver todos estos cultivos. A veces también se sembraban alubias. Por el medio kilómetro de sendero desfilaban la amplia variedad de plantas cultivadas. Cuando se cosechaban a finales del otoño, quedaba a la vista una maraña de linderos. En verano las liebres corrían por ellos. Las perdices y las alondras anidaban en estas franjas de treinta centímetros de ancho, a menudo rodeadas de olorosa manzanilla, de floridas margaritas con un halo blanco alrededor de los botones amarillos, de encarnadas amapolas y de muchas hierbas silvestres. En primavera las perdices soltaban su inconfundible canto por las tierras. En mayo, la codorniz trinaba y las alondras cantaban por encima de ella en tan gran número que a menudo era incapaz de distinguir cuál de los pájaros que se elevaban hacia el cielo era el que estaba cantando.

Las mariposas volaban desde la primavera hasta bien entrado el otoño. Había muchas en la pradera del otro lado del jardín porque entonces estaba alfombrado de flores. Tenía campanillas y salvia, *Rhinanthus* y tréboles. A algunas umbelíferas no siempre podía distinguirlas por las inflorescencias blancas o amarillas en forma de paraguas. La zanahoria (*Daucus carota*) me era bien conocida por una mariposa que estaba especialmente interesada en ella: la macaón. Y esta me tenía fascinado.

Del paisaje idílico a los purines

Mi afán juvenil me hizo atrapar un ejemplar; sin red, juntando las manos como una techumbre. Me lancé a la hierba con tanta habilidad que cubrí la mariposa e impedí que se alejara volando, pero no le causé ningún daño. Mi estratagema salió bien. Sintiéndome aún culpable, pinché con un alfiler la hermosa mariposa y preparé una pequeña caja de cartón. Luego la cubrí con un forro de plástico como el que usábamos para proteger los libros de la escuela. Así pude admirarla, medio difuminada, bajo la lámina. Todavía existe. Tan solo las alas se han despegado del cuerpo. En estos sesenta años se ha difuminado un tanto mi sensación de culpa, pero nunca desapareció del todo.

Había atrapado una macaón y la había matado sin ningún motivo. Aquello fue para mí como un aviso: no debía matar mariposas escudándome en la ciencia, a menos que fuera realmente necesario. El que ahora vea muy raras veces una macaón en nuestro jardín es una conmovedora inversión de las circunstancias. En aquel entonces había mariposas bellísimas más allá de la valla del huerto. Dentro teníamos blancas de la col, cuyas orugas debía recoger y eliminar antes de que se comieran demasiadas hojas de nuestros repollos y coliflores.

Los prados detrás de la casa de mi infancia ya no existen. Se han construido casas sobre ellos. El pueblo creció. Las tierras que no habían sido particularmente productivas se recalificaron como suelo urbanizable. Como la pradera llena de flores, grillos y mariposas. Pero fueron los campos de labranza los que sufrieron una profunda transformación. Dos décadas después de la época idílica de mi juventud, estaban irreconocibles. A finales de los setenta y principios de los ochenta, su diversidad se había convertido en uniformidad. El momento de mayor agitación, en el sentido literal del término, tuvo lugar en la década de 1970, cuando los prados se transformaron en tierras de cultivo. Diez años después, el pueblo se había convertido en una isla dentro del océano verde de los maizales. Y lo mismo ocurría en el valle del Eno y en otras zonas de la Baja Baviera. Porque esta región del sureste de Alemania fue el punto de partida de una verdadera concentración parcelaria. Hoy en día, los distritos de Passau, Rottal-Eno, zona sur y alrededores son uno de los centros neurálgicos del cultivo del maíz en Alemania y hasta en Centroeuropa. Parece que el maíz ascienda por las laderas; en las colinas prealpinas está ya por todas partes, pero también al borde de los Alpes y en los mismos valles alpinos. Alrededor de 1960, el cultivo de maíz se extendía en Alemania por millares de hectáreas; en la actualidad (año 2018) llega a los dos millones y medio. ¡Se ha multiplicado por mil! El cambio energético trajo consigo un gran impulso del maíz cuando la superficie dedicada a su cultivo ya había aumentado hasta el millón y medio de hectáreas a finales del decenio de 1990. El cultivo del maíz recibió elevados subsidios estatales. Con el biogás y la biomasa, los agricultores cambiaron *de facto* su campo de actividad: se convirtieron en productores de energía, pero conservaron todos los privilegios y subsidios otorgados a los granjeros.

Al mismo tiempo, se produjo otro cambio fundamental en la agricultura. La mayor parte del ganado se hallaba estabulado en cobertizos con sistemas de retirada de estiércol. Esto produce purines. Con el exorbitante número de reses existentes en Alemania, se generan unas cantidades inimaginables: ¡310 mil millones de litros por año! Un solo distrito con una elevada cabaña ganadera y no más de cien mil habitantes produce tantos o más efluentes (=purines) por la cría de animales como los tres millones y medio de habitantes de Berlín. En toda Alemania, con 83 millones de habitantes, se produce entre el doble y el triple de estiércol, según el tipo de excrementos del ganado que se tenga en cuenta para el cálculo. He aquí algunas de las cifras facilitadas por la Oficina Federal de Estadística para el año 2017: la ganadería del país estaba entonces formada por 12,3 millones de vacas (con 4,2 millones de razas lecheras), 27,6 millones de cerdos (con 1,9 millones de cerdas de cría), 1,6 millones de ovejas, alrededor de 778 millones de pollos (los llamados «pollos de engorde») y 40,6 millones de gallinas ponedoras. Los 1,3 millones de caballos no son más que una pequeña minoría en esta masa animal. Hoy en día se utilizan muy pocos en la agricultura. La mayoría son caballos de montar y por lo tanto son considerados «animales de compañía» como el perro y el gato. En lo que respecta a los cerdos, cabe señalar que en realidad no se indica la cabaña total del año, ya que la inmensa mayoría no vive más de seis meses. Para llegar al volumen total de carne y a la cantidad resultante de estiércol, habría que manejar un número considerablemente mayor; y en los pollos de engorde hasta una cifra varias veces más grande. Esto nos lleva a la afirmación anterior de que la cría de animales produce mucha más cantidad de aguas residuales que todos los habitantes de Alemania. Sus efluentes se purifican desde hace tiempo en plantas de depuración tan efectivas como costosas. Hay sin embargo miles de millones de litros de purines que circulan libremente por los campos. Con enormes consecuencias para la naturaleza, para las plantas y los animales, pero también para la calidad del aire y las aguas subterráneas. Si se quiere disponer de esta cabaña ganadera ha de producir los beneficios correspondientes. También con medicinas y otras sustancias de apoyo, que contaminan la naturaleza y el medio ambiente. De todo esto se ha informado muy a menudo, pero no ha servido de nada. El sistema agrícola es inmune a la crítica.

Los monocultivos y el cambio del microclima del suelo

La inmunidad de este sector ha hecho que la política agraria sea casi intocable. Son muchos los que se han quejado de ello, sin ningún resultado. La interminable cadena de escándalos en la agricultura no ha conseguido todavía provocar cambios fundamentales que redunden en interés de la población y de su futuro. Como en tiempos feudales, hoy son los propietarios de las tierras quienes tienen el poder.

Pero basta ya de lamentos inútiles. El objetivo de la comparación del campo y la ciudad era conocer las causas principales de la disminución de las mariposas y de otros insectos, así como de las plantas silvestres, las aves y las bestias que habita(ba)n los campos. ¿Qué conclusión podemos extraer de estos descensos? Las praderas de flores de mi infancia y juventud difícilmente pueden servir para una comparación objetiva entre el pasado y el presente. Como todos los recuerdos, están filtrados, embellecidos incluso por el paso del tiempo. Es mejor examinar con atención los criterios que marcan las diferencias entre la ciudad y el campo con respecto a las mariposas.

Ninguna visión retrospectiva puede ayudarnos a comprender el presente ni a extraer las conclusiones necesarias. En realidad, es algo que no tiene dificultad. El problema de la sobrefertilización nos permitirá entenderlo mejor. Porque hay bastantes zonas cuyo suelo alberga distintas cantidades de nutrientes vegetales. Los nutrientes que fertilizan directamente y los que llegan al suelo por el aire pueden ser calculados con bastante precisión; de hecho, mucho más precisamente que las plantas que reaccionan a ellos porque su crecimiento lleva tiempo. Los nutrientes disponibles no pueden ser absorbidos de forma inmediata y convertidos en tejido vegetal. La forma en que las plantas reaccionan a la entrada de tales sustancias ha sido investigada con gran detalle. El proceso básico es la fotosíntesis, merced al cual sales minerales como los compuestos de nitrógeno y fósforo se transforman en sustancias orgánicas al combinarse con el agua y el dióxido de carbono. En este proceso se genera la misma cantidad de oxígeno que el dióxido de carbono que se absorbe. Por lo tanto, el desarrollo de las plantas depende de unos minerales necesarios para su crecimiento, siempre que dispongan de agua suficiente. Es lo que se conoce como nutrientes vegetales o fertilizantes. En última instancia, el crecimiento y desarrollo de toda la vegetación depende de la fertilización.

Esto se aplica tanto a las plantas por separado como a aquellas que crecen en conjunción con otras. Para la supervivencia de las mariposas y los demás insectos es esencial que la vegetación, el conjunto de las plantas de una zona, crezca más rápido y más densamente cuanto más fertilizante tengan. La fertilización impulsa el crecimiento. Este es el objetivo de la producción de plantas agrícolas. Y lo mismo vale para los bosques y el crecimiento de los árboles. En el bosque podemos observar algo que en general se nos escapa en las praderas: la competencia entre los árboles. Cuando sale un árbol joven, ya sea de plantación o natural, al que rara vez se le permite crecer fuera de las pautas impuestas por los humanos, mueren gradualmente muchas otras plántulas y árboles jóvenes. Al cabo de unas décadas, solo queda un número muy reducido de árboles sobrevivientes, visibles en los rodales más antiguos.

Si se trata, por ejemplo, de unos sauces cuyas semillas han sido arrastradas hasta una nueva isla del río, el nuevo arbolado empezará con miles de brotes repartidos en ese metro cuadrado. Cincuenta o setenta años después solo quedará uno de ellos, pero no en un metro cuadrado sino en veinte o treinta más. Decenas de miles de sus competidores han sido víctimas del éxito de su supervivencia. Así es como suceden las cosas en la naturaleza. Sin embargo, la competencia dentro de las filas propias, aun siendo fuerte, solo representa una parte de las pérdidas causadas por el desplazamiento. Muchas otras plantas que tampoco sobrevivieron fueron presa de él. El arbolado joven creció demasiado; su suministro de nutrientes era demasiado favorable.

En cambio, cuando estos escasean, el crecimiento es lento. La vegetación crece de manera irregular durante mucho tiempo. Las especies más sensibles y menos competitivas sobreviven, no para siempre, desde luego, pero sí durante años o décadas. La vegetación es, por lo tanto, diversa, mientras que el rodal de los jóvenes sauces se asemeja a un monocultivo. En principio, solo se pueden encontrar ahí insectos especializados en esta especie o que al menos la tengan como alimento básico (de sus larvas u orugas). Pero son muchas las especies que nutren a infinidad de consumidores. Esto es algo fácil de entender incluso para quienes no tengan conocimientos científicos. Lo que trae como consecuencia también es fácil de comprender. Si una sola especie o unas cuantas tienen muy buenas condiciones de crecimiento en una zona determinada, se desarrollarán en poblaciones densas. De esta forma no queda ningún hueco para otros competidores más débiles. Por lo tanto, la fertilización favorece el crecimiento de plantas de muy pocas especies. Pero estas se multiplican con fuerza. La diversidad está relacionada con la escasez. Tan pronto como las condiciones de vida mejoran, algunas especies toman la delantera a expensas de otras. Cuanto mejor se ha fertilizado el suelo, menos especies hay: esta es la consecuencia inevitable de todo este proceso.

La vegetación, entonces, incorpora algo que tiene un efecto particularmente fuerte en los animales que de ella se nutren. Cuanto más exuberante es, más húmeda y fría se vuelve. El microclima del suelo es mucho más fresco y húmedo que en las poblaciones vegetales más esponjadas, en las que el sol puede llegar hasta la tierra y calentarlo. La consecuencia de este enfriamiento y humedecimiento del microclima a nivel del suelo es que muchos insectos ya no pueden vivir ahí, ni siquiera cuando sus plantas forrajeras están todavía presentes. Porque en sus estadios iniciales, los de las larvas y orugas, necesitan calor y luz solar para su desarrollo, al igual que las plantas necesitan luz.

El enfriamiento de los campos y los bosques

Para muchos de los insectos que viven en praderas y tierras de cultivo, las condiciones de vida se deterioran mucho antes de que sus plantas nutricias desaparezcan por completo. En primavera, la vegetación no solo crece demasiado densamente, sino también con demasiada celeridad. Para la aparición y frecuencia de las mariposas, en especial para aquellas especies cuyas orugas viven en el suelo o la vegetación más próxima a la tierra, el microclima suele ser mucho más decisivo que el «clima oficial» establecido por las estaciones meteorológicas. Un agradable y cálido día de mayo con una temperatura de 25 °C puede ser demasiado frío y húmedo para las orugas de mariposa que acaban de eclosionar en la pradera, cuya hierba está ya a la altura de la rodilla. Vamos a subrayarlo una vez más: lo que cuenta para las mariposas y otros insectos, y muy a menudo también para las aves pequeñas de los campos, no es lo que las estaciones meteorológicas miden y registran como variables climáticas, sino el microclima del suelo. Debido a la sobrefertilización a la que nuestros campos han estado expuestos durante décadas, se han vuelto mucho más fríos y húmedos que en el siglo XIX, que meteorológicamente fue bastante más frío. Este enfriamiento se ha producido mucho antes de que desapareciesen las plantas nutricias de orugas; y esto es algo importante sobre lo que quisiera incidir una vez más.

También nuestros bosques se han vuelto más fríos y húmedos desde que reciben una intensa fertilización por vía aérea. Ahora están más exuberantes que nunca. Esto es particularmente notorio en los bosques de ribera, que están creciendo muchísimo, aunque muchas veces ya no les llegan nuevos nutrientes por las inundaciones. La intensa y continuada fertilización desde el aire los ha abastecido mejor a lo largo de las décadas que las crecidas irregulares de los ríos no regulados. El problema de la sobrefertilización se puede observar también en las reservas naturales que se han dejado más o menos abandonadas. La vegetación crece cada vez más exuberante y de una forma rapidísima en estas áreas no cuidadas. Si bien los bosques ribereños del Eno seguían estando ricamente estructurados en las décadas de 1960 y 1970 porque el aprovechamiento anterior en forma de pequeñas parcelas seguía surtiendo efecto, esto cambió cuando se dejó de gestionar el monte bajo. Entonces, el bosque creció mucho más denso que antes. Cuando decimos antes nos referimos a la época en que el carrizal y otras grandes herbáceas se extraían en invierno de las llanuras de inundación para proporcionar paja a los establos. Este aprovechamiento de la paja, que impedía la formación de una densa y enredada vegetación sobre el suelo, redundó en beneficio de flores primaverales como las campanillas de las nieves, las campanillas blancas, los jacintos estrellados e incluso las prímulas. Por lo general, favoreció la biodiversidad de las plantas del sotobosque. Una vez que se dejó de gestionar el bosque de ribera de esta manera porque ya no se necesitaba paja para cubrir el estiércol líquido generado en los establos, las flores de primavera desaparecieron casi por completo. También algunas especies de arbustos y árboles se volvieron más raras. Fueron desplazadas por los vigorosos sauces blancos y los álamos híbridos. Lo que sucede tanto en los bosques de ribera como en las praderas es que cuanto más intenso es el crecimiento de la planta, mayor es el enfriamiento por la evaporación del agua, por la transpiración.

La aceleración del crecimiento vegetal reduce las mariposas en los bosques de ribera

La disminución del número de mariposas en los bosques ribereños, sobre todo en aquellos que han estado abandonados durante décadas porque ya no se gestionan como monte bajo, se debe al efecto de enfriamiento causado por la densificación de la vegetación. Esto se expresa principalmente en el hecho de que las mariposas grandes, como los esfíngidos y algunas otras especies, han disminuido mucho más que el promedio. Las orugas grandes necesitan más calor para desarrollarse que las pequeñas. En los bosques se produce algo similar, en especial cuando se evita la tala indiscriminada de árboles porque se considera «ecológicamente mala». Las medidas que son «ecológicas» y se evalúan conforme a los objetivos establecidos podrían ser un buen tema de debate. La práctica actual se basa en la ideología de una época en que las talas masivas eran muy criticadas. Personas relevantes del sector forestal, y muy influyentes en ese momento, dieron forma a las medidas de conservación de la naturaleza. Su visión unilateral de la población arbórea (de uso forestal) dejó fuera de consideración a las numerosas especies animales y vegetales que viven de los estadios iniciales del bosque. Pero, como ya no se permite que haya incendios forestales, que crearían de forma natural tales zonas, sino que se los ataja por medio de la tecnología más moderna y de recursos extraordinarios como el uso de helicópteros, ya no hay bosques en estado inicial. Son aún más raros que las fases avanzadas que provocan el colapso de rodales de árboles no utilizados. Los bosques actuales se mantienen artificialmente en un estado muy productivo para la silvicultura, que en el mejor de los casos permite cambios tales como la conversión gradual de los bosques de coníferas en bosques caducifolios o aquello que, como suele decirse, apunta «al cambio climático».

En los senderos estrechos, sin embargo, no crecen árboles jóvenes: entra muy poca luz. La tierra está húmeda y fría. Las pesadas cosechadoras forestales que hoy en día se utilizan hacen surcos profundos en el suelo del bosque. Por lo tanto, estas pistas que se abren para recoger la madera no son una zona donde puedan regenerarse todas las plantas y animales «inútiles» del bosque. Así pues, la disminución de la frecuencia de muchas especies forestales de mariposas y de otros insectos se basa en esencia en los mismos factores que influyen decisivamente en la vida en campo abierto: la aceleración y densificación del crecimiento a raíz de la sobrefertilización y la estandarización de las especies vegetales.

Líneas de demarcación de los campos, una red de apoyo

Aquí conviene hacer mención de la primera diferencia que antes establecimos entre el campo y la ciudad. Porque fueron las pequeñas estructuras establecidas en el paisaje aún sin ajustar las que garantizaron la riqueza de especies en los campos hasta más allá de mediados del siglo XX. Los márgenes de las tierras y los bordes de setos estaban más abiertos, más soleados y menos densamente cubiertos que los terrenos de labranza porque los agricultores esparcían estiércol sólido y líquido solo en el terreno cultivado, donde las plantas necesitaban fertilizante. Durante la cosecha se eliminaban del suelo muchos más nutrientes que los que se recuperaban con la fertilización convencional. Por lo tanto, los márgenes y los lindes, los setos y los pastos no eran ni de cerca tan «crecientes» como lo que sobrevivió a la concentración parcelaria como remanente simbólico y que ahora sirve de fertilizante. La estrecha red de los márgenes de los campos permaneció soleada y seca.

Y formó fronteras, líneas de demarcación entre los terrenos que impulsaron la diversidad de especies. En ecología se dice que tienen efecto de borde o frontera. Los límites del hábitat forman gradientes, naturalmente. Estos gradientes ya no existen cuando dos parcelas están separadas por un surco más profundo, o cuando las tierras vecinas limitan de forma directa entre sí porque en una se siembra maíz y en la otra trigo, aunque ambas pertenecen a la misma granja. Solo allí donde la estructura del paisaje se resiste a la unificación, como en los campos del Jura a su paso por Suabia y Franconia y en algunas otras zonas de Europa central con un relieve muy variable, se conservan los efectos de borde. De hecho, estas zonas y las regiones montañosas en sentido estricto han perdido hasta ahora una menor cantidad de especies. Pero en términos relativos y no absolutos, tal como han demostrado las evaluaciones de una reserva natural próxima a Ratisbona. Andreas Segerer y sus colaboradores llegaron a esta conclusión al comparar la cantidad de especies que había antes con la actual: el número de especies de mariposas que volaban durante el día se redujo de 117 en 1840 a 71 en nuestra época, es decir, una merma del 40 %, pese a que no se evaluaron las laderas de las montañas.

Esta fuerte disminución de las especies tuvo su contrapartida en una investigación realizada en el noroeste de Alemania, que recibe el nombre de «estudio de Krefeld». Ahí se ha registrado, desde comienzos de los años noventa, la abundancia de insectos utilizando un método diferente (véase página 200) y se ha observado una disminución de más del 70 % de la biomasa ¡en las reservas naturales! Ello está en sintonía con el principio ecológico según el cual primero disminuyen las poblaciones totales y luego desaparecen cada vez más especies. En las investigaciones sobre el acercamiento a la luz en el borde del pueblo y en el bosque ribereño, se dieron unas condiciones casi idénticas, con una disminución del número de especies hasta la mitad y una pérdida de volumen de más del 80 % (véase gráfico 8). No cabe duda de que el declive de las mariposas tuvo lugar a gran escala. Afectó también a zonas protegidas y a tierras alejadas y no cultivadas demasiado intensivamente. Los equilibrios a gran escala en un paisaje ricamente estructurado provocan cambios pequeños, pero de gran entidad para el abanico de especies existentes. Walter Sage descubrió, por ejemplo, que en el sureste de Baviera, desde mediados de los años noventa, han desaparecido 73 especies de mariposas, 19 se han vuelto raras, 92 más raras de manera significativa y 117 son muy raras y deben considerarse en peligro de extinción; solo han aumentado un poco 8 especies y 13 han llegado a la región en el curso de su expansión aérea.

Para una zona con muchas arboledas, bosques ribereños, grandes masas de agua, reservas naturales y rodales no demasiado densos en una ubicación climáticamente favorable, estas son cifras tan alarmantes como la disminución de insectos y mariposas detectada por el estudio de Krefeld en las cercanías de Ratisbona. Los mayores contribuyentes a la disminución de las mariposas son con diferencia las grandes zonas agrícolas, esas extensas llanuras que en algunas regiones se llaman *börden* o *gäuböden*. Son las grandes zonas desprovistas de naturaleza, y no las grandes ciudades, las que inciden en ello. Una vez más, esto se aplica también a los bosques. Si hay muchos biotopos estructurales en forma de laderas, barrancos, cerros o masas de agua y existe también un amplio abanico de especies arbóreas, la gama de especies de mariposas se mantiene en buena medida. Sin embargo, si hay uniformidad en las especies y en la edad de la población arbórea, como sucede en muchos bosques de las tierras bajas, se registrará una disminución de las especies de mariposas. El paralelismo con las (grandes) ciudades es obvio.

Densificación y compensación

Cuanto más grandes son las ciudades, más ricas son en estructuras. En el transcurso del último medio siglo, han mejorado notablemente gracias a la nueva planificación urbanística, que está más orientada hacia la mejora de la calidad de vida de las personas. Se han gestionado los parques, bosques y cuerpos de agua de la ciudad de manera que cumplan una función recreativa. Se ha evitado además el exceso de mantenimiento, sobre todo porque se reducen los costes. Grandes áreas de nuestros espacios verdes ya no se mantienen como los parques ingleses ni se cortan varias veces al año. Se permite que crezcan los prados de flores y que las mariposas vuelen sobre ellos. Sin embargo, en los últimos diez o quince años se ha puesto en marcha la tendencia opuesta, esto es, la densificación urbana. Se construye en los espacios inutilizados, pero de propiedad pública para que la ciudad no invada aún más el campo con su voraz crecimiento.

Internacionalmente, se ha enfocado el tema desde posiciones diversas. Se considera que todos los habitantes de la ciudad deben tener acceso a espacios verdes no demasiado lejanos a los que puedan llegar caminando. En Londres y otras grandes ciudades, se han adoptado normas adecuadas y se han creado nuevos parques. En apariencia, solo Alemania se adhiere a una ideología que ha sido refutada hace tiempo. Se sacrifica la calidad de vida de los habitantes de la ciudad para preservar los campos de maíz. Por lo visto, la ideología verde considera que la ciudad es mala por definición y que, si se desarrolla demasiado, vuelve a mostrar su maldad. Un importante efecto secundario de la densificación defendida por el ecologismo es el aumento exorbitante de los precios del suelo. En las ciudades con una elevada afluencia de inmigrantes ya no pueden comprarlo más que grandes compañías de inversiones. Los espacios libres aún existentes se han convertido en una boyante fuente económica para las arcas de los ayuntamientos. Casi ninguna ciudad puede permitirse, por razones financieras, mantener el suelo urbanizable sin utilizar. Este es otro de los efectos de la política de densificación que debería dar que pensar.

La densificación urbana sigue el mismo patrón que la concentración de parcelas de tierra para que fuesen utilizadas de manera uniforme conforme a la planificación económica. Los minifundios quedaron eliminados por la concentración parcelaria, las tierras de labranza se ampliaron y uniformaron por medio de fusiones y su cultivo se intensificó muchísimo. Solo las «zonas de compensación» permiten reducir la intensidad del cultivo. Pero en una medida demasiado pequeña.

La idea de las áreas de compensación es buena. Las modificaciones territoriales que afectan a la diversidad de las especies y los procesos de la naturaleza (esto es, las «intervenciones») deberían compensar las áreas que siguen estando reservadas a la naturaleza. Y no estar sometidas a medidas de gestión. Junto con las zonas de conservación de la naturaleza y la agricultura orgánica, deben constituir un contrapeso a las pérdidas causadas por la agricultura convencional. Sin embargo, es muy cuestionable que su «ganancia» en biodiversidad compense las pérdidas causadas por la densificación. Porque el desarrollo urbano ha causado y sigue causando pérdidas de biotopos excepcionalmente ricos en especies. En ningún lugar existe tanta biodiversidad en áreas reducidas como en las tierras en barbecho, donde ya no queda nada del cultivo intensivo.

Los aspectos cuantitativos también son importantes. Alemania tiene el 12 % de su superficie urbanizada. Las zonas de uso agrícola constituyen el 52 %. Sin embargo, solo un pequeño porcentaje de las tierras, en torno al 2 o al 3 %, se cultivan ecológicamente de manera que incentiven de verdad la biodiversidad. Las zonas de compensación se encuentran en el rango del por mil. Si por ejemplo se pierde el 2 % de la superficie urbana por efecto de la densificación, las tierras cultivadas del exterior tendrían que experimentar un incremento de naturaleza de más del 2 % para compensar dicha pérdida. ¿Es esto realista? Para nada, porque la densificación no tiene por qué ser compensada, como tampoco la intensificación del uso de las tierras de labranza. Solo se compensarán las instalaciones relacionadas con el ámbito del transporte. Eso significa construcción de carreteras, estaciones de tren, aeropuertos y similares. No obstante, se adoptarán medidas de compensación si la construcción prevista mejora las condiciones en la naturaleza y no va ligada a ningún aprovechamiento económico. Por ejemplo, la extensión de un antiguo afluente del Eno que estaba completamente sedimentado en algunos de sus tramos tuvo que ser compensada con una plantación de árboles nuevos porque la vegetación arbórea y arbustiva había crecido solo en los tramos que recibían las inundaciones. No se tiene en cuenta la gran cantidad de especies animales y vegetales que entonces (re) viven en el renovado curso de agua ni que los peces hayan podido migrar a zonas que antes les estaban negadas por la presa. Es obvio que estas disposiciones sin sentido son más un estorbo que una ayuda, pero no se corrigen. Parece más bien que se está tratando de obtener dinero o compensaciones de los promotores de dichas construcciones para retrasar o hacer imposibles proyectos rechazados por la población. Así es como se está instrumentalizando la protección de las especies.

En cualquier caso, sería mucho mejor para los habitantes de la ciudad no construir en los espacios urbanos libres, sino trasladar los nuevos edificios necesarios a los maizales de la periferia. Esto preservaría la calidad de vida e impulsaría la biodiversidad natural. Las ciudades deben seguir el modelo de crecimiento orgánico y ser capaces de desarrollar centros periféricos para evitar el exceso de densidad en los núcleos urbanos. Las estructuras fractales demuestran ser superiores fuera del modelo físico-matemático. Las colonias de animales y las evoluciones densodependientes en el mundo vegetal también siguen este patrón. La diversidad se crea por sí sola, incluso en las especies.

En un aparcamiento bien diseñado de un supermercado a las afueras de una población pueden vivir muchos más animales y plantas que en un terreno de extensión similar que se destina al cultivo agrícola intensivo. No ha sido la urbanización la que ha provocado las grandes pérdidas de animales y plantas silvestres. Su incidencia sobre las causas de las «listas rojas de especies en peligro» es casi insustancial. Por mucho que nos disguste la extensión de las áreas urbanas, los conservacionistas no podemos atribuirles una parte de la responsabilidad por la pérdida de biodiversidad y la desaparición de aves, mamíferos, mariposas y otros insectos. Hasta las medidas de conservación y protección de la naturaleza causan más pérdidas que la urbanización. De hecho, la cantidad de especies que sobreviven está muy relacionada con el tipo y alcance de las medidas de gestión que se aplican. Las condiciones estructurales constituyen el marco limitador, pero muchas veces no se tienen en cuenta.

«Situación nutricional» de los paisajes

Las medidas de gestión de la tierra se intensifican con la fertilización y el uso de venenos. Como ya hemos visto, la ciudad está en este aspecto mucho mejor que el campo. La sobrefertilización a la que se halla expuesto el campo está por término medio en cien kilos de nitrógeno por hectárea y año en todo el país. Pero en las regiones de cultivo intensivo y ganadería masiva hay más del doble. Como el fertilizante que llega por el aire a las zonas rurales y las urbanas es más o menos el mismo, el principal factor de comparación es la cantidad de estiércol líquido y de fertilizantes minerales que entra en las tierras. Y resulta que esta cantidad es tan elevada que casi no hay terreno en el campo que carezca de nutrientes. Aunque el suelo sufra una cierta erosión, los nutrientes aportados por los purines se van acumulando en el terreno y con el tiempo se produce un fenómeno que era algo extraordinario hace medio siglo y que hoy se ha convertido en normal: la eutrofización. Con este término se hace referencia a un nivel de disponibilidad de nutrientes que excede las necesidades reales de la vegetación. Por contra, la oligotrofia (del griego *oligo,* escaso, limitado, pequeño) es un estado del suelo que se ha vuelto extremadamente raro en el campo. Porque, aunque no se abonen de forma directa, las tierras reciben por vía aérea un suministro más que suficiente de nutrientes y por tanto no hay en ellas escasez de tales sustancias. Y no tendría por qué ser así.

Hasta la década de 1970, nuestras aguas eran eutróficas debido a la descarga de aguas residuales no tratadas. Para decirlo claro, esto significa que estaban muy contaminadas o que sufrían una contaminación catastrófica. Con muchas consecuencias negativas, sobre todo en lo que respecta a la generación de agua potable. Muchos lagos y ríos ya no eran aptos para el baño, los peces morían. Había que detener la descarga excesiva de aguas residuales, y esto solo se podía hacer mediante depuradoras de alta eficiencia. Se invirtieron miles de millones en el tratamiento de tales efluentes. Se considera, con razón, uno de los logros más destacados de la protección medioambiental. Sin embargo, esto ha tenido consecuencias curiosas que han generado noticias sorprendentes. Y es que ¡los lagos se han vuelto demasiado limpios! Los rendimientos de la actividad pesquera están disminuyendo drásticamente. Desde el punto de vista comercial, es comprensible que se demande una mayor fertilización de los lagos, pero no es realista. Porque la calidad del agua, que ha mejorado con tanto esfuerzo y con tanta inyección económica, ni puede ni debe permitirse que se deteriore de nuevo en beneficio de unos pocos usuarios. La calidad del agua está relacionada con el contenido de nutrientes. Es de mejor calidad cuando ya no vive nada en ella. Entonces es un agua adecuada para el consumo. Este es el objetivo lógico y manifiesto del tratamiento de aguas residuales, pero no se puede lograr porque en las depuradoras solo se purifican las aguas residuales de los humanos, no el estiércol líquido producido por la agricultura. Como ya se ha mencionado, la cantidad de purines excede varias veces la de los efluentes domésticos. La contaminación resultante afecta en su mayor parte a las aguas subterráneas y a los arroyos que atraviesan los campos.

El estado más favorable y, en última instancia, más razonable estaría justo en el medio, en una relación equilibrada entre la disponibilidad y el empleo de los nutrientes. Es el estado mesotrófico (del griego *meso*, medio, central). Si se pudiera mantener durante un largo período de tiempo, el agua y el suelo seguirían siendo productivos y las aguas subterráneas no se contaminarían. Pero este es un estado transitorio o de transición: las aguas estables a largo plazo pueden ser ricas en nutrientes (eutróficas) o pobres (oligotróficas). Y lo mismo se aplica a los suelos.

Durante siglos, la agricultura absorbió más nutrientes de los que devolvía a través del estiércol y los purines. Los suelos se empobrecieron. Los rendimientos disminuyeron. Los «buenos tiempos» del siglo XIX, tan ricos en especies, fueron sobre todo una época de hambruna. Millones de personas de Alemania y de otras regiones de Europa se vieron obligadas a emigrar. Sin fertilizantes artificiales era imposible corregir el déficit de nutrientes. La agricultura no podía alimentar a una población que crecía a gran velocidad en el curso de la revolución industrial. La escasez de nutrientes en el suelo continuó en el período posterior a la segunda guerra mundial. No se compensó hasta la década de 1970, cuando en Alemania se emplearon intensamente fertilizantes químicos, pero solo durante unos años y en cifras medias aproximadas. Porque, como en el caso de los lagos y ríos, el equilibrio del estado mesotrófico tampoco podía mantenerse en los suelos. En menos de un decenio se superó con creces este equilibrio, que es el más favorable para el medio ambiente en su conjunto. Se alcanzó entonces el estado eutrófico. Y se quedó estabilizado. Desde entonces, la conversión de nutrientes en el suelo ha estado en un nivel (demasiado) alto. Pese a la elevada retirada que provocan las buenas cosechas, vuelven a aparecer más. Con la pérdida consiguiente en las aguas subterráneas, cuya calidad disminuye con el aumento de la fertilización.

En buena medida, el agua potable ya no puede extraerse directamente de las aguas subterráneas. O no será posible hacerlo durante mucho tiempo. A la lentitud con que se renuevan estas masas de agua, la elevada contaminación que sufren hoy en día se mantendrá durante décadas. Para que los suelos se renueven, en especial si son pesados y arcillosos, no deben ser fertilizados durante años o decenios. Esta circunstancia también dificulta que las granjas se pasen a la producción orgánica. Los ecologistas y los protectores de la naturaleza reconocieron demasiado tarde las consecuencias de la sobrefertilización en el mundo animal y vegetal, a pesar de que hace tiempo que se han investigado y se han demostrado claramente. Los agricultores se niegan a reconocerlo y a tomar medidas para paliar esta situación. Las nuevas zonas de aguas protegidas se hallan ante una resistencia similar a la de la construcción de autopistas. Aunque la eutrofización de los campos era similar a la de los ríos y los lagos, era mucho menos conocida por la población porque los cambios que provoca solo se hacen evidentes de forma gradual. Algunos de ellos eran invisibles, como el envenenamiento del medio ambiente con DDT en la década de 1960.

La desaparición de los escarabajos de mayo

En Alemania también se ha empleado DDT. Aunque no en la misma medida que en las zonas tropicales y subtropicales, pero sí para controlar los insectos nocivos. La propagación masiva de mariposas cuyas orugas dañaban los bosques también causó problemas en este país. El DDT se utilizó de varias maneras como insecticida, pero también fue responsable del declive de los escarabajos que proliferaban en mayo. Hasta finales de la década de 1970, tanto en el sureste de Baviera como en las demás regiones cálidas de Europa central, estos se desarrollaban en ciclos de tres años. En las regiones más frías, necesitaban un año adicional para salir masivamente en los últimos días de mayo o en la primera mitad del mes. El vuelo de enjambrazón comenzaba antes del anochecer, en el clima cálido de la primavera. Por lo común solo duraba dos o tres noches. Los escarabajos ya habían pupado el otoño anterior, pero habían pasado el invierno y la primavera en su guarida en la tierra hasta que el creciente calentamiento del suelo a finales de abril les daba la señal de salida. Este control de la temperatura hacía que salieran todos volando al mismo tiempo.

En nuestro jardín y en todos los prados adyacentes, los grandes escarabajos marrones se elevaban a la caída del sol, zumbando y dando vueltas hasta que se dirigían a un árbol o a una arboleda que destacaba en su horizonte como una silueta. Sus objetivos preferidos eran los castaños, cuyas hojas se estaban desarrollando. Pero también se dirigían a los alisos y a otros árboles con nuevos brotes. Y se los comían. Algunos años los devoraban tanto que los árboles perdían la primera generación de hojas casi por completo. Si el clima seguía siendo fresco en abril, el vuelo de los escarabajos se retrasaba, y para entonces el follaje joven de los árboles ya se había desarrollado un poco más. Los escarabajos de mayo se consideraban plagas, pero fueron controlados de una manera más bien ingenua. Al comienzo de las clases se enviaba a los niños hasta los árboles para que sacudiesen y recogiesen escarabajos. Estos servían de alimento a los pollos, que en el pueblo existían en gran número y por supuesto en libertad. Los huevos tenían entonces un extraño sabor a nueces. Pero como el vuelo de enjambrazón solo se producía en unos pocos días, se creía que esta forma de control de los escarabajos podía ser fructífera. Durante los dos años siguientes no hubo ni un solo, o a lo sumo unos cuantos volando sin rumbo.

En la tercera primavera volvieron. Nada había cambiado en lo que hace a las existencias numéricas. Así que se repitió la práctica de tres años antes. Con resultados idénticos. Las larvas de estos escarabajos tardan mucho en desarrollarse. No pueden hacerlo en un año o dos. La causa del ciclo de tres años era en apariencia desconocida para la población rural. El escarabajo de mayo era el más conocido por ellos, el escarabajo por excelencia. Sus larvas, que antes de pupar eran como cresas blancas con la cabeza marrón, destruyeron muchas plantas de los huertos y jardines al comerse las raíces. También se observaron efectos en las gramíneas, que se volvieron marrones en su mayor parte. Pero cuando los escarabajos de mayo desaparecieron de forma abrupta, hasta el punto de que después del último gran año de vuelo de 1978 solo quedaban unos pocos y a partir de mediados de la década de 1980 ya no se veía ninguno, eso ya no gustó nada. Se decía que no tendrían que haberse vuelto tan raros, que no tendrían que haberse extinguido. La canción «Es gibt keine Maikäfer mehr» («Ya no hay escarabajos de mayo») de Reinhard Mey, corría de boca en boca. Había salido al mercado en 1974, cuando la desaparición de estos escarabajos estaba ya en el horizonte. No volverían. O, para ser más precisos, no retornaría el escarabajo sanero (*Melolontha melolontha*) porque el sanjuanero del castaño (*Melolontha hippocastani*) todavía aparece en sus ciclos de tres o cuatro años allí donde existe. Sin embargo, su hábitat no son los huertos y jardines de los escarabajos de mayo comunes, sino los ligeros bosques caducifolios. Por lo tanto, hay que distinguirlos bien. Reinhard Mey criticaba los aparcamientos en su canción, sin sospechar que esta tonada adquiría relevancia en un contexto diferente y mucho más amplio. Pero ¿por qué desaparecieron los escarabajos de mayo? ¿Por qué lo hicieron en ese momento?, ¿por qué no desapareció el sanjuanero del castaño, por ejemplo, que a fin de cuentas es muy similar? ¿Y qué relación hay entre la desaparición de los escarabajos de mayo y la de las mariposas?

Las larvas de los escarabajos de mayo se alimentan de raíces. Por eso, su elevada frecuencia puede causar también daños importantes. Las raíces no son un alimento muy satisfactorio porque el desarrollo de estas larvas lleva varios años. Y tampoco son fáciles de digerir. Por lo tanto, las larvas precisan algo de ayuda, unos hongos simbióticos que convierten el alimento, rico en azúcar y celulosa pero escaso de nutrientes, en algo mejor. Sin embargo, el contenido de proteínas no es suficiente para que las hembras eclosionadas puedan producir huevos en la cantidad necesaria para una reproducción exitosa. Cuando devoren las hojas jóvenes en el estado de madurez, obtendrán el resto de las proteínas que necesitan. Además es condición necesaria para el apareamiento. Así es que el vuelo en enjambrazón se produce en el momento adecuado, justo cuando hay nuevos brotes. Esto no hace más que subrayar las limitaciones que tienen las adaptaciones exitosas. El éxito restringe la libertad. Como puede verse, es una situación muy similar a la de los arañuelos.

Sin embargo, hay otro efecto que no es reconocible o que no se muestra siquiera: la simbiosis con los microbios que permiten aprovechar el alimento. Si esta se ve afectada, la compleja relación con la larva se rompe. Ahora bien, hay indicios que permiten suponer que eso es lo que sucede. En la década de 1970 se habían introducido en la agricultura nuevos productos químicos para proteger las raíces del ataque de los hongos. Los fungicidas son particularmente importantes en la protección de los cultivos porque las enfermedades de los hongos suelen causar pérdidas económicas y de rendimiento mucho mayores que cualquier otra plaga. En esa misma época se habían transformado muchos prados en tierras de cultivo. Y hubo un aumento del empleo de fertilizantes, sobre todo de los purines con que se han inundado las tierras de labranza desde entonces. Pero no los bosques perennes y tampoco los holgados bosques caducifolios. Ninguno de ellos se ve afectado por los productos químicos protectores de las raíces ni por las riadas de purines. Tampoco ha habido ninguna pérdida importante de tierra. Además, los bosques ligeros de suelos más bien pobres no crecen tan densa y frondosamente como los espesos bosques de las regiones con precipitaciones elevadas y, en consecuencia, con una fuerte fertilización del aire.

De esta manera es posible entender por qué cada especie de escarabajos de mayo reacciona de forma diferente. La desaparición de la especie común se articula dentro de la fase de transición a la eutrofización. Esto hace que el suelo sea más frío. Por lo tanto, los escarabajos pueden salirse del ritmo habitual porque el calor ya no actúa de manera simultánea sobre una gran área. ¿Conjeturas? Sin duda, pero bien fundadas. Esto es lo que se deriva de un desarrollo simultáneo en las mariposas. En especial en noctuidos como la *Apamea monoglypha,* una «devoradora de raíces» cuyas larvas han sido en ocasiones muy dañinas para las raíces de los cereales, pues, según indica Koch, en las aproximaciones a la luz en el extrarradio de la población entraban en competencia con los abundantes escarabajos de mayo. No obstante, en las ciudades y en las localidades más grandes se mantenían en las frecuencias habituales. Los escarabajos de mayo comunes también han sobrevivido en las zonas urbanas. Aquí no causan ningún daño. Y puede que incluso tiendan a recuperarse. Así es como podrían interpretarse los datos registrados en el (muy) cálido mayo de 2018. Pero sacar esa conclusión sería anticiparse demasiado. En las próximas décadas se podrá comprobar si los escarabajos de mayo vuelven o si presencias notables como las de 2018 solo pueden atribuirse a las favorables condiciones meteorológicas y no tendrán secuelas en el futuro.

Tiempo de cambio para los agricultores: la década de 1970

Volvamos a la época final de los vuelos masivos del escarabajo de mayo. Durante unos diez años, los campos todavía tuvieron una especie de amortiguadores en las carencias de nutrientes que se habían ido generando en el suelo a lo largo de los siglos. Pero la fertilización se regía entonces por el principio de que la abundancia siempre ayuda. Así es que no solo se practicaba en las tierras que se habían sembrado para satisfacer la elevada demanda y la producción en masa y cuyo cultivo estaba uniformado por la concentración parcelaria. También se aplicaba a los jardines. Nitrophoska, un fertilizante de nitrógeno, fósforo y potasio que contenía estos nutrientes imprescindibles para el crecimiento de las plantas en la proporción adecuada, fue la cura milagrosa que hizo que todo brotara y, como suele decirse, se disparara la hierba.

El rendimiento de los cultivos aumentó. La producción superó rápidamente la demanda. Las montañas de cereales, las colinas de mantequilla, los lagos de leche y los montículos de carne de cerdo fueron el paisaje característico del cambio hacia la producción excedentaria, que tuvo que ser administrada y vendida a tasas elevadas para evitar que los precios cayeran. Se entró entonces en un círculo vicioso: con la concentración de las explotaciones agrícolas en unos pocos cultivos y la expansión de las unidades de producción se redujeron los costos, pero al mismo tiempo aumentó la competencia entre ellas. Los excedentes no estaban en concordancia con la demanda. La consecuencia fue la muerte de los agricultores. Un número cada vez mayor de labradores tuvo que dejar de cultivar sus tierras porque eran demasiado pequeñas para soportar la presión de la competencia y asumir los enormes costos de la maquinaria y los monocultivos. En los treinta últimos años del siglo XX dejó de trabajar el 90 % de los agricultores. El 10 % restante sobrevivió como empresario porque recibió subsidios estatales o de la política agrícola común de la UE. Esta es una economía dirigida y controlada por el Estado. La sociedad ha comprado ya varias veces la tierra de los agricultores.

¿Y qué hay de los venenos? Esta pregunta se planteará cada vez con más inquietud. Porque no es posible que las grandes pérdidas de mariposas y otros insectos sean atribuibles solo a la sobrefertilización. Es una cuestión esencial pero difícil de responder, ya que hay muy pocas investigaciones y estudios al respecto. Por lo general, solo pueden extraerse conclusiones por medio de la comparación. Por ejemplo, la disminución del número de mariposas, como ya se ha explicado antes, afecta intensamente a la periferia de las poblaciones, pero no a las zonas más alejadas. Este hallazgo solo puede indicar que los pesticidas tienen efecto más allá de las zonas objetivo. La frecuencia de las mariposas nocturnas que se acercaban al extrarradio de las poblaciones disminuyó de manera particularmente destacada en junio, en concreto un 89 % en comparación con la década de 1970, cuando alrededor de las localidades solo había prados sin rociaduras. En julio y agosto, las frecuencias de aparición no bajaron tanto. En general, hubo una disminución del 75 %. Pero no se registró ningún descenso en los grandes jardines situados fuera del círculo metropolitano ni en la ciudad misma; su riqueza de especies también se mantuvo sin cambios.

Hoy en día encontramos en la ciudad y los jardines especies de mariposas que antes solían vivir en los campos. Si no fuera así, las listas rojas de mariposas en peligro de extinción serían muchísimo más largas. Pero, como es natural, no aparecen en los núcleos urbanos en unas cifras tan elevadas como en el campo, porque la superficie de la ciudad es demasiado pequeña para ello. Por lo tanto, es muy probable que los terrenos rociados con pesticidas estén sufriendo las consecuencias del veneno. No solo debe comprobarse qué cantidad de los plaguicidas utilizados en la agricultura llega a las aguas subterráneas; también hay que calcular cuánto llega a los terrenos adyacentes no pulverizados y a los arroyos, y qué cantidad se extiende hasta las poblaciones. A menudo, el característico hedor de los pesticidas demuestra que estos llegan hasta el área urbana.

El estudio de Krefeld

El estudio de Krefeld ha demostrado hasta qué punto se ven afectadas las reservas naturales. En el segundo semestre de 2017 se debatió el asunto con una intensidad sin precedentes. Los hallazgos de este estudio se recogieron incluso en los acuerdos de coalición del nuevo gobierno federal. Cada vez hay más conciencia de que las cosas no pueden seguir así: desde la década de 1990, la frecuencia de aparición de los insectos ha disminuido en más del 70 %, incluso cuando los puntos de recolección estaban situados en reservas naturales y en terrenos no cultivados. Esta disminución solo puede entenderse mediante el efecto combinado de la fertilización y los pesticidas. La fertilización, que se basa sobre todo en los aportes del aire, aumentó el crecimiento de las plantas y, como consecuencia, generó en el suelo unas condiciones vitales más frías y húmedas. Esto hizo retroceder a las especies que necesitan calor y sol. Las que pudieron hacer frente al mayor crecimiento de las plantas y que, por lo tanto, deberían haber sido más frecuentes no compensaron las pérdidas de las demás. El estudio de Krefeld se centró en la masa de los insectos o, mejor dicho, en su biomasa, es decir, su peso en vivo. Este, y no solo la cantidad total, ha disminuido en casi tres cuartas partes.

Los biotopos mejor fertilizados deberían haber producido más insectos, es decir, debería haber aumentado su masa en las capturas porque las reservas naturales en donde se realizaron los estudios no se destinaban a usos agrícolas. Sin embargo, a pesar de las fuertes fluctuaciones registradas de un año a otro y de las diferencias entre los distintos lugares de recolección, las cantidades recogidas disminuyeron en más del 70 % desde principios de la década de 1990. Dado que las trampas Malaise estaban instaladas en campo abierto, los insectos capturados también se clasificaron en gran medida como animales pertenecientes a este tipo de hábitat. Las especies de bosques densos no se pueden capturar tan bien con estas trampas, que están construidas como las nasas de la pesca: los insectos que se acercan entran por una «puerta» abierta y son conducidos a través de un sistema de redes finas y sólidas hasta el frasco de captura, un contenedor lleno de conservantes que está situado en el extremo superior. Los ejemplares son recogidos cada cierto tiempo, clasificados por especies o géneros y, en el caso del estudio de Krefeld, pesados con toda precisión para determinar su peso total, su biomasa.

Es muy probable que el veneno de los plaguicidas utilizados en el entorno natural sea arrastrado por el viento. Sería instructivo saber si la composición de especies de los insectos capturados por las trampas Malaise ha cambiado en este cuarto de siglo y cómo lo ha hecho.

Los datos registrados en el área de Krefeld coinciden en gran medida con los resultados de mis investigaciones en el sureste de Baviera, a unos quinientos kilómetros de distancia. En términos temporales abarcan desde la segunda mitad de la década de 1990 hasta 2013, cuando mis observaciones se concentraron en la ciudad de Múnich. Desde el punto de vista ecológico, mis estudios complementan el de Krefeld en lo que hace a las reservas naturales que se hallan en terrenos agrícolas. Sus resultados oscilan entre la fuerte disminución de las especies insectívoras en las tierras de cultivo intensivo y la disminución moderada en los bosques. Si se añaden los núcleos urbanos, se obtiene una serie bastante completa con tendencia al descenso a medida que nos introducimos en el campo: poblaciones insectívoras mayormente estables en la gran ciudad, frecuencias más bajas en las localidades de menor tamaño, fuertes pérdidas fuera de ellas así como en las zonas protegidas y, por último, poblaciones residuales en los terrenos agrícolas de uso intensivo. Por extraño que parezca, la naturaleza no acaba en la gran ciudad, sino en los campos de maíz.

Un sistema de subsidios sin opciones alternativas

¿Y por qué debería resultarnos extraño? En las tierras de labranza crece maíz, colza, trigo, y nada más. Las plantas que siempre han invadido los terrenos cultivables eran las malas hierbas. Fueron controladas con azadas, con máquinas y, por último, con veneno. Los animales que pueden vivir de los cultivos son plagas. También se controlan con veneno y se intenta exterminarlos. Si estas especies que antaño constituyeron la mayor parte de la vida animal y vegetal de los campos se quedan sin los linderos, márgenes y otras áreas residuales, desaparecen. Todo esto es bastante lógico. A nadie debería sorprenderle, y mucho menos al sector de la agricultura porque su objetivo, ahora y entonces, es maximizar los beneficios. Con su apoyo financiero, la sociedad ha asumido esta finalidad. Cualquiera que esté dispuesto a destinar fondos para que el veneno y el estiércol líquido puedan ser utilizados en cantidades masivas se enfrenta de forma inevitable a este resultado.

Los planes económicos del sector agrícola devoran miles de millones de euros de fondos públicos que sin duda se gastarían mejor en otros ámbitos. Pero esto no es algo nuevo o que venga de nuestra época. Los políticos lo saben desde los años setenta. Y no han encontrado soluciones. Los parches introducidos en los subsidios, con todos sus fallos y costes añadidos, se están trasladando al contribuyente. Y se puede hacer porque no es una carga fiscal atribuible a cada Estado por separado. Al principio, todo va a la misma olla; luego se distribuye. La población obtiene comida barata, aunque en realidad está financiada con dinero de nuestros impuestos. Una tercera parte termina en la basura. ¡Así que está siendo demasiado barata! Pagamos el doble por el agua potable porque antes la costosa eliminación de los residuos estaba subvencionada. El sistema se ha convertido en un parásito. Los infectados por él apenas se dan cuenta porque se les oculta hábilmente lo que está sucediendo de verdad.

Para los contaminadores fue una bendición que el cambio climático fuera descubierto y expuesto como la causa previsible de cualquier alteración. Desde entonces ya no hay más culpables: todo se atribuye al clima o, si este no tiene nada que ver, al cambio global. «Cambio climático» y «cambio global» son los términos mágicos tras los que se oculta lo que no quiere hacerse público. Las grandes organizaciones de conservación de la naturaleza son las que más se valen de ello para explicar lo que está sucediendo en el ambiente. Ya casi no se pregunta por las verdaderas causas y sus agentes. Es un enfoque económico, pero no debe ser admitido. Menos aceptable aún es seguir luchando a la manera tradicional contra los enemigos del pasado porque no sirve de nada. Cuando se recurre al cambio climático se atenúa la obligación de dar cuenta de las razones y eficacia de las medidas (exigidas) aquí y ahora. Los resultados esperados se sitúan en un futuro demasiado lejano. Ni el mejor modelo puede predecir si la crisis climática favorecerá o destruirá a nuestras mariposas porque todo depende de las variables que se introduzcan.

La conservación de la naturaleza y los amantes de la naturaleza

Lo que está sucediendo en nuestra época no requiere modelos. Los efectos son claros y bien visibles. Pero las asociaciones conservacionistas prefieren librar guerras vicarias contra las «especies exóticas» y discutir con sus enemigos clásicos —como, por ejemplo, los constructores de carreteras— sobre los proyectos que cambian el paisaje, en lugar de dirigir su poder y peso político contra la causa principal de la extinción de las especies: la agricultura industrializada. Hay que decir, no obstante, que las leyes de conservación de la naturaleza no están dirigidas contra los contaminadores. Por paradójico que parezca, afectan casi en exclusiva a los amantes de la naturaleza, a quienes casi se les prohíbe hacer cualquier cosa. Tanto es así que se podría pensar que son la principal causa de la pérdida de especies. Un análisis imparcial de las normas de protección dará la impresión de que los amantes de la naturaleza, los que se interesan de manera directa por los animales y las plantas, deben mantenerse alejados del medio natural. Para que no causen ningún daño. Sin embargo, en las décadas que la ley alemana de conservación de la naturaleza lleva en vigor, ampliada y complementada por los reglamentos de la UE, las mariposas protegidas no se han hecho más frecuentes, sino más bien al contrario: las «listas rojas de especies en peligro de extinción» se han ampliado. Porque las normas de protección no ofrecen la salvaguardia necesaria. No hay tantos naturalistas malvados tras las mariposas cuyas poblaciones están disminuyendo

Las autoridades estatales de conservación de la naturaleza no han podido probar que el peligro de las especies provenga de personas interesadas en las mariposas y otros insectos, incluidos los coleccionistas. Pero a diferencia de las aves, que son más fáciles de observar a distancia, con ayuda de unos prismáticos, porque se han vuelto tímidas debido a las intensas persecuciones a las que han estado y están todavía sometidas, a los insectos hay que capturarlos para poder conocerlos y examinarlos de cerca. De lo contrario, quedarán asignados a categorías vagas como la de «abeja». ¿Cuál de las cientos de especies de ápidos existentes en nuestro país no se nos muestra a las claras mirándola a través de unos prismáticos de poco alcance? (Unos binoculares de este tipo, que permiten enfocar a una distancia de un metro, son los que yo solía utilizar para observar mariposas. Pero ¡hay que conocer bien la especie sometida a observación!) El peligro que puedan suponer los coleccionistas se asume sin más. Sobre todo porque son (y han sido siempre) los que informan sobre la aparición y frecuencia de las mariposas, así como sobre las condiciones de otros tiempos, incluso del siglo XIX. Sin las colecciones privadas de mariposas no existirían las grandes colecciones de los museos. Las autoridades de conservación de la naturaleza no tendrían ninguna base para clasificar las especies en «listas rojas». Sin embargo, fueron los coleccionistas quienes estuvieron en el punto de mira de leyes y reglamentos, de manera que al final han sido de los más afectados.

Cualquiera que desee investigar la aparición y frecuencia de las abejas y tenga que capturarlas brevemente para determinar la especie debe disponer de un permiso especial porque, según la ley de conservación de la naturaleza, todos los ápidos están protegidos. Ni siquiera los ejemplares muertos por el uso indebido de venenos en la agricultura pueden ser recogidos sin permiso para determinar la cantidad de veneno a la que han estado expuestas estas «especies protegidas». Los agricultores acaban a veces con colonias enteras de estas abejas cuando limpian los caminos de tierra, aun cuando no fuera preciso matarlas, y las autoridades permiten construir diques en lugares donde se van a destruir miles de nidos de abejas, pero nada de esto tiene consecuencias. Son intervenciones que no están reguladas en las normas de protección de las especies. Y no son casos aislados, ni mucho menos. Cualquiera que esté atento puede observar un sinfín de casos parecidos. Por ejemplo, la ampliación de los terraplenes a lo largo del Eno para crear un carril bici internacional de larga distancia destruyó grandes colonias de abejas del género *Andrena*. Y también se vieron afectados muchos escarabajos y mariposas poco comunes. La pérdida de abejas ascendió a cientos de miles, si no a millones de ejemplares. Desde entonces, los abejorros y las mariposas han sido víctimas año tras año de las medidas de conservación porque, al parecer, las flores de los taludes podrían suponer un riesgo para los ciclistas.

El desastroso efecto de las medidas de mantenimiento municipales

La situación es realmente grave. Las medidas de mantenimiento que se aplican a lo largo de las carreteras, de las rotondas y de otras zonas verdes comunes, están golpeando los mejores hábitats de mariposas, abejas y escarabajos raros, y de una manera devastadora porque la siega se hace demasiado pronto, con demasiada frecuencia y en el momento equivocado. A veces incluso a finales de abril, como sucedió en 2018 en una carretera nacional del sureste de Baviera. En los márgenes empezaban a florecer las primeras flores. No está claro cómo ni a quién le impedían la visibilidad, ni cómo podrían haber supuesto un peligro para el tráfico. Tan pronto como la vegetación se haya recuperado un poco, se hará el siguiente corte. En los prados de siega es mucho peor porque se cortan a tan baja altura que se arrancan partes del suelo.

Si una planta de raíces profundas como la hermosa achicoria logra brotar de nuevo y abrir en julio sus flores estrelladas, este pequeño obstáculo de apenas dos palmos de alto tiene que ser eliminado de inmediato. Las flores de los márgenes llegan quizá hasta los campos de maíz, que se permite que crezcan junto a la carretera como un elevado obstáculo visual y a veces mortífero porque la agricultura goza de todos los privilegios. Pues bien, esas flores que crecen junto a la carretera se han convertido en algo inadmisible. Esta es la conclusión a la que debemos llegar. A menos, claro está, que no se trate de una cuestión de seguridad vial, sino de utilizar maquinaria costosa a la que ha de sacarse partido. Por eso se ha contratado a empresas para que realicen los trabajos de mantenimiento solo cuando tengan las máquinas disponibles. Y no estamos hablando de menudencias, precisamente. Los millones de kilómetros que tiene la red de carreteras alemanas y la gran cantidad de isletas, taludes y arcenes de autopista, amén de los espacios verdes de las ciudades de titularidad pública, integran en su conjunto una superficie que a buen seguro excede la de todas nuestras reservas naturales.

Es incomprensible que estas absurdas medidas de mantenimiento se realicen y paguen con fondos públicos, es decir, con dinero de los impuestos. O que el Estado y las autoridades locales permitan utilizar partes de las rotondas para la eliminación del estiércol líquido. Esta fertilización masiva aumenta de manera inevitable la intensidad de la siega y convierte las isletas de tráfico en zonas agrícolas. No se pueden cargar las tintas contra semejante estupidez porque la agricultura no es la única que mata insectos. Como es natural, se basa en el rendimiento de los campos y no en cuántas mariposas hay en ellos. Por superficie, la agricultura es con diferencia el destructor de especies más importante. Pero en segundo lugar están las medidas de mantenimiento. Su destrucción de la naturaleza, sancionada por el Estado y los municipios, podría evitarse casi por entero, ya que no hay necesidad de generar rendimientos. Lo que en verdad debe hacerse es impedir, por ejemplo, que las zonas soleadas, y por tanto ricas en insectos, se vean superadas y crezcan excesivamente, pero esta es una medida de mantenimiento que solo debe ponerse en práctica de manera ocasional; y siempre por razones naturales, no porque haya que utilizar los cortacéspedes que en ese momento estén libres.

Los agricultores esperan que la población pague algo más para que no se envenene la estrecha franja de tierras de labor que discurre a lo largo de las vías agrícolas a fin de que puedan crecer ahí algunas plantas y causen la impresión de que todavía hay diversidad en el campo. No se trata solo de que las elevadas subvenciones a la agricultura deban incluir, como resulta obvio, el deber de cultivar de manera ordenada, es decir, sin contaminar ni dañar la naturaleza, el aire y las aguas subterráneas. Es que, además, no tiene ningún sentido destruir la floración en los márgenes de las carreteras cuando justo al lado hay esas franjas de vegetación. Como tantas otras veces, las autoridades del Estado y los municipios no dan a la población un buen ejemplo, sino el peor imaginable. Incluso en lo que respecta al uso de veneno. ¿Quién puede entender que no se permita crecer ni una brizna de hierba bajo los puentes de las autopistas y que se aniquile toda la vegetación mediante el uso masivo de pesticidas, aun cuando, como pasa en muchos puentes, pase por debajo un río al que puede llegar el veneno por efecto de las lluvias torrenciales? No es necesario ser un experto en estática de puentes y tráfico vial para cuestionar la necesidad de envenenar todo el suelo bajo los puentes. Claro que esta no es la única superficie donde las autoridades utilizan veneno sin ninguna necesidad. Para mantener corta la vegetación emergente, bastaría con una sola siega al año, incluso debajo de los puentes de las autopistas.

Es increíble que hasta en los bosques estatales se sieguen de forma períodica los bordes de los senderos. De esta manera, a finales de junio o principios de julio se destruyen las mismas plantas en las que viven muchas larvas de mariposas, a no ser que los imagos estén ya desarrollados en los árboles y las plantas arbustivas. Las mariposas y, en especial, los abejorros se ven privados de fuentes de néctar para ellos imprescindibles. Además, en las siegas se cortan también plantas raras y protegidas como el martagón. Seguro que ningún silvicultor es capaz de entender qué clase de seguridad vial proporcionan tales medidas de mantenimiento. Las enormes cosechadoras de madera no impiden que haya flores a los lados de las pistas forestales, pero como erosionan mucho el suelo porque están en uso siempre, hay que reacondicionar los caminos todos los años. Para ello se utilizan buldóceres que muchas veces aplastan la vegetación de los laterales. La siega de tantos kilómetros de márgenes a principios del verano cuesta dinero; una vez más, dinero de los impuestos. La falta de flores y mariposas a lo largo de los caminos forestales reduce el disfrute de la naturaleza y su valor recreativo; dos aspectos que, según la ley forestal, deberían cuidar los bosques de propiedad estatal.

Los jardines privados, así lo indica mucha gente, han de estar libres de venenos o verse libres de ellos en el futuro. Son, por su extensión, los únicos hábitats realmente importantes para la supervivencia de numerosas especies de mariposas. En las tierras de cultivo no tienen casi ninguna oportunidad. No se les permite habitar los bordes de los caminos y otras áreas comunitarias porque el sentido de limpieza de los alemanes está como hemos visto en contra de ello. El desconocimiento de la naturaleza se expresa también en el hecho de que las zonas pequeñas que deben ser protegidas de la siega están marcadas con letreros que dicen: «Este es un prado de flores». Son praderas rodeadas con bandas de color. Por lo visto, estas áreas no han de pasar por el mantenimiento de las rutas de tráfico municipales y estatales, aunque las ordenanzas exigen que se tenga en cuenta la importancia de la conservación de la naturaleza. En nuestros bosques, las condiciones de vida de las mariposas y de otros insectos se están deteriorando también continuamente, aunque con menos rapidez que en los campos. Por eso vemos casi en exclusiva blancas de la col y mariposas pavo real como representantes del mundo de los lepidópteros. Y algunas mariposas migratorias.

Cuando cae la noche: la importancia de la contaminación lumínica

En relación con las mariposas nocturnas, se podría plantear una cuestión adicional sobre lo que aquí hemos expuesto. Y sería la siguiente: ¿cómo influye la contaminación lumínica? Nuestra época ha iluminado la noche. Millones y millones de farolas brillan desde el atardecer hasta las primeras horas de la mañana. La luz atrae a los insectos. Nadie puede hacer una estimación aproximada de cuántas mariposas son víctimas de la iluminación nocturna. Es cierto que en las ciudades los murciélagos salen beneficiados porque se hacen con los insectos que han sido atraídos por las luminarias de las calles. ¿Es posible que la luz atraiga a muchos insectos de los campos y los lleve hasta las ciudades rabiosamente iluminadas?

No parece que tales conjeturas estén fueran de lugar. Numerosos estudios sobre insectos acuáticos han confirmado hace tiempo la existencia de este efecto. Se conoce desde que empezó a usarse luz eléctrica. En las orillas de los ríos y lagos, el alumbrado público puede atraer a los insectos de agua, los cuales revolotean al atardecer en una cantidad tan grande que el suelo del camino aparece cubierto por una masa resbaladiza de ejemplares muertos. Los efímerópteros y tricópteros, pero también los grandes quironómidos forman parte de estos insectos de agua que vuelan en masa. Hoy en día se ofrece un sistema de exterminio a pequeña escala basado en la atracción a la luz que está disponible en grandes supermercados a precios muy reducidos. Esto sucede justo cuando aumentan las quejas por el declive de los insectos. Por lo visto, son dispositivos que no necesitan aprobación oficial, a pesar de que matan en forma no selectiva. Y se venden como rosquillas. Las cadenas de descuento ofrecen diferentes modelos.

Volvamos a la cuestión de la contaminación lumínica, tal como se la llama ahora, y su incidencia en la disminución de las mariposas. Sin duda, la iluminación de calles y edificios es más efectiva que los pequeños aparatos de exterminación de insectos instalados en terrazas y balcones. Pero la mayoría de las luminarias no está ni estaba aún adaptada a unos espectros de luz que tienen menos efecto en las mariposas que la luz blanca habitual. A mí me parecía que, justamente por eso, los estudios comparados sobre mariposas nocturnas en la ciudad no servían de nada, así que no empecé a utilizar el método de la atracción lumínica hasta diez años después de mi llegada a la Colección Zoológica de Múnich. El patio interior del palacio de Nymphenburg, cerrado a la luz por todos lados, era un lugar perfecto para ello porque se quedaba oscuro conforme al ritmo natural del día y por las noches reinaba también la oscuridad. La luz de mi ventana, que era la única que se encendía en las noches de verano, no debía tener ningún efecto porque había colocado la lámpara justo a un lado. Estas fueron mis reflexiones en aquel momento.

La aproximación fue sorprendente en todos los aspectos. Entre los macrolepidópteros, es decir, todos los que no pertenecen al grupo de los microlepidópteros, bastante difíciles de determinar, registré 230 especies distintas entre 1981 y 1985, una cifra elevadísima que no me esperaba para nada. También el número de ejemplares fue sorprendentemente alto para la ciudad, aunque muy por debajo de los que eran atraídos por la luz en el borde de mi pueblo en la Baja Baviera. Sin embargo, tres décadas después ya superaban a los del campo. Cuando echo la vista atrás, lamento no haber continuado estas investigaciones después de que la Colección Zoológica Estatal se trasladara al barrio de Obermenzing. Una vez más, di por hecho que no serían nada productivas porque la nueva sede estaba en plena calle y expuesta a las luces de la ciudad. Las farolas más cercanas se hallaban a 20 o 30 metros de distancia. Así que ahí tenía las condiciones de luz habituales en la ciudad. Para mi sorpresa, los resultados de la aproximación no fueron peores en absoluto. De hecho, estaban más o menos al mismo nivel que los del patio interior del palacio. Pero el abanico de especies aumentó de manera extraordinaria, tanto entre las mariposas como entre los demás insectos nocturnos. A mis compañeros de la Colección Zoológica les impresionó muchísimo que hubiera tanta diversidad. Más de una vez debieron de quedar agotados cuando me presentaba en sus despachos con un montón de especies para que me ayudasen en la determinación.

El superverano de 2003, como ya hemos mencionado, arrojó resultados supremos. Se podría pensar que la iluminación de la ciudad no tuvo ninguna importancia, al menos en lo que respecta a la atracción hacia la luz ultravioleta y los insectos que reaccionan a ella. Valiéndome del método habitual, bien conocido por mí, registré noches de acercamiento buenas y noches nada buenas, justo como el clima. A finales del otoño y en los comienzos de la primavera, las mariposas especializadas en estas estaciones volaron hacia la luz como si en aquellas oscuras noches de la naturaleza no hubiera ninguna diferencia en la iluminación. En la ciudad iluminada por luz artificial, las polillas de invierno eran incluso más abundantes que en el campo, con todo el abanico de especies que cabía esperar en la región. Su reacción a la luna fue también similar. Las noches de luna llena no atraen a las mariposas, mientras que las de luna nueva atraen a un número elevado, incluso en noches despejadas. Las nubes y la llovizna son las mejores condiciones de atracción; el viento y el firmamento despejado, las peores. Todo esto se pudo demostrar con los valores de medición que yo registraba cada noche después de examinar las aproximaciones a la luz. No se percibió ningún cambio significativo en las épocas de vuelo de las diferentes especies en comparación con las del campo.

Sin embargo, los hallazgos sobre la influencia de la temperatura no han sido todavía sometidos a una evaluación más profunda. En relación con las consecuencias del cambio climático y los cálculos derivados de ello, podrían ser bastante reveladores porque los datos se remontan a 1969. La verdad es que no tendríamos que haber parado el estudio entre 1994 y 2002. Este es un ejemplo más de lo fácil que resulta dejarse influir por las opiniones, sobre todo por las que parecen muy plausibles. Las investigaciones a corto plazo que realicé mientras tanto en varios lugares de la ciudad tendrían que haberme puesto en alerta. Pero también estaba demasiado convencido de que el vuelo de los insectos en la ciudad se hallaba alterado por la continua inundación de luz artificial y que, por lo tanto, su medición no tenía validez. Sin embargo, en los terrenos de la Colección Zoológica había muchísimas mariposas, y eso no podía pasarlo por alto. Seguí su evolución desde el principio, es decir, justo después del cambio de emplazamiento en 1985, y en muchos aspectos fue una lección para mí.

Cuando nos trasladamos había en la zona un montón de tierra con grava que había quedado tras la construcción del edificio. Y una vegetación muy rica en especies se desarrolló lentamente en torno a ella. Y entonces vinieron las mariposas, entre ellas varias especies de licénidos. Con rapidez desarrollaron unas poblaciones impresionantes. A veces eran tan abundantes que en mis paseos por el emplazamiento me encontraba diversas especies al mismo tiempo. Pero por lo visto aquello estaba demasiado «desordenado» y la zona no debía quedar así. Eso era al menos lo que sostenía la persona responsable del proyecto. Se sembró entonces el terreno con ruda cabruna (*Galega officinalis*), una planta perteneciente a las fabáceas o leguminosas que tiene en las raíces unas bacterias simbióticas llamadas rizobios que permiten a las plantas absorber el nitrógeno atmosférico.

Esto hace que crezcan muy vigorosas en tierras pobres en nutrientes, y de esa manera obtienen suficiente agua y sales minerales. A medida que crecen, fertilizan la tierra de manera similar a como lo hacían los campos de tréboles al mejorar el suelo para el cultivo de cereales. En pocos años, la ruda cabruna se extendió por el terreno que había quedado abierto o agrietado por efecto de las obras. Entonces los licénidos y otras mariposas desaparecieron. Su hábitat había sido destruido por esta medida de ecologización. Al final fue un completo fracaso porque hubo que combatir la ruda cabruna durante años para hacerla retroceder. Crecía hasta la altura del pecho en densas matas. Gracias a la incansable labor de Wolfgang Schacht (†), empleado de la Colección Zoológica, se consiguió mantenerla en cantidades insignificantes después de haberse expandido de manera extraordinaria durante una década. Entonces las poblaciones de mariposas se recuperaron también. La siega se mantuvo al mínimo y nunca se realizó al mismo tiempo en toda la zona, para que hubiese siempre un área lo bastante extensa para la repoblación.

La Colección Zoológica Estatal se convirtió en un centro de biodiversidad en plena ciudad con una riqueza de especies en sus terrenos digna de una reserva natural. Como consecuencia aumentaron las aproximaciones a la luz. Áreas con vegetación espaciada y rica en especies, el resto de un bosquecillo y zonas de biodiversidad establecidas por medio de rodales de árboles, campos abiertos, colinas, estanques y arbustos, así como por árboles aislados en los aparcamientos, ofrecen las condiciones estructurales necesarias para que exista una gran variedad de especies de mariposas y de otros insectos. El encaje entre lo humano y lo natural es tan bueno en estos sitios que uno no puede sino albergar esperanzas. La diversidad de especies tiene posibilidades de mantenerse; por lo menos, una buena parte de ella, siempre que las autoridades lo permitan. Como en esta zona de la ciudad. El episodio de la ruda cabruna ha terminado. Ojalá que de esta experiencia hayamos extraído la siguiente lección: que por lo común son los «que actúan» los que destruyen demasiado porque no son nada proclives al libre desarrollo natural y, si es necesario, prefieren establecer un cierto control. Este es uno de los problemas centrales de la protección de las mariposas.

Haciendo balance: un resumen de las causas de la desaparición

Las mariposas se han vuelto raras, mucho más raras de lo que lo eran hace medio siglo. En los campos de cultivo intensivo apenas se las encuentra, como tampoco aparecen muchos otros insectos. Se han mantenido mejor en los jardines y en los parques de las grandes ciudades. La disminución tuvo lugar en los bosques. Y en las reservas naturales. El alcance del declive no es el mismo en todos los sitios y sus causas son también diferentes. Pero la razón principal tiene un solo nombre: sobrefertilización. El exceso de fertilizantes cambia las condiciones de vida. Los productos fitosanitarios también tienen su parte de culpa. Hoy se discute hasta qué punto influyen, y además ha de considerarse cómo varían de una región a otra. La pérdida de estructuras paisajísticas tiene un efecto más fuerte de lo que a menudo se piensa. Las medidas de conservación aplicadas a terrenos no agrícolas afectan a muchas especies de mariposas. No tendrían que ponerse en práctica, y menos aún con la intensidad y minuciosidad con que se llevan a cabo. Pero ya el solo hecho de que hasta en los bosques estatales se sieguen los márgenes de los caminos cuando las plantas están en flor, nos deja estupefactos. La disminución del uso de venenos en parques y jardines beneficia a las mariposas. Las ciudades y pueblos más grandes se han convertido en sus balsas de salvamento. Sin embargo, la tendencia hacia los jardines de fácil conservación y nada de maleza es inquietante, en especial cuando lo que se trata de imponer son zonas de grava desprovistas de vegetación o praderas de césped artificial.

Consideremos ahora la situación desde un punto de vista ecológico. Dato de base: las mariposas han perdido mucho hábitat. Alrededor de la mitad de la superficie de Alemania se ha vuelto inhóspita para ellas. Porque se desarrollan plantas de las que no pueden ni deben vivir. Las líneas de demarcación de los terrenos se han reducido de forma considerable desde la concentración parcelaria. Esto significa que faltan gradientes en el microclima, el cual se ha vuelto más frío y húmedo debido a la sobrefertilización. Por lo tanto, los veranos más calurosos no ayudaron a las mariposas a mantener el equilibrio, salvo unos cuantos años que no tuvieron un efecto duradero.

La mayor parte de las especies, si no todas, están bien preparadas para el cambio en las estaciones provocado por el calentamiento climático porque reaccionan a las mismas señales de temperatura que las plantas. En lo que hace al exceso de luz que afecta a sus condiciones de vuelo en las zonas urbanas, las mariposas nocturnas y otros insectos también parecen hacerles frente mejor de lo que se temía. Cuando son capaces de vivir en condiciones seminaturales, la regulación biológica de su población funciona por sí sola. Los parásitos y quizá también los patógenos siguen impidiendo la reproducción excesiva. Las escasas propagaciones en masa confirman este punto porque caen de nuevo rápidamente sin haber causado ningún daño. No obstante, cuando se producen, como ha pasado en algunos bosques y en cultivos de frutales, se debe a la excesiva uniformidad de la población arbórea. Si son muy similares desde el punto de vista genético o clones casi idénticos y además de la misma edad y plantados en rodales puros, favorecen el desarrollo masivo. Las medidas de control, en especial con sustancias ponzoñosas, pueden lograr lo contrario y ralentizar el declive natural de las mariposas, dejándolo reducido a unas cantidades insignificantes. Porque el veneno afecta a muchos de los insectos restantes, incluidos enemigos naturales como los icneumónidos y bracónidos parasitarios y los taquínidos.

Todavía no hay investigaciones suficientes sobre los ciclos largos en que se desarrollan algunos insectos y por supuesto las mariposas. Aunque hay señales que apuntan a diversas causas, todavía no sabemos qué es lo que desencadena los ciclos de siete, diez o más años. Por lo tanto, las apariciones masivas de ciertas mariposas pueden ser repentinas, pero ello no es señal de que el reino de las mariposas se esté recuperando. Como es natural, esto se aplica también a las mariposas migratorias, que algunos años vuelan en gran número. El dinamismo de las poblaciones es muy grande, a menos que sea coartado con veneno. La necesidad del empleo de plaguicidas debe ser debatida y sometida a un examen profundo, sobre todo en lo que respecta a la política agrícola. No cabe duda de que, sin el uso preventivo de venenos, los rendimientos de las tierras pueden reducirse. Pero las fumigaciones provocan gastos y daños ambientales. Si se descuentan de los beneficios obtenidos, es muy posible que el envenenamiento no merezca la pena en absoluto y que solo sea necesario en casos excepcionales de reproducción masiva de insectos dañinos que ya están en marcha. Dado que una parte nada desdeñable de las subvenciones que se destinan a la agricultura debe cubrir los costos de los plaguicidas, la cuestión de su utilidad y necesidad resulta aún más acuciante. En lugar de utilizar las ayudas públicas de esta manera, se podrían destinar a la compensación por pérdidas de cosecha realmente importantes, como sucede en el caso de los daños relacionados con el clima. Las consecuencias negativas para la naturaleza serían entonces mucho más débiles. Y tendrían efectos de mayor alcance.

La desaparición de las mariposas y sus consecuencias

Las mariposas han estado disminuyendo durante décadas. En los campos de nuestro país, que ocupan más de la mitad de la superficie total, no hay más que una quinta parte de las que había antes de la transformación de nuestra agricultura. Mis estudios en el sureste de Baviera coinciden con muchos otros que han apreciado disminuciones. Las regiones con mayor superficie de cultivos intensivos son las más afectadas. Ahí, los excedentes de nitrógeno en el balance anual siguen estando alrededor de los cien kilos por hectárea o incluso por encima. Pero toda Alemania y toda Europa central están sobrefertilizadas porque se introducen por vía aérea unas cantidades de nutrientes que equivalen al total de fertilizantes utilizados en otras épocas. Solo los suelos arenosos y muy permeables están menos expuestos a este exceso de nutrientes. Donde tiene menor efecto es en las superficies de alquitrán y hormigón porque estos materiales hacen que se escurra el fertilizante precipitado. Llega, sin embargo, a las plantas de depuración a través del sistema de alcantarillado y, en suelos permeables, también a las aguas subterráneas. Los bosques son los que más fertilizante retienen y pueden absorber la mayor parte. En los lagos que se calientan mucho en verano, y especialmente en los de menor profundidad, el suministro de nutrientes favorece la proliferación de algas.

La sobrefertilización es, por tanto, un problema general, pero que se ve agravado por la elevada utilización de estiércol y abonos químicos en la agricultura. Su huella en los sedimentos y en otros residuos será la característica de nuestra época en un futuro lejano, como grandes meteoritos que impactan en el planeta. Los ecologistas llevan décadas advirtiéndonos de las consecuencias de la sobrefertilización. En 1997, la Sociedad Ecológica de Estados Unidos dedicó un número especial de su revista al análisis de los cambios en el ciclo mundial del nitrógeno causados por los humanos, incidiendo tanto en las causas como en las consecuencias. Una de las consecuencias notables que estamos ya pagando muy caro es el suministro de agua potable de calidad. El segundo impacto relevante de la agricultura industrializada —el envenenamiento de los suelos y la presencia de residuos tóxicos en los alimentos— es hoy objeto de un acalorado debate (una vez más). La cuestión principal es si las sustancias detectadas, presentes en cantidades más bien pequeñas, son cancerígenas. O si son perjudiciales para la salud, como sucede con el DDT. Este acabó siendo prohibido en la mayor parte del mundo después de mucha discusión. Pero también porque causó efectos indeseados en especies de animales a las que no iba destinado. En 1962, la bióloga marina y activista ambiental Rachel Carson, en su *Primavera silenciosa,* llamó la atención sobre todos estos daños colaterales que en un inicio habían pasado completamente desapercibidos y que fueron silenciados hasta que ya no fue posible mantenerlos ocultos. La «primavera en silencio», sin el canto de los pájaros, de la que ella hablaba no la veremos jamás, dijeron algunos. Y esa fue la opinión unánime de ecologistas y conservacionistas. Su posición se impuso. La batalla parecía ganada.

El DDT fue prohibido, pero no abandonado por completo. Todavía se utilizaba en los trópicos. En Europa y Norteamérica, los insecticidas de efecto persistente y toxicidad duradera fueron sustituidos por plaguicidas y herbicidas que se degradan (a mayor velocidad) y actúan con mayor precisión. Una vez más, resultó que no eran el remedio milagroso que tantos esperaban. Al final, tuvieron que ser prohibidos. Y siguen estándolo en la actualidad. Con la obsesión por los venenos, no se prestó la debida atención a la sobrefertilización. Se pasaron por alto las consecuencias de las intervenciones mecánicas, de las propias medidas de conservación. Afectan a las mariposas y a otros insectos sobre todo en los márgenes y bordes que no son objeto de labores agrícolas. En realidad, deberían ser zonas de protección y descanso para las especies animales y vegetales del campo. Solo cuando los medios empezaron a informar del estudio de Krefeld en el segundo semestre de 2017 y de la fuerte disminución de los insectos en las reservas naturales, los conservacionistas empezaron a prestar atención a los taludes, los arcenes y las zonas comunitarias. Durante mucho tiempo han sido mantenidos y conservados de la misma manera, pues no es nada fácil cambiar lo que se ha convertido en rutina.

La disminución de los insectos puso a menudo sobre la palestra otras cuestiones, como por ejemplo para qué necesitamos los bichos más molestos, y en particular las mariposas. Sabemos que las abejas son útiles y necesarias. Pero ¡¿los insectos?! Hay bastantes mariposas volando por los jardines. La mayoría son polillas y, como muchos insectos, resultan ser una plaga. Uno debería estar contento de que los mosquitos disminuyan. O de que haya menos avispas. O cualquier otro bicho que solo molesta o pica. Lo único que causa alteraciones en la agricultura es la muerte de las abejas porque la colza y los árboles frutales dependen de su polinización. Hoy en día existen prototipos de drones que podrían sustituirlas, pero no están preparados todavía para la producción en serie. Así que, para salvar la situación, es preciso criar abejas en las cantidades necesarias. Pero no moscas. Antes molestaban al ganado en los establos y en los pastos. Con los nuevos sistemas de eliminación de deyecciones ha desaparecido el estiércol como área de desarrollo para las cresas. Las moscas ya no pueden desarrollarse en los modernos cobertizos para el ganado. Por razones de higiene.

Aparte de ellas, antes había en los campos y prados muchos bichos dañinos para los cultivos. Las gramíneas no necesitan insectos para la polinización. El viento lo hace por ellos. Y a veces ni siquiera es preciso que intervenga porque la mayoría de las gramíneas de cultivo intensivo no llegan a florecer. Se siegan antes, varias veces al año. Los clorópideos y los cefoideos de los cereales se combaten para evitar daños, al igual que muchos escarabajos, chinches y, por supuesto, el pulgón. En la agricultura cabe esperar una reducción del 96 % de los insectos, tal como se ve en sus acercamientos a la luz desde los campos. Pero el hecho de que se haya registrado una disminución del 70 al 80 % en las reservas naturales del noroeste de Alemania desde la década de 1990 no tiene por qué ser motivo de pánico.

La mayoría de las especies de insectos entran en la categoría de plagas. También lo hacen muchas mariposas. En los huertos sigue habiendo infinidad de mariposas de la col. Esto se puede ver en el daño causado en los repollos y en algunos otros cultivos. La polilla del manzano y la polilla de invierno son auténticas plagas en las hortalizas y los árboles frutales, así que está muy bien que sean menos frecuentes. Tampoco tendría que haber reproducciones masivas de arañuelos; y lo mismo cabe decir de la bómbix de la encina y la lasiocampa del pino, cuyas orugas tienen pelos que pueden causar graves reacciones alérgicas. Estas son algunas de las cuestiones que el público me plantea en mis conferencias y debates sobre la muerte de los insectos.

Así que no nos hagamos ilusiones. Los insectos no están nada bien considerados por el público. El hecho de que sean interesantes y que haya mariposas hermosas e inofensivas no es suficiente para su defensa general. La mayoría ve todo esto desde el punto de vista de la utilidad. Por lo tanto, las mariposas deben hacer una «importante contribución» a la polinización de las plantas cultivadas para justificar su existencia. Muy pocas lo hacen. No fueron creadas para hacer algo por los seres humanos. Viven su vida y aprovechan las posibilidades que la naturaleza les brinda. Si esto es realmente «útil» para nosotros es una cuestión de valoración personal, no un hecho natural. Tampoco viene impuesto por la naturaleza. La personificación del entorno natural es también producto de nuestro pensamiento. La «naturaleza» no existe. Si queremos cambiar un ecosistema, tenemos que formarnos primero una idea de él. No es algo prefabricado. Los procesos de la naturaleza se despliegan tal como son, no porque deban hacerlo. No existe ninguna instancia superior, pero a algunas personas les gustaría ponerse en esa posición. El pensamiento occidental alienta esta arrogancia. Debemos tener esto en cuenta cuando nos cuestionamos la necesidad de seres vivos como las mariposas, o cuando tratamos de dar respuesta a la pregunta de cómo podemos asegurar la diversidad biológica para el futuro.

¿Y cuáles serían las respuestas? Una de las más comunes es la siguiente: las mariposas y otros insectos son importantes porque las aves viven de ellas. Es algo que queda bien demostrado en la disminución que están experimentando también las especies de aves silvestres. En la Unión Europea, sus poblaciones se han reducido en más del 50 % desde la década de 1990. En Alemania, la disminución en las zonas de cultivo intensivo asciende a más del 90 %. Apenas hay alondras en los campos, ni escribanos cerillos en sus bordes, como tampoco hay perdices, codornices o alguna otra especie avícola en las tierras de labranza. Las aves de los prados están particularmente afectadas porque los pastizales se cortan demasiado rápido y con demasiada frecuencia. El declive de las aves de campo que ya advirtió Rachel Carson en su *Primavera silenciosa* se ha hecho realidad hace tiempo. Ahora reina el silencio en todos los campos.

Si quieres escuchar el concierto de las aves cantoras en primavera, es mejor que vayas a un parque de la ciudad o a un cementerio. Porque incluso en los bosques, las voces de los pájaros se están apagando, y los cantos, antes tan diversos, se están volviendo más monótonos. Las orugas y algunos otros insectos sirven de alimento a las aves. Si disminuyen, la población de aves disminuirá de manera inevitable. El hecho de que se mantenga en un nivel elevado en las grandes ciudades, a pesar de las cargas que indudablemente soportan, no dice tanto de la calidad de nuestras metrópolis como de lo terribles que se han vuelto las condiciones de vida en los campos. El caso de las alondras puede servirnos para explicar cuán paradójicas son estas condiciones vitales. El mejor sitio para verlas en el sur de Baviera en pleno vuelo es el aeropuerto de Múnich. No hay ningún otro lugar de tamaño similar donde haya tantas alondras. Solo que no es muy bueno para oírlas cantar.

Los argumentos aquí planteados no siempre parecen satisfactorios. Porque, como es natural, siempre hay personas que se preguntan «¿Para qué necesitamos alondras y tantas otras aves?». Las golondrinas, por ejemplo, que se han reducido tanto. Si hay muy pocos insectos, no es preciso que existan los pájaros para mantenerlos bajo control. Y, además, cada vez se capturan menos aves migratorias en el Mediterráneo, ya que pasan con menos frecuencia. El declive de las aves migratorias quizá ponga fin a la horrible caza de aves cantoras. Una lógica de este tipo es incontestable si comienza planteando la cuestión de la utilidad. Y nos afecta profundamente a todos los que queremos cultivar algo en nuestro huerto o jardín de lo que queremos servirnos, ya sean flores o verduras. Aunque hoy en día está empezando a cambiar la actitud, tenemos que reconocer que los jardines no fueron creados para insectos y pájaros, sino por necesidades e ideas personales. El cambio de actitud requiere esfuerzo, convencimiento personal e incluso la capacidad de discutir con los vecinos sobre cómo debe dejarse crecer el jardín porque sería bueno para los insectos. Se suele decir que no hay que permitir que los jardines se cubran de maleza. Esta es quizá la razón por la que apenas hubo reacciones o ninguna resistencia a las medidas de mantenimiento en los terraplenes, bordes de carreteras o pequeñas zonas verdes aunque no se utilicen con fines recreativos y que, por lo tanto, se deseen espacios verdes bien segados.

La idea de la utilidad impregna todos los ámbitos de la vida. Hay que relativizarla, o, mejor aún, eliminarla por completo, si queremos que la «naturaleza» pueda desplegarse al menos en algunos de estos ámbitos. El resultado es lo que llamamos «cultura». En materia de cultura no reparamos en gastos. Al participar en la vida cultural y en su promoción, nos distinguimos como personas cultivadas. Porque la cultura es algo que va más allá de lo puramente útil y necesario. Siguiendo esta línea, Hubert Markl, el expresidente de la Asociación Alemana de Investigación y de la Sociedad Max Planck, sostenía que la naturaleza es también una tarea cultural.

En este punto de vista se encuentra la respuesta decisiva a la pregunta, muchas veces perniciosa, de por qué necesitamos a las mariposas. Cualquiera que se plantee seriamente esta cuestión estará dando alas a una pregunta aún más provocadora: ¿Para qué necesitamos una agricultura tan industrializada? Hace tiempo que no está ligada a la producción de alimentos en la calidad deseada. Prueba de ello es que en Alemania se compra más del doble de alimentos orgánicos que de productos cultivados en el país.

Existe demanda, pero solo la mitad de ella está cubierta por la producción nacional. La agricultura alemana produce masivamente para el mercado mundial. En las últimas décadas ha habido una sobreproducción permanente. Para reducir los excedentes, se ha obligado a la población a consumir biodiésel. El volumen de producción estaba orientado a la obtención del máximo rendimiento, no a las necesidades de la población que pagaba los subsidios. A principios del siglo XXI, hasta los cereales se quemaban como biomasa porque la producción había llegado a ser demasiado elevada y el precio de los cereales panificables cayó, así es que se obtenían más ingresos vendiéndolos como combustible. La variada agricultura campesina, orientada a las necesidades locales, fue víctima de la competencia de las grandes empresas industrializadas. Que esto redundara en beneficio de la sociedad es algo muy dudoso. Pero los subsidios deberían estar para eso.

También podríamos ampliar la perspectiva y plantearnos la pregunta de si necesitamos artistas, conciertos, monumentos históricos o incluso ciencia, si todo gira en torno a la cuestión de la utilidad. En un mundo orientado solo al beneficio, el canto de los pájaros y el brillo de las alas de las mariposas serían un lujo, algo de lo que podemos prescindir. O los poemas escritos por amantes de las mariposas como Hermann Hesse. Hasta los escritores que nos brindan el placer de la lectura, inspiración, esparcimiento o la pasión misma de la creación son innecesarios en una economía orientada al beneficio. Tenemos que hacer frente a tales actitudes. No debemos permitir que los especuladores nos impongan las especies de animales y plantas que han de estar a nuestro servicio y las criaturas que podemos disfrutar. El mundo virtual de las pantallas no es un sustituto. Lo que habría que hacer es retirar los subsidios a todos aquellos que piden de forma directa o indirecta que la naturaleza se quede en los campos. Son ellos los que viven de nosotros, no nosotros de ellos. Aunque el sistema actual lo oculte. La agricultura industrializada está lejos de ser una simbiosis funcional que necesitemos de verdad. Porque el sistema solo será sostenible si las dos partes se benefician por igual. Si una de ellas explota demasiado a la otra, se habrá convertido en un parásito. Es una tendencia que sin duda existe hoy día y que no debemos tolerar. Y este, queridos lectores, es el mensaje que nos transmiten las mariposas.

Su presencia, su belleza y su forma de vida tienen el suficiente valor como para que sean objeto de la debida consideración política. No es preciso ampararse en algo tan elemental como la utilidad para justificar que no queremos que desaparezcan las mariposas, ni que los pájaros mueran ni que dejen de florecer las flores en la naturaleza.

Qué podemos hacer contra la desaparición de las mariposas

Lograr que la agricultura industrial sea sostenible desde el punto de vista ambiental en un futuro es un objetivo que debe perseguirse a toda costa, pero no es algo que pueda esperarse a corto plazo. Como un superpetrolero demasiado cargado, seguirá avanzando cueste lo que cueste. Y somos nosotros quienes estamos pagando la travesía. Muchos granjeros abandonan el campo. Las condiciones generales les obligan a hacerlo; en las últimas décadas, miles de agricultores se han visto obligados a abandonar sus pequeñas explotaciones. Como escéptico, uno supone que un sistema tan complejo como el de la agricultura de la Unión Europea ha de venirse abajo antes de poder ser reformado. El colapso de la Unión Soviética en 1990 ya nos mostró cómo funciona una implosión de este tipo. Como optimista, uno seguirá creyendo en la fortaleza de la democracia parlamentaria y aguardará esperanzado las reformas que esta debería ser capaz de llevar a cabo. Según el dicho popular, la esperanza es lo último que se pierde. La situación en el ámbito municipal y estatal tendría que ser mucho más favorable porque no se trata meramente de extraer beneficios, sino de ahorrar unos gastos considerables al abandonar las excesivas y a todas luces innecesarias medidas de conservación. Sin embargo, la experiencia ha demostrado que esta forma de proceder no es tan fácil de cambiar como cabría pensar. Muchas cosas están firmemente arraigadas y por lo tanto estancadas. Aquellos que han asumido que han hecho siempre un buen trabajo se resistirán a los cambios que desprecian su labor por considerarla mala. Y más aún cuando las alternativas apuntan contra la obsesión de los alemanes por la limpieza. Dejar tal cual el desorden natural, permitir un crecimiento incontrolado de la naturaleza, aunque sea por poco tiempo, va en contra del carácter de los alemanes. Al menos ese es el cliché.

Todo se vuelve más problemático en el momento en que se cuestionan leyes y reglamentos que han estado en vigor durante años y que han de modificarse. Esto entra en conflicto con el principio de seguridad jurídica. Antes se procedía así y estaba bien. Ahora hay que cambiarlo y no debería llegarse a eso. Esta resistencia está muy arraigada en nuestro interior. No es una argucia legal. Los juristas tienen que enfrentarse a desafíos de diferente cariz porque se les hace muy difícil aceptar la naturaleza y su diversidad tal como realmente es. Por razones comprensibles, quieren poner cada cosa en un «cajón» para que no surjan zonas grises de legalidad dudosa.

Hasta las grandes asociaciones de conservación de la naturaleza actúan según este principio para no atenuar lo que han logrado, por muy sensatos y amargamente necesarios que sean los cambios. Prefieren que sus propios activistas se muevan en las «zonas grises» solo porque es imposible proteger jurídicamente todo lo que sirva a la conservación de la naturaleza y aumente el conocimiento sobre los animales y las plantas. Porque uno no sabe con qué va a encontrarse. La mariposa de una especie protegida que acaba estampada contra la rejilla de ventilación del coche sigue estando protegida aunque esté muerta, y ni siquiera puede ser retirada con la mano sin contar con el permiso correspondiente. A los talleres de lavado no se les aplica esta prohibición, y lo mismo sucede con el veneno que mata a las mariposas protegidas cuando se utiliza legalmente en terrenos cultivados o en el jardín.

¿Y qué puedes hacer cuando una mariposa tornasolada vuela hasta tu mano o un licénido revolotea junto a tu pecho mientras tomas el sol? No podemos detallar aquí la infinidad de situaciones absurdas a las que han de enfrentarse los responsables de la conservación de la naturaleza porque vienen impuestas por los reglamentos de protección natural. Hace tiempo que sabemos lo que nos estamos jugando. Las leyes y los reglamentos de protección de especies tendrían que estar más claros y mejor adaptados a la realidad. La directriz más importante debería ser que solo se imponga o permita lo que es de forma manifiesta necesario y que aporte algo en materia de protección. Una solución tan razonable como esta liberaría de trabajo a las autoridades, que sin duda tienen cosas más importantes que hacer, y brindaría un mejor acceso a la naturaleza y su diversidad biológica a todos los interesados, desde los niños hasta los científicos aficionados y los investigadores universitarios. En la situación actual, uno llega a la conclusión de que las leyes de conservación de la naturaleza en exceso restrictivas solo sirven a quienes provocan las pérdidas de especies, ya que mantienen al público crítico alejado de sus principios.

¿Qué postura pueden adoptar los realistas ante esta situación? Estoy convencido de que el camino debe ir de abajo arriba, desde la base hasta la cima de las asociaciones, las autoridades y los organismos políticos. El objetivo debe ser que el público vuelva a interesarse por las especies. La belleza, la singularidad y las características especiales de mariposas, escarabajos, abejas y otros insectos, así como de nuestras flores silvestres, deberían ser nuestro punto de partida, y no la amenaza de extinción porque una u otra especie se halle en peligro. Los enfoques adoptados por las asociaciones locales de conservación de la naturaleza y por tantos representantes de la ciencia ciudadana no pueden ser elogiados suficientemente aquí. Porque cuando los niños y adolescentes, capaces aún de entusiasmarse por la naturaleza, y los adultos que se sienten responsables de la preservación de la biodiversidad en nuestro país contemplen (de nuevo) las mariposas, sigan la vida de sus larvas y conozcan además los otros insectos y todo el mundo animal y vegetal, todos ellos alcanzarán el estatus cultural que corresponde a las criaturas que nos rodean.

El entusiasmo no nace en la lejanía. Crece en la proximidad. La oruga ha de tener la posibilidad de arrastrarse sobre nuestra mano y el gran esfíngido (¡«férreamente protegido»!) ha de poder posarse en los dedos o el pecho para proporcionarnos una experiencia directa. También tenemos que explicarles a los niños por qué ya no hay mariposas sobre los prados y los campos. Deberían saber cuál es la razón de que ya no se oiga a las alondras cantar. La naturaleza no debería estar sujeta a permisos, no debería permanecer cerrada allí donde todavía se puede contemplar un sinfín de animales y plantas. Los niños tendrían que poder volver a jugar en la naturaleza. Para ello es preciso que haya zonas medio naturales y sin edificar en las grandes ciudades, y que se pueda acceder al campo de las afueras por medio de senderos que atraviesen los prados y las tierras y por supuesto también los bosques. El «prohibida la entrada» es el peor principio de protección que existe. Solo debe aplicarse cuando sea de verdad necesario proteger a las especies sensibles de las posibles perturbaciones. Y ha de extenderse a todas las personas por igual. No debemos seguir aceptando que en las reservas naturales no se permita la entrada a los interesados en la naturaleza, mientras que cientos de pescadores campan a sus anchas, pisotean los juncos de la orilla o utilizan glifosato para eliminar vegetación, y a veces hasta se les permite navegar con sus barcas, tanto si esto perturba a las aves que hay que proteger como si no. También es inaceptable que se permita a los cazadores alimentar a los jabalíes en los claros de reservas naturales donde viven mariposas raras. Los jabalíes escarban en la tierra y además cambian la vegetación porque la comida que se les ha puesto como cebo altera la base vegetal. Los cazadores y los jabalíes gozan de libertad; los amantes de la naturaleza, no. La oposición a esta medida debe partir de abajo, de la población local, dirigida por conservacionistas experimentados. De esta manera es más probable que se establezca una cooperación constructiva con los cazadores y los pescadores, porque no se enfrentan a extraños sino a la gente del pueblo.

Y lo mismo se aplica a las autoridades de conservación de la escala inferior. Llevan la mayor carga de trabajo *in situ* y conocen bien los problemas específicos de la zona. Por consiguiente, también estarán dispuestas a llegar a un entendimiento con las asociaciones paisajísticas, el servicio de carreteras y los equipos municipales de protección natural a fin de poder adoptar procedimientos prácticos en el cuidado de los espacios verdes. La organización encargada de los bosques estatales estará de igual modo sujeta a estas medidas, pero cooperará para preservar y mejorar los hábitats y abstenerse de una destrucción innecesaria. Como, por ejemplo, cortar las flores de los márgenes de los caminos a principios de verano. Iniciativas como «cada comunidad tiene su biotopo» de Peter Berthold, el antiguo director de la estación ornitológica de Radolfzell, son una buena prueba de que la imposición desde abajo funciona mucho mejor que la implantación de leyes y reglamentos desde arriba.

Para las asociaciones de conservación de la naturaleza, esto significa que han de invertir la mayor cantidad de recursos posibles en la adquisición de tierras y en el tratamiento de estas zonas conforme a criterios conservacionistas, y que para ello tendrán que abandonar muchas de las «acciones» que al final resultan ser ineficaces. No se salva el mundo con profecías apocalípticas, sino con buenos ejemplos y una buena actuación en el lugar. La iniciativa del «cada comunidad tiene su biotopo» podría complementarse de maravilla con otra que rece «cada lugar tiene su propia pradera de mariposas». Para que los niños puedan volver a sentir las mariposas en la mano. Y también saltamontes, grillos y otros bichitos. Hay suficientes espacios verdes para ello. Las organizaciones de conservación de la naturaleza también podrían arrendar por un tiempo tierras de labranza —por ejemplo, durante cinco o diez años— para mostrar todo lo que puede vivir en ellas y que no sea envenenado ni fertilizado hasta la muerte. Las antiguas zonas de barbecho, que fueron subvencionadas con fondos de la PAC (Política Agraria Común), apuntaban en esta dirección. Sin embargo, su efecto fue demasiado limitado, pues o bien permanecían sin labrar durante períodos demasiados breves, o bien quedaban en unas condiciones que permitían reanudar de manera inmediata la actividad. Una pradera arrendada por cinco años no necesita producir rendimientos máximos como una pradera de especies forrajeras. Sin embargo, produce suficiente forraje o heno para financiar una siega en el momento adecuado. El hecho de que no esté inundada de purines es bueno para la vida de la pradera y no entraña ningún perjuicio para su uso posterior. Y así sucesivamente.

Hay muchas maneras de actuar de abajo arriba a nivel municipal y de los propietarios privados. Qué y cuánto se logre será un indicador de los esfuerzos de los conservacionistas. A juzgar por lo que han hecho en mi distrito natal y en el vecino, sus logros son muy grandes. Así que no debemos caer en el pesimismo. Hoy tenemos oportunidades y posibilidades reales de conseguir algo. Todos los que están comprometidos con la naturaleza saben lo difícil que son de llevar adelante. Pero el esfuerzo vale la pena. Y si nuestros hijos y nietos pueden ver esto más tarde, sin duda habrá merecido la pena. Este es el otro mensaje que nos transmiten las mariposas.

La belleza de las mariposas

«Mariposa» es un término demasiado poco poético para expresar lo que distingue a estas criaturas. Si miramos de cerca una pavo real mientras liba el néctar del arbusto de las mariposas en un jardín o parque público, podremos percibir la frágil belleza de este lepidóptero. Unas alas tan finas como el papel de seda, con dibujos y colores que los artistas difícilmente podrían haber imaginado si no hubieran tenido el modelo natural; unas antenas que recogen las señales del entorno y las transmiten al animal; unos ojos compuestos por millares de omatidios que registran los movimientos mucho más rápido que los nuestros; y unas patas cuya sensibilidad táctil es mucho más aguda que la de la yema de nuestros dedos: así es en apariencia la mariposa pavo real.

Otras mariposas que revolotean junto a ella, como la ortiguera, la atalanta, la vanesa y la mariposa de la col, por nombrar solo las especies más conocidas, son similares en su constitución, pero presentan diferencias notables en los colores y trazos de sus alas. Quien las vea en el momento adecuado quedará cautivado por su belleza. Son tan diversas que ni siquiera los grandes museos tienen ejemplares de todos los tipos de mariposas, aunque la Colección Zoológica de Múnich, la mayor del mundo, alberga más de diez millones de ejemplares. En la actualidad se conocen casi doscientas mil especies diferentes, todas bien descritas y provistas de un nombre científico único. Miles de ellas son todavía desconocidas y esperan a ser descubiertas.

Son muchos los coleccionistas que se dedican a su investigación, la mayoría de ellos fascinados por la belleza y la diversidad de las mariposas. Las mutaciones y aberraciones que aparecen en la naturaleza hacen que la gente se olvide del tiempo y el dinero para lanzarse en su búsqueda y añadirlas a sus colecciones. Las mutaciones son el material a partir del cual la evolución forma cosas nuevas y aumenta la diversidad de las especies. La alegría del descubrimiento y el disfrute estético van de la mano en el coleccionismo de mariposas, el cual puede convertirse en una adicción. Una adicción enfermiza y que además hace que personas honorables, en concreto hombres, adopten comportamientos que parecen extraños o incluso ridículos a ojos de los demás. El cuadro de Carl Spitzweg *El cazador de mariposas* muestra otro tipo de coleccionistas, el que podía invertir mucho dinero en su afición. Como lord Rothschild en el siglo XIX, de quien se dice que solo se le permitía entrar en el Museo Británico (hoy Museo de Historia Natural) después de haber hecho entrega de su sombrero de copa, algo que el reputado caballero se tomaba como una imposición incomprensible, pero que era de todo punto necesaria. Porque el sombrero tenía una placa de corcho en el interior, sobre la cual ponía lord Rothschild las mariposas que robaba a la colección del museo. Haciendo un leve movimiento, levantaba un poco la chistera y así es como habían desaparecido del museo muchas mariposas raras que enseguida pasaron a engrosar la colección de los Rothschild.

Las colecciones de los museos tenían, y tienen, sus mayores problemas en la avaricia de coleccionistas enfermizos. Los objetos de deseo, las mariposas más raras, incluso las que un ojo no experto descartaría como simples «polillas», alcanzan precios elevados en los mercados de subastas que, debido a las regulaciones internacionales sobre especies en peligro de extinción, se están moviendo en zonas grises que rozan la ilegalidad. La mayoría de las colecciones privadas terminan a menudo en museos públicos, porque incluso en grandes dinastías de coleccionistas como los Rothschild no hay continuidad a lo largo de las generaciones. Muchas veces las colecciones particulares «pasan» al museo tras la muerte de sus propietarios. Por las condiciones imperantes en nuestra época, que restringen severamente el coleccionismo, hoy en día se suele firmar un contrato de cesión en vida del coleccionista. Un ejemplo destacado a este respecto es la Colección Thomas Witt, quizá la mayor colección privada de mariposas del mundo de finales del siglo XX. Su propietario se la legó a la Colección Zoológica Estatal y al científico que se ocupa de cuidarla. Así es como ha llegado al centro la mayor colección de mariposas que existe actualmente.

La pasión por el coleccionismo se extiende a cualquier cosa, a casi a cualquier objeto o material que pueda juntarse. Algunas colecciones no se caracterizan por la estética de los objetos conservados. No es infrecuente que se reúnan artículos banales como chapas de botella o piezas de valor como monedas, pero para los coleccionistas de mariposas, la belleza está casi siempre en primer plano. Por consiguiente, diseñan sus colecciones hasta donde sus circunstancias financieras se lo permiten, aunque a veces gastan también en exceso. Es fácil pasar de una hermosa colección privada, que se ve una y otra vez en una pequeña sala o se disfruta junto con amigos de ideas afines, a las exposiciones públicas y las cada vez más populares «casas de mariposas», en las que se puede disfrutar de las mariposas en vivo. No se pueden trazar límites entre las colecciones científicas y las colecciones de auténticas rarezas. Y tampoco debemos hacerlo porque el «valor» depende del espíritu de la época.

¿Quién hubiera imaginado que Winston Churchill, durante la guerra, cuando Inglaterra estaba siendo bombardeada por los nazis, encontraba unos instantes de solaz en la contemplación de su colección de mariposas? Ernst Jünger describe con una maestría incomparable cómo recogía escarabajos durante las «tempestades de acero» de la primera guerra mundial y disfrutaba en las trincheras de su extraña belleza. Cuando cayó el zar, Vladimir Nabokov sacó fuerza de las mariposas que había recogido desde la infancia; después siguieron causando efecto en sus obras literarias. Las *Schmetterlinge* de Hermann Hesse son mucho más conocidas y han aparecido ya en varias ediciones. A ellas les dedicó poemas de una elegancia intemporal, como el siguiente:

Mariposa azul

Revolotea una mariposa azul.
Se la lleva el viento.
Lluvia de madreperla,
brilla, aletea, pasa.

Así, en visiones fugaces,
así, de pasada,
me saludó la dicha,
brilló, aleteó, pasó.

Sea una mariposa o un escarabajo, la belleza de estas criaturas ha inspirado a los malabaristas de las palabras a componer poemas y narraciones que atrapen esos efímeros instantes en que las alas centellean. Los antiguos griegos sentían esto mismo sin tener conocimientos zoológicos profundos.

Para ellos, *psyche* significa mariposa y alma al mismo tiempo. Al morir, el alma abandona el cuerpo como una mariposa que alza el vuelo rápidamente y desaparece de la vista. Los antiguos griegos conocían la metamorfosis «perfecta» y estaban desconcertados por ella. La larva, que es un ser muy diferente al imago, come y come, hasta que llega un momento, justo antes de reventar, en que ya no sale ninguna otra larva de su piel sino una misteriosa pupa. Esta carece de todo lo que caracteriza a la mariposa. No tiene boca ni ano ni patas, ni tampoco alas, que es lo que tiene el imago que saldrá de ella. Está envuelta como una momia dentro de una cáscara. Solo es capaz de mover ligeramente la parte inferior. En la momia puede verse una sombra de las alas, como si hubieran sido modeladas por las manos del más delicado escultor.

Y, de repente, sin que nadie sepa por qué, la pupa estalla y sucede el milagro: sale la mariposa adulta. A la pupa maravillosa se la llamó «crisálida», dentro de la cual se produce ese proceso todavía no bien comprendido que recibe el nombre de metamorfosis. Sabemos que está controlado por genes y hormonas. Pero ahí tiene lugar un cambio de forma espectacular. La larva, semejante a los gusanos por su forma corporal, se convierte dentro de la pupa en imago, y este no se parece en nada a la larva originaria. No es de extrañar que muchos investigadores se hayan afanado en entender esta transformación, esta maravillosa metamorfosis.

Hace unos años se planteó una nueva teoría que recurre a lo que puede observarse cuando las larvas son parasitadas. En la página 60 he descrito cómo las orugas de las blancas de la col se arrastraban por la pared de casa, se quedaban paradas a medio camino y, al cabo de algún tiempo, aparecían cubiertas con unos capullos amarillos en los cuales se desarrollaron bracónidos parásitos. Esta es la idea que está en el origen de la metamorfosis. Las larvas agusanadas habrían estado infestadas antiguamente por unos parásitos que se desarrollaron dentro de su cuerpo y que salieron de la cáscara vacía tiempo después. Tal y como sigue ocurriendo en nuestros días. Pero con el tiempo, según la interpretación propuesta por esta teoría, los parásitos introdujeron su propio material genético en el de los «gusanos». Este se unió al de los «gusanos» huéspedes, y desde entonces los genes han estado desplegando dos programas de desarrollo seguidos: primero el de la etapa de la larva y luego el del imago. Entre ambos, el cuerpo de la larva se derrite prácticamente y se pone en marcha otro proceso de diferenciación y desarrollo.

Ese es el secreto de la metamorfosis. Del parasitismo original surgió algo muy diferente, la simbiosis de dos genomas. ¿Qué habrían pensado escritores como Hermann Hesse de esta concepción? Para ellos, las mariposas eran criaturas asombrosas. Y algo aún más asombroso debió de sucederles en el pasado a medida que se desarrollaban. Sean o no ciertas, estas teorías demuestran cómo nos sigue fascinando la metamorfosis de las mariposas. Incluso a los biólogos evolucionistas. Las mariposas son seres maravillosos. No debemos permitir que desaparezcan de nuestro mundo.

Dos hallazgos en lugar de un epílogo

«Volar sobre la tierra donde vivimos y teniendo buena visibilidad: vaya, así son las cosas ahí abajo. Un vuelo en línea recta o en ángulo, no hay tallo o arbusto que no haya demostrado antes su utilidad. Mas si sale al paso eso que llaman productos fitosanitarios, ¡adiós a todo!»

«Hubo una época en que todavía había arbustos y escondites verdes, y no esta zona de maizales tan férreamente delimitada que recibe el nombre de Alemania; hubo una época en que aún oíamos a esas aves emparentadas con los bulbules, los ruiseñores de aquí.»

Extraído de *Streiflichtern* [«Explicaciones concisas»], serie de artículos publicados en el *Süddeutsche Zeitung* entre el 31 de marzo de 1993 y el 2 de noviembre de 1994.

Josef H. Reichholf
Finales de junio de 2018

Unas palabras de agradecimiento...

... eso es lo que le debo a muchísimas personas; tantas que me resulta imposible citarlas a todas por su nombre. Los dos pilares centrales de este libro han sido mi esposa y mis amigos cercanos, por un lado, y mi editorial y mi agente literario, por el otro. El trabajo con mi agente, Martin Brinkmann, y el editor Christian Koth de C. Hanser Verlag ha sido fantástico y muy estimulante. El resultado es un libro que me ha hecho albergar esperanzas, aunque después de medio siglo observando el declive de las mariposas, estaba más bien desesperado. Pero si un editor alemán tan importante se preocupa por la desaparición de las mariposas, es que aún es posible salvarlas. Estoy muy agradecido a C. Hanser Verlag por haberme transmitido esta confianza.

Agradezco a mi director de tesis, el profesor Wolfgang Engelhardt (†), que me haya marcado el camino hacia las mariposas acuáticas y que me haya guiado después en mi compromiso con la conservación de la naturaleza durante el tiempo en que él mismo estuvo al frente de la Red Alemana de Protección de la Naturaleza. Con el tema de tesis que me propuso marcó un rumbo decisivo en mi vida profesional como zoólogo. La Colección Zoológica Estatal ha sido el centro neurálgico de mi desarrollo profesional; una institución única en la que uno podía sentir «mariposas en el estómago» por formar parte de su personal, mientras que arriba, en el «techo», volaban alegremente las mariposas azules. No tengo palabras para transmitir todo el agradecimiento que albergo hacia la Colección Zoológica Estatal y las dos universidades muniquesas en las que he impartido clases. Son las instituciones que han marcado mi carrera. Gracias a mi mujer, Miki Sakamoto-Reichholf, mi vida profesional se ha engarzado perfectamente con la personal. Ella comparte mi entusiasmo por las mariposas.

Colia pálida

Vuela presurosa la mariposa amarilla
a través del claro pinar
ya el sudor se derrite en la frente
Y el verano todas sus fuerzas
vuelve a juntar
Hace más calor que nunca

para que la naturaleza pueda despuntar
nuevamente por la mañana

Estamos ya preparados para pensar,
porque nada podemos retener

El macho de la colia pálida
busca incansable a su hembra,
no importa cuán corta o larga
sea su vida

Miki Sakamoto
Vergängliche Spuren,
Kessel Verlag (2014)

Bibliografía selecta

De la amplia literatura científica existente hemos recopilado una selección de publicaciones directamente relacionadas con los temas y hallazgos tratados en el libro o que son importantes para un estudio posterior. Esta es, obviamente, una selección personal. Sobre la situación en las diferentes regiones se han publicado muchos artículos, la mayor parte en revistas de asociaciones entomológicas o de ciencias naturales. Muchas de ellas están relacionadas con museos de investigación o tienen en ellos su sede. Son especialmente importantes los estudios realizados y coordinados en estos últimos años por el Centro de Investigación Medioambiental de Leipzig (UFZ en sus siglas en alemán), en los cuales participan investigadores aficionados y lo que se conoce como ciencia ciudadana. Se recomienda a los interesados en estos estudios que se pongan en contacto con la UFZ. Austria y Suiza tienen también museos nacionales que coordinan investigaciones científicas.

Barkham, Patrick, *The Butterfly Isles: A Summer in Search of Our Emperors and Admirals,* Londres, Granta, 2010. (La observación de mariposas es una afición muy extendida en el Reino Unido. Estas magníficas descripciones de un entusiasta de los lepidópteros muestran que es posible escribir sobre las mariposas tan bien como sobre las aves.)

Bellmann, Heiko, *Der Kosmos Schmetterlingsführer,* Stuttgart, Franckh-Kosmos Verlag, 2016. (Selección de las especies más comunes y llamativas con buenas fotografías, incluso de orugas.)

Carson, Rachel, *Der Stumme Frühling,* Múnich, C. H. Beck, 1963. [Hay trad. cast.: *Primavera silenciosa,* Barcelona, Crítica, 2010.] (Un clásico. Su pronóstico se ha hecho realidad en la campiña.)

Dennis, R. L. H., *The British Butterflies: Their Origin and Establishment,* Faringdon, E. W. Classey, 1977. (Un análisis ejemplar de la evolución del reino de las mariposas desde la última glaciación.)

Dierl, Wolfgang y Josef H. Reichholf, «Die Flügelreduktion bei Schmetterlingen als Anpassungsstrategie», *Spixiana,* vol. 1, 1977, pp. 27-40.

Dohrn, Susanne, *Das Ende der Natur: Die Landwirtschaft und das stille Sterben vor unserer Haustür,* Berlín, Ch. Links Verlag, 2017. (Un libro impactante y muy bien escrito sobre los efectos de la agricultura industrializada; trata básicamente del norte de Alemania.)

Ebert, Günter (ed.), *Die Schmetterlinge Baden-Württemberg,* vols. 1-9, Stuttgart, Verlag Eugen Ulmer, 1991-2003. (El manual por excelencia sobre las mariposas de Centroeuropa y su biología.)

Fortey, Richard, *The Wood for the Trees: The Long View of Nature from a Small Wood,* Londres, Knopf, 2016. (*Nature writing* en su mejor forma; un libro que deja claro hasta qué punto están cambiando hoy día las condiciones de vida en la naturaleza.)

Fox, Richard *et al., The State of Britain's larger moths,* Wareham, Dorset, Butterfly Conservation and Rothamsted Research, 2006. (Primer estudio exhaustivo que muestra la disminución de las mariposas, que llega a ser de alrededor de un tercio en el Reino Unido entre 1968 y 2002. Las disminuciones detectadas en ese país coinciden de una manera espantosamente perfecta con los hallazgos presentados en estas páginas sobre el sureste de Baviera.)

Habel, Jan Christian *et al.*, «Butterfly community shifts over two centuries», *Conservation Biology,* vol. 30, 2015, pp. 754-762, 2015. (Un estudio importantísimo en el que se demostró el alcance de la pérdida de especies desde el siglo XIX, incluso en una reserva natural no lejos de Ratisbona sin agricultura intensiva en las inmediaciones. ¡Los efectos a larga distancia tienen mayor incidencia de lo que se suponía!)

Hallmann, Caspar E. *et al.,* «More than 75 percent decline over 27 years in total flying insect biomass in protected areas», *PLOS one* (<https://doi.org/10.1371/journal.pone.0185809>), 18 de octubre de 2017. (Contiene los hallazgos más relevantes del estudio de Krefeld, la investigación que demostró que la biomasa de insectos en las reservas naturales del noroeste de Alemania ha disminuido en más del 75 % desde 1989.)

Haslberger, Alfred y Andreas H. Segerer, «Systematische, revidierte und kommentierte Checkliste der Schmetterlinge Bayerns (*Insecta: Lepidoptera*)», *Mitteilungen der Münchner Entomologischen Gesellschaft,* vol. supl. 106, 2016. (Visión general actualizada y comentada de todas las especies de mariposas registradas en Baviera; en total, 3.243.)

Herschel, Kurt, *Falter bei Tag und bei Nacht: Aus dem Leben unserer Schmetterlinge,* Berlín, Neumann, 1953. (Descripciones «históricas» de nuestra época que da gusto leer.)

Hesse, Hermann, *Schmetterlinge,* recopilación de Volker Michels, Fráncfort, Insel Verlag, 1979. (Poemas y textos breves referidos a las mariposas; Hermann Hesse era un gran coleccionista de mariposas.)

Huemer, Pert y Gerhard Tarmann, *Die Schmetterlinge Österreichs* (*Lepidoptera*), Innsbruck, Veröffentlichung des Museums Ferdinandeum, vol. supl. 5, 1993.

Kaltenbach, Thomas y Peter Victor Küppers, *Kleinschmetterlinge beobachten und bestimmen,* Radebeul, Neumann-Neudamm, 1987. (Una guía de identificación de mariposas que ofrece una buena selección de la abundancia de microlepidópteros —a menudo solo conocidos por especialistas— con una breve descripción de su forma de vida.)

Karl, Gerhard, *Kleinschmetterlinge in Südostbayern,* Altötting, BUND Naturschutz, Kreisgruppe Altötting, 2013. (Compilación referida al sureste de Baviera que nos proporciona una buena base para nuestros hallazgos y su clasificación.)

Lewis-Stempel, John, *Meadowland: The Private Life of an English Field,* Londres, Black Swann, 2014. (Sobre la diversidad vital de los campos ingleses, que también podría existir o volver a ser posible en nuestro país.)

Louv, Richard, *Das letzte Kind im Wald: Geben wir unseren Kindern die Natur zurück!,* Friburgo, Beltz, 2013. (Una encendida exhortación para acabar de una vez con las normas protectoras que limitan inútilmente el acceso a la naturaleza a fin de que los niños puedan volver a entusiasmarse con el mundo natural en lugar de quedarse a las puertas. Por desgracia, nuestras influyentes asociaciones de conservación de la naturaleza no han reaccionado a esta propuesta.)

McCarthy, Michael, *The Moth Snowstorm: Nature and Joy,* Londres, John Murray Publishers, 2015. (Uno de los libros más hermosos que he encontrado sobre la experiencia del mundo natural, especialmente sobre las mariposas; una lectura fascinante.)

Muirhead-Thomson, R. C., *Trap Responses of Flying Insects,* Londres, Academic Press, 1991. (Investigación detallada de cómo reaccionan los insectos a las trampas; muy importante para evitar conclusiones erróneas en la evaluación de los resultados.)

Nabokov, Vladimir, *Erinnerung sprich,* Reinbek, Rowohlt, 2009. [Hay trad. cast.: *Habla, memoria,* Barcelona, Anagrama, 1986.] (Memorias del escritor ruso, un apasionado coleccionista de mariposas.)

Oates, Matthew, *In the Pursuit of Butterflies: A FiftyYear Affair,* Londres, Bloomsbury Natural History, 2015. (Posiblemente el mejor relato de nuestra época sobre la pasión que ponen los británicos en la observación de mariposas y en el registro de unos datos inestimables; todo un ejemplo para quienes vivimos en Europa central.)

Reichholf, Josef H., «Untersuchungen zur Biologie des Wasserschmetterlings *Nymphula nymphaeata*», *Internationale Revue der gesamten Hydrobiologie,* vol. 55, 1970, pp. 687-728. (Tesis doctoral del autor.)

—, y Miki Sakamoto, «Die Massenwanderung von Distelfaltern "Cynthia cardui" Anfang Juni 2003 durch das Bayerische Alpenvorland», *Atalanta,* vol. 36, 2005, pp. 101-107.

Sage, Walter, «Die Schmetterlinge "(Lepidoptera)" im InnSalzachGebiet, Südostbayern. Vorkommen und Veränderungen von 1995 bis 2017», *Mitteilungen Zoologischen Gesellschaft Braunau,* vol. 12, supl., 2017, pp. 1-77. (Compilación de las 1.121 especies de mariposas que se han registrado hasta la fecha en la zona del Salzach, afluente del Eno, en el sureste de Baviera, con evaluación de los cambios en la aparición y frecuencia de cada especie; otro estudio básico para este libro.)

Segerer, Andreas H. y Axel Hausmann (eds.), *Die Großschmetterlinge Deutschlands,* Budapest, Goecke & Evers, 2011. (Todas nuestras especies en láminas a color.)

Steiner, Axel, Ulrich Ratzel, Morton Top-Jensen y Michael Fibiger, *Die Nachtfalter Deutschlands: Ein Feldführer,* Oestermarie, DK, Bug-Book Publishing, 2014. (El mejor libro de identificación de macrolepidópteros que existe; incluye todas las especies de Europa central.)

Strong, D. R., J. H. Lawton y sir Richard Southwood, *Insects on Plants: Community Patterns and Mechanisms,* Oxford, Harvard University Press, 1984. (Manual de ecología básica, hoy complementado y ampliado por un gran número de publicaciones científicas.)

Tolman, Tom y Richard Lewington, *Die Tagfalter Europas und Nordwestafrikas,* Stuttgart, Franckh-Kosmos Verlag, 1998. (Guía de identificación de las mariposas de Europa y del noroeste de África.)

Vane-Wright, Dick, *A complete guide to their biology and behaviour,* Londres, Natural History Museum, 2015. (Presentación sucinta pero muy completa de la biología de las mariposas; incorpora también buenas ilustraciones.)

Vitousek, Peter M. *et al.*, «Human Alteration of the Global Nitrogen Cycle: Causes and Consequences», *Issues in Ecology,* Ecological Society of America, vol. 1, 1997. (Hace veinte años ya se percibió el devastador efecto producido por algo que los agricultores todavía se niegan a reconocer: la catastrófica sobrefertilización.)

Otras publicaciones de Josef H. Reichholf relacionadas con el tema de este libro

«Die Massenvermehrung der Gespinstmotte "Yponomeuta evonymellus L. (Lepidoptera, Yponomeutidae)" im Sommer 1971 am unteren Inn», *Nachrichtenblatt der Bayerischen Entomologen,* vol. 21, 1972, pp. 106-116.

«Die Bedeutung nicht bewirtschafteter Wiesen für unsere Tagfalter», *Natur und Landschaft,* vol. 48, 1973, pp. 80-81.

«Die Feinstruktur der "Cuticula hydrophiler" und hydrophober Raupen des Wasserschmetterlings "Nymphula nymphaeata (Lepidoptera: Pyralidae: Nymphulinae")», *Entomol. Germ.,* vol. 2, 1976, pp. 258-261.

«Zur Nischenwahl mitteleuropäischer Wasserschmetterlinge», *Nachrichtenblatt der Bayerischen Entomologen,* vol. 27, 1978, pp. 116-126.

Schmetterlinge beobachten, Múnich, BLV Verlagsgesellschaft, 1984.

Die Zukunft der Arten, Múnich, C. H. Beck, 2005.

Stadtnatur, Múnich, Oekom Verlag, 2007.

«Traubenkirschen-Gespinstmotten Yponomeuta evonymellus in den Auen am unteren Inn: Häufigkeitsentwicklung und Ursache von Massenvermehrungen», *Mitteilungen Zoologischen Gesellschaft Braunau,* vol. 9, 2008, pp. 273-282.

Der Tanz um das goldene Kalb: Der Ökokolonialismus Europas, Berlín, Klaus Wagenbach, 2011.

Mein Leben für die Natur, Fráncfort, Fischer, 2015.

Das Verschwinden der Schmetterlinge und was dagegen unternommen werden sollte, Hamburgo, Deutsche Wildtier Stiftung, 2017.

Schmetterlinge bestimmen in drei Schritten, Múnich, BLV, 2017. (Guía de identificación para principiantes; una selección de las especies que resultan más fáciles de ver.)

«Schmetterlinge und Vögel im Fokus: Wodurch änderten sich ihre Häufigkeiten in den letzten Jahrzehnten?», *Rundgespräche Forum Ökologie der Bayerischen Akademie der Wissenschaften,* vol. 46, 2017, pp. 73-90.

Procedencia de los materiales

Gráficos: © Rosemarie Scheller

Fotografía n.º 4: Peter Denefleh

Fotografía n.º 18: © Carl Recine / REUTERS / Gtress

Fotografías n.os 26 y 27: Dr. Eberhard Pfeuffer

Fotografía n.º 44: Dr. Hannes Petrischak

El resto de las fotografías: © Josef H. Reichholf

Poema de la p. 233: Hermann Hesse, *Las estaciones: reflexiones, poemas y acuarelas, y un calendario, recopilados por Volker Michels,* traducción de Daniel Najmías, Barcelona, RBA, 2006.

Poema de la p. 240: Miki Sakamoto, *Vergängliche Spüren,* Kessel Publishing house, www.forstbuch.de

Índice analítico y de nombres

Los números en cursiva hacen referencia a los gráficos

Índice